领导题词

紫坪铺水利枢纽工程以优秀的工程质量、精细的工程管理，在汶川5·12大地震应急抢险工作中，敢于担当、科学决策、反应迅速、程序合理、措施有力、效果显著，为地震救援做出突出贡献，是中国水利水电史上地震应急抢险的成功典范。

张基尧

辛丑年九月

张基尧

水利部原副部长

中国水利发电学会原理事长

2021 年 9 月

▲ 紫坪铺水利枢纽工程全貌

▲ 2001 年 10 月，导流洞开挖施工

► 2002 年 6 月， 左岸场内主干道施工

◄ 2002 年 8 月，泄洪洞顶拱施工

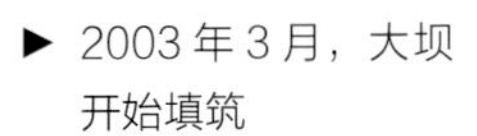

► 2003 年 3 月，大坝开始填筑

▶ 2003年8月，泄水建筑洞群进口施工

▶ 2005年6月，大坝填筑完成

▶ 2005年6月，泄洪洞完工

▶ 2005 年 11 月，电站建成并投产发电

◀ 2006 年 3 月，紫坪铺水利枢纽工程坝后面貌

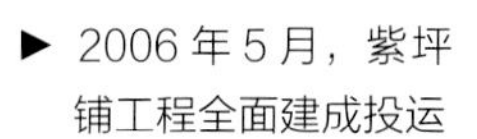

▶ 2006 年 5 月，紫坪铺工程全面建成投运

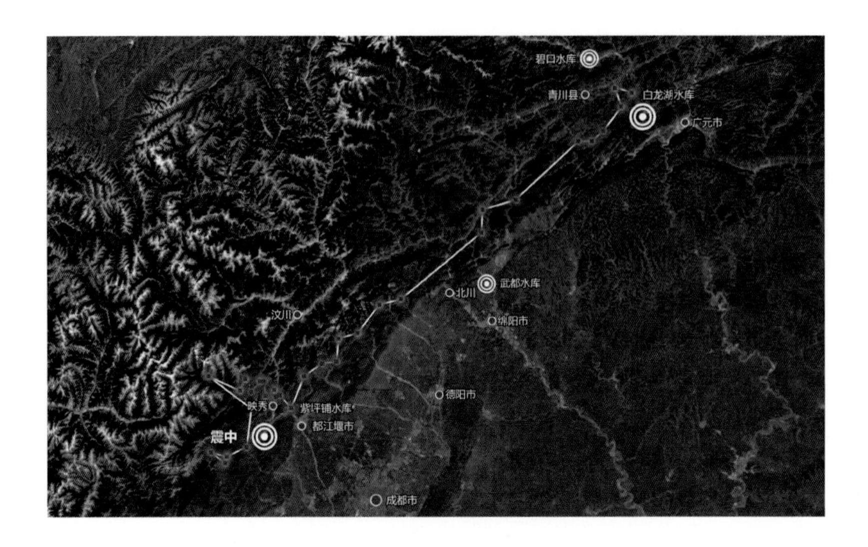

▲ “5 · 12” 汶川地震龙门山断裂带示意图

▲ 坝顶公路人行道向外垮塌，青石栏杆全部碎裂

▲ 坝顶路面与溢洪道顶错台 20cm

▲ 大坝后坝坡步行台阶开裂，金属栏杆及砌石扭曲变形

▲ 大坝混凝土面板水平张裂错台（达 17cm）

▲ 电站 500kV 送出场避雷器断裂

▲ 泄洪洞闸室墙体开裂、局部坍塌

▲ 右岸坝顶公路边坡垮塌

▲ “5 · 12”汶川地震中紫坪铺水利枢纽工程受损严重

▲ 救援部队通过紫坪铺大坝奔赴汶川灾区

▲ 全国各地抢险救援队通过紫坪铺大坝急赴汶川灾区救援

▲ 水上生命通道

▶ 特警救援队通过紫坪铺大坝奔赴汶川灾区

▶ 武警成都支队驻扎大坝坝顶开展灾区救援

▶ 医院灾区医疗队驻扎大坝坝顶开展救灾医疗

▲ 中国人民解放军空军部队直升飞机紧急降落紫坪铺大坝侦查灾情

▲ 中国人民解放军舟桥部队通过紫坪铺大坝急赴汶川灾区救援

▶ 1号、2号泄洪洞进水塔闸室拆除施工

◀ 1号泄洪洞固结灌浆施工

▶ 2号机组震损修复

▲ 2008 年 10 月，大坝面板修复完成

▲ 2008 年 6 月，大坝面板纵向缝水上、水下修复施工

▲ 2010 年 4 月，冲砂放空洞无压段重建完工

▲ 2010 年 7 月，1 号泄洪洞修复加固施工完工

▲ 2011 年 4 月，1 号、2 号泄洪洞引水塔重建完成

▲ 冲砂放空洞工作闸室门后无压段拆除重建施工

▶ 机组震损修复完成

◀ 机组转子吊装

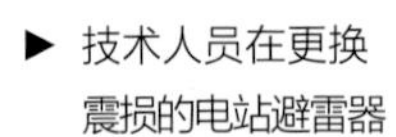

▶ 技术人员在更换
震损的电站避雷器

紫坪铺水利枢纽工程系列专著

紫坪铺水利枢纽工程汶川“5·12”地震应急抢险与灾后重建

李洪 宋彦刚 由丽华 等 著

·北京·

内 容 提 要

紫坪铺水利枢纽工程是国家“十五”重点工程之一，也是我国实施西部大开发的标志性工程，其经受了超过工程设计烈度的汶川“5·12”地震考验，是水电工程大震后成功应急抢险的奇迹，在堆石坝抗震史上具有里程碑意义。

本书是汶川“5·12”地震后紫坪铺水利枢纽工程应急抢险和灾后重建工作的系统总结，介绍和论述了区域和枢纽区基本地质条件，汶川“5·12”地震及影响，震后应对一系列险情时的决策、处理方案和实施过程，枢纽工程各重要建筑物的抗震性能及震后安全鉴定，恢复枢纽工程设计功能的各项设计与施工技术措施，地震对大坝变形影响等内容。

本书可供水利、水电、土建、交通、矿山等领域的科研、管理、勘察、设计和施工人员参考使用。

图书在版编目（CIP）数据

紫坪铺水利枢纽工程汶川“5·12”地震应急抢险与灾后重建 / 李洪等著. -- 北京 : 中国水利水电出版社, 2021.9

（紫坪铺水利枢纽工程系列专著）

ISBN 978-7-5170-9998-7

Ⅰ. ①紫… Ⅱ. ①李… Ⅲ. ①水利枢纽－水利建设－都江堰市②抗震－救灾－应急对策－汶川县③地震灾害－灾区－重建－汶川县 Ⅳ. ①TV632.714②D632.5

中国版本图书馆CIP数据核字(2021)第194692号

书　　名	紫坪铺水利枢纽工程系列专著 **紫坪铺水利枢纽工程汶川“5·12”地震应急抢险与灾后重建** ZIPINGPU SHUILI SHUNIU GONGCHENG WENCHUAN “5·12” DIZHEN YINGJI QIANGXIAN YU ZAIHOU CHONGJIAN
作　　者	李　洪　宋彦刚　由丽华　等　著
出版发行	中国水利水电出版社 （北京市海淀区玉渊潭南路1号D座　100038） 网址：www.waterpub.com.cn E-mail：sales@waterpub.com.cn 电话：（010）68367658（营销中心）
经　　售	北京科水图书销售中心（零售） 电话：（010）88383994、63202643、68545874 全国各地新华书店和相关出版物销售网点
排　　版	中国水利水电出版社微机排版中心
印　　刷	北京博图彩色印刷有限公司
规　　格	170mm×230mm　16开本　20印张　260千字　8插页
版　　次	2021年9月第1版　2021年9月第1次印刷
定　　价	**158.00**元

凡购买我社图书，如有缺页、倒页、脱页的，本社营销中心负责调换

版权所有·侵权必究

本书编委会

主　　编　李　洪

副 主 编　宋彦刚　由丽华

参　　编　黄振武　赵　阳　陈惠君　王　昆

马跃利　阳　莉　郭俊良　李　勇

谭　炜　彭世雄　王宏伟

序

坐落于四川岷江上游的紫坪铺水利枢纽工程，其混凝土面板堆石坝最大坝高为156米，水库总库容为11.12亿立方米，是世界上唯一一座位于震中并经历过8级地震而巍然不倒的水库大坝。

2008年5月12日发生的汶川8级特大地震对大坝安全稳定的影响直接关系到成都平原的安危，牵动着党中央领导同志的心。在党中央、国务院的亲切关怀下，在四川省委、省政府和水利部等国务院有关部委的指导和鼎力帮助下，四川省紫坪铺开发有限责任公司的广大干部职工冒着强烈余震的危险，开展了惊心动魄的水库大坝抗震抢险工作。震后27小时，泄水建筑物恢复正常工作，保证了入库流量和出库流量的平衡，控制了水库水位不上升，有力保障了大坝安全稳定，解除了成都平原最大地震次生灾害危险；震后5天，紫坪铺水电站恢复运行发电，为受灾地区送去光明，坚定了抗震救灾必胜的信心；始终得到保证的成都市供水，为保障抗震救灾时期成都居民正常生活和社会稳定发挥重要作用。在灾后重建的三年时间里，紫坪铺水利枢纽工程的建设者们通过深入论证，系统分析大坝震损状况，科学制定加固方案，对大坝进行了全面系统的除险加固，使枢纽工程在震后“浴火重生”，正以崭新的风貌服务于四川高质量发展。

《紫坪铺水利枢纽工程汶川“5·12”地震应急抢险与灾后重建》一

书，作为一部弥足珍贵的工程档案，从管理者和工程师的角度，完整描述和真实记录了汶川“5·12”地震中紫坪铺水利枢纽工程抗震抢险和灾后重建的全过程，涵盖抗震救灾决策、险情处置、灾害调查、应急修复、抗震复核、工程设计功能恢复和安全监测等诸多方面，用详尽系统的记述方式和科学朴素的技术语言，准确而深刻地将紫坪铺水利枢纽工程紧张、惊险而复杂的抗震救灾场景，技术性地展现在读者面前。本书尤其对水利水电工程高坝大库抗震设计、大坝工程抗震工程质量控制与安全评价、地震灾害应急管理等诸多方面，具有很高的参考借鉴价值和工程指导意义。

这本书唤起了一串难以忘却的影像记忆。我曾领导和指挥了这场救援，书中的记述让我回忆起当时救灾现场紧张、压抑、喧闹、忙碌的环境氛围，更让我感受到四川省紫坪铺开发有限责任公司的广大干部职工在危难面前的临危不惧、挺身而出，在生死面前恪尽职守、奋不顾身的水利人光辉形象。正是他们临危受命，于万难中化险境；也是他们，打造出设计、施工质量双优的工程。通过本书，为我国水利水电抗震救灾留下了系统而珍贵的经典案例。

是为序。

中国大坝工程学会理事长

2021年9月

自　序

2008年5月12日，汶川发生特大地震。山河崩陷，电网解列，距离震中仅17公里的紫坪铺大坝遭受重创，坝体沉降，贯穿面板的裂缝纵横交错，电厂设备、闸门启闭系统及设备受损，巨大灾情严重威胁紫坪铺大坝安全和下游千万人民群众生活用水安全。

时任水利部副部长矫勇（现任中国大坝工程学会理事长）、时任水利部总工程师刘宁（现任广西壮族自治区党委书记）带着党中央领导的关切和嘱托冒着瓢泼大雨，率领专家团队连夜奔赴紫坪铺现场指挥抢险，四川省委、省政府相关领导，四川省水利厅主要领导及专家也相继抵达紫坪铺现场。

震后10分钟，首台机组成功启动空载过流，恢复向下游供水；在电网解列状态下成功实现机组“黑启动”，恢复厂区供电，保证了厂区、坝区和营地动力和照明用电需求。震后第二天，成功开启冲砂放空洞；震后第五天，成功开启泄洪排砂洞，并于当天紫坪铺电站四台机组全部并网发电。电力源源不断地送往川西主网，紫坪铺水库完全恢复向成都市正常供水。矫勇副部长站在紫坪铺大坝上，通过中央电视台向全国人民宣告：紫坪铺大坝溃坝风险完全解除！

紫坪铺水利枢纽工程是世界上距离震中最近，遭受实际烈度最高，震损严重，经应急抢险和灾后重建后各项功能恢复完好的高面板堆石坝，是检验抗震理论的实例。《紫坪铺水利枢纽工程汶川“5·12”地震应急抢险与灾后重建》一书真实地记载了紫坪铺水利枢纽工程抗震抢险的全过程，希望能为中国水利水电工程的抗震设计、科研和应急管理提供借鉴。

李洪

四川省紫坪铺开发有限责任公司　党委书记 董事长

2021年9月

前　言

2008年5月12日发生的汶川特大地震是中华人民共和国成立以来最严重的自然灾害之一。汶川地震震级为8级，震源深度15km，震中烈度为Ⅹ～Ⅺ度，文献记载的余震超过24000次，6级以上7次，5级以上37次，4级以上244次。地震灾害区域内的水利水电工程遭受不同程度的震损震害，根据中国电建集团成都勘测设计研究院有限公司的统计，四川省大中型水电站和水利工程共2473座出现不同程度的险情，不少电站水库的损毁相当严重。距离震中17.7km的紫坪铺水利枢纽工程（以下简称“工程”）遭受了Ⅸ度地震烈度的影响，从破坏的情况看，工程遭受局部震损，不影响其整体稳定与蓄水功能；从整体安全上看，工程经历住了Ⅸ度强地震烈度的考验，是世界上唯一一座经受住Ⅸ度强地震烈度考验的超高面板堆石坝。

紫坪铺水利枢纽工程是国家“十五”重点工程之一，也是我国实施西部大开发的标志性工程。工程地质条件极其复杂，枢纽区域有14层含煤地层，煤层较薄，煤洞随机分布，数量较多；人工开挖150m以上高陡边坡超过10处，最高260m，边坡软弱岩石占比较大，岩体风化卸荷强烈；右岸条形山脊布置7条隧洞，多条层间剪切破碎带和宽大的F_3断层穿越洞身，Ⅳ类、Ⅴ类围岩占比超过50%，Ⅱ类围岩仅3%～5%，致使隧洞围岩松弛和塑流变形、地下水和瓦斯聚集；泄洪洞最高流速 45m^3/s，为国内外水利水电工程所少见，工程设计和建造难度很高。建设各方克服种种困难，历经 6 年共同、不懈的努力，工程于 2006 年顺利建成发电。

汶川“5·12”地震发生后，在党和政府的坚强领导、强力指挥下，在相关企事业单位的大力支援下，四川省紫坪铺开发有限责任公司迅速采取措施应对突如其来的天灾巨祸，最大限度确保了震后成都平原的防洪和供水安全，成为保持社会稳定最重要的“压舱石”和“定风丹”。

震后 10min，岷江断流风险得以化解；紫坪铺电站自供电，水库水情测预报系统恢复，都在最短时间内成功实现；震后 27h，主要泄洪设施均已安全开启，水位上涨给大坝造成的威胁完全解除；震后 126h，电站 4 台机组并网发电；震后 5 个月，大坝挡水结构应急修复完成；2008 年年底，枢纽工程应急抢险施工全面结束。2011 年 9 月，灾后恢复重建工程顺利完工，标志着紫坪铺水利枢纽工程抗震救灾和灾后重建工作取得全面胜利！在这场持续 3 年的艰苦战役中，有大量的经验和教训值得认真总结，特组织编撰本书。本书根据震后工程的相关调查、评价、鉴定、设计、施工工作成果编撰而成。

全书共分 8 章：第 1 章绪论，介绍工程概况、区域和枢纽区基本地质条件、地震动参数变化情况等；第 2 章汶川“5·12”地震及影响，主要叙述汶川大地震造成的巨大损失、紫坪铺水利枢纽工程遭受的破坏及震后地质调查成果；第 3 章震后应急抢险，主要讲述震后应对一系列险情时的决策、处理方案和实施过程，包括电站机组黑启动确保自用电、流道应急恢复化解库水位上涨风险，大坝防渗系统和水情测预报系统恢复等内容；

第 4 章震后工程安全评价，主要论述枢纽工程各重要建筑物的抗震性能及震后安全鉴定的相关内容；第 5 章应急抢险与除险加固设计，重点阐述恢复枢纽工程设计功能的各项技术措施；第 6 章施工及质量评定，重点介绍挡水系统、泄洪系统的震损修复施工技术，包含大坝面板修复、帷幕灌浆补强、泄洪洞和冲砂洞修复加固施工；第 7 章地震前后大坝安全监测，分析地震对大坝变形的影响，包括大坝内外观变形、大坝面板应力应变、大坝与地基渗流的相关内容；第 8 章总结与展望。

本书主编单位为四川省紫坪铺开发有限责任公司。水利部水利水电规划设计总院、中国地震局地震预测研究所、中国水利水电科学研究院、河海大学、大连理工大学、西安理工大学、四川省水利水电勘测设计研究院、中国电建集团成都勘测设计研究院有限公司、中国电建集团水利水电第十二工程局、中国电建集团水利水电基础工程局、中国电建集团水利水电第五工程局、中国东方电气集团等单位的领导和技术人员参与了工程抗震救灾和灾后重建工作。本书部分引用了上述单位的地震灾害调查报告、地质调查报告、抗震复核报告、安全评价报告、安全鉴定报告、工程设计报告、施工管理报告、工程安全监测报告的相关内容。

在此，谨对上述报告的编写单位和个人表示诚挚的感谢，并欢迎广大读者对书中存在的不足之处给予批评指正。

作　者

2021 年 9 月

于成都

目　录

序

自序

前言

第 1 章　绪论

1.1　工程概况　1

1.2　地质情况　3

1.3　基本地质条件　16

第 2 章　汶川“5·12”地震及影响

2.1　汶川“5·12”地震　21

2.2　工程震损震害　22

2.3　震后地质调查　50

第 3 章　震后应急抢险

3.1　应急管理体系　91

3.2　震后应急决策　96

3.3　震后应急处置　97

3.4　小结　117

第 4 章　震后工程安全评价

4.1　震后应急除险工程安全评估　124
4.2　地震对工程地质条件的影响　128
4.3　位移监测与应急除险工程评价　133
4.4　震后工程抗震复核　138
4.5　震后安全鉴定　140

第 5 章　应急抢险与除险加固设计

5.1　应急抢险设计　164
5.2　除险加固设计　171

第 6 章　施工及质量评定

6.1　挡水系统工程修复施工与质量评定　221
6.2　1 号、2 号泄洪洞修复施工与质量评定　238
6.3　冲砂放空洞工作门闸室后渐变段修复施工及质量评定　250

第 7 章　地震前后大坝安全监测

7.1　大坝外观　263
7.2　大坝内部　272
7.3　大坝面板　285
7.4　大坝与地基渗流　294
7.5　小结　299

第 8 章　总结与展望

第1章　绪　　论

1.1　工程概况

紫坪铺水利枢纽工程（以下简称“工程”）是一座以灌溉和供水为主，兼有发电、防洪、环境保护、旅游等综合效益的大型水利枢纽工程，是都江堰灌区和成都市的水源调节工程；水为国家“十五”期间基础设施建设重点工程项目之一，是国家实施西部大开发的标志性工程。工程建设总工期 6 年，2001 年 3 月开工建设，2002 年 11 月大江截流，2005 年 5 月首台机组投产发电，2006 年年底完建。2008 年 5 月 12 日遭受汶川大地震考验，同年底完成抗震抢险应急修复任务，2011 年 9 月完成灾后恢复重建。

工程位于成都市西北约 60km 的岷江上游汶川映秀至都江堰段，布置在都江堰市龙池镇（原紫坪铺镇）境内。上游水库回水长 26.5km，与汶川映秀湾水电站尾水相衔接；坝址距都江堰市 9km，距世界自然、文化和灌溉工程遗产都江堰水利工程 6km。坝址以上控制流域面积 22662km^2，占岷江上游流域面积的 98%；多年平均流量 469 m^3/s，年径流总量 148 亿 m^3，占岷江上游总量的 97%；控制上游暴雨区的 90%、泥沙来量的 98%。水库正常蓄水位 877.00m，汛期限制水位 850.00m，防洪高水位 861.60m，设计洪水位 871.20m，校核洪水位 883.10m，最大坝高 156m，校核洪水位以下的水库总库容 11.12 亿 m^3，正常蓄水库容 9.98 亿 m^3，调节库容 7.74 亿 m^3，为不完全年调节水库。水库控制灌溉面积 1400 万亩，水电站装机 760MW，多年平均发电量 34.17 亿 kW · h，500kV 线路送出接入成都环网。根据规模、效益及重要性，工程属大（1）型工程。

工程建成后，可提高都江堰灌区农业灌溉供水保证率，枯水期增加供水量4.37亿m^3，增加灌溉面积490万亩；使成都市枯水期自岷江的引水量由目前的28m^3/s增至50m^3/s，年供水量增加约7亿m^3，基本满足成都市日益增长的工业与生活用水的需求；能有效调节上游水量、控制洪水和泥沙，使百年一遇洪水经水库调蓄后，按十年一遇流量下泄；在枯水期，向成都市提供20m^3/s的环境保护用水，改善成都市府河、南河和沙河的水质。

挡水建筑物为钢筋混凝土面板堆石坝，按照7度抗震设防烈度，最大坝高156.00m，坝底宽度417.79m，坝顶长度637.7m，坝顶高程884.00m，正常蓄水位877.00m，汛期限制水位850.00m，死水位817.00m；正常蓄水位相应的库容为9.98亿m^3，总库容11.12亿m^3。枢纽区水工建筑物都布置在右岸，由2条泄洪洞、1条冲沙放空洞、4条引水隧洞、坝后地面厂房和紧邻坝端的开敞式溢洪道组成。泄洪洞由导流洞改造而成，最高流速45m/s，龙抬头改造段洞径7.83m×10.70m，导流改造洞身段为马蹄形，洞径10.70m×10.70m；1号泄洪洞全长812.35m,2号泄洪洞全长698.87m，单洞泄量为1667m^3/s。冲砂放空洞位于引水发电洞下方，进口高程770.00m，全长767.76m，洞径4.4m。4条引水隧洞进水口高程800.00m，洞径8.0m，洞轴线间距22m。坝后式地面厂房的主厂房长125.00m，宽25.00m，高54.00m，单洞引用流量为214m^3/s，内置4台单机190MW水轮发电机组，总装机容量760MW，保证出力168MW，多年平均年发电量34.17亿kW·h。溢洪道堰顶高程860.00m，宽12.00m，全长520.50m，最大泄量为2445m^3/s。

1.2 地质情况

1.2.1 概况

紫坪铺水利枢纽工程所处龙门山构造带东邻四川盆地，西连高原，总体地势西北高、东南低。从沿岷江向上游至茂县，地形大致分三级稳定的阶梯状：①工程坝址区下游为丘陵台地区，地形起伏不大，逐渐过渡到山前倾斜平原，海拔在 1000.00m 以下；②工程坝址区至上游映秀一带为中低山区，海拔为 1000.00~2000.00m；③映秀以北为高山区，山势陡峻，峡谷纵深，其中最高峰为九顶山，位于茂县东南，主峰海拔为 4983.00m。

工程区域内地层除早古生代、古生代初期地壳上升隆起而普遍缺失外，元古界至第四纪皆有分布。元古界黄水河群为一套海底喷发火山岩建造和浅海泥页岩和碎屑岩建造。晋宁－澄江运动使其褶皱普遍发生变质作用并有大片岩浆岩入侵，形成彭灌杂岩、宝兴杂岩和牟托花岗岩体。下震旦统为裂隙喷发中酸性火山岩建造，上震旦统为海相碳酸盐建造。早古生代初期地壳上升隆起，晚古生代至中生代三叠纪末下降沉积了一套海相碳酸盐岩－泥页岩建造；侏罗纪初期，地壳不断上升由海相变成陆相沉积环境，侏罗纪至第三纪沉积了一套陆相红色泥页岩、碎屑岩建造；第四纪在河谷两岸和川西平原沉积了一套冰水堆积冲积物。

工程区域处于扬子准地台与松潘－甘孜地槽之间的构造过渡带。过渡带从古生界到中生代早期是中国东部以地台为主的稳定区和中国西部以地槽为主的活动区的分界。新生代以来，是中国西部强烈褶皱隆起区之一，并导致形成推覆逆掩的巨型断裂——龙门山褶皱带，如图 1-1。

工程处于复杂的北东向龙门山构造带中南段。龙门山断裂带由山前隐伏断裂、前山断裂、中央断裂和后山断裂组成，如图1-2、图1-3所示。

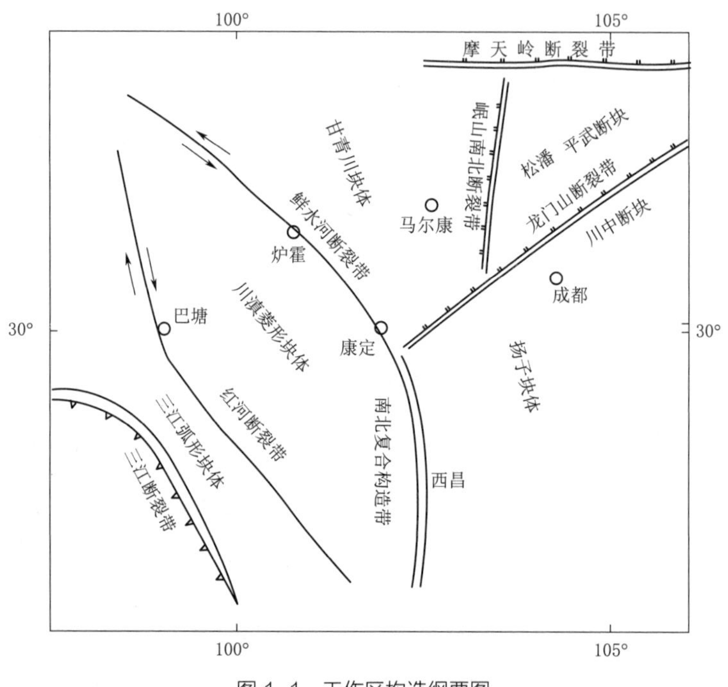

图1-1 工作区构造纲要图

（1）山前隐伏断裂。由广元－江油潜伏断裂、绵竹－灌县隐伏断裂及彭县－大邑隐伏断裂组成。据石油管理局资料，广元－江油－安县－绵竹－彭县，其中广元－安县－大邑－夹关为潜伏的大断裂，已有较多的钻孔资料证实，彭县－大邑段也有物探资料和第四纪拗陷陡坎等资料间接证实，北段断裂未断过侏罗系，垂直断距2~3km，水平断距5km左右，浅部倾角30°~40°，深部倾角15°~20°，断层上盘包括了同方向排列的一系列背斜构造，它们南东翼为北西－南东向的迭瓦式断层。

（2）前山断裂（安县－灌县断裂）。北东起于陕西宁强，勉县一带，向南西经广元，江油、灌县至天全，全长500余千米。由北东段的马角坝

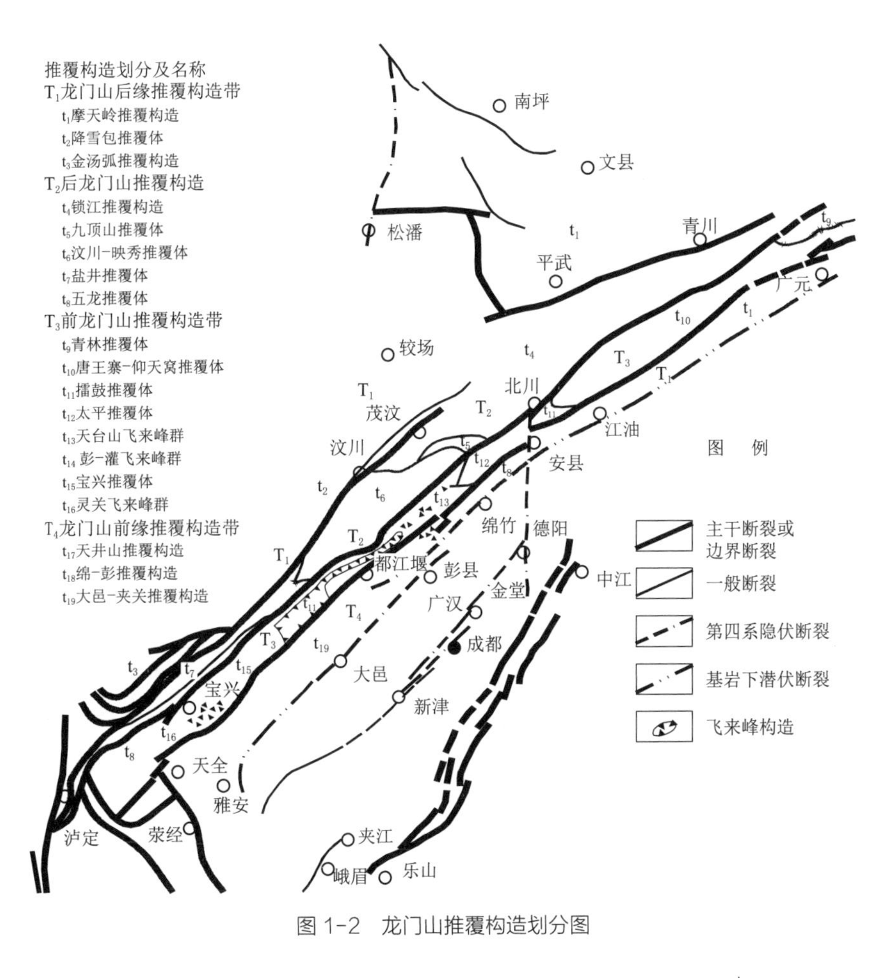

图 1-2　龙门山推覆构造划分图

图 1-3　龙门山构造示意图

断裂、中段的灌县－江油断裂、西南段的大川－双石断裂组成。断裂总体产状 N35°~45°E/NW ∠ 50°~70°。在平面上呈左阶雁行排列，局部地段如灌县－绵竹呈右阶雁列。断裂带切割三叠系、侏罗系、白垩系地层。

在灵关南大溪一带错断最新地层为晚更新世淤泥堆积和冲洪砂砾石层。安县－灌县断裂北西侧岩体向南东的推覆，在其东南侧形成川西前陆盆地。根据四川盆地上三叠系等厚线图，越靠近断层等厚线就越密集，并被断层切割。钻探资料显示，龙门山山前第四系底部是一个向西倾斜的斜坡。不难看出，安县－灌县断裂从三叠纪末至第四纪不断向南东方向逆冲，使龙门山山前的第三系、第四系地层发生构造变形，断层破碎带厚数十米至百余米。

（3）中央断裂（北川－映秀断裂）。该断裂西南始于泸定附近，向东北延伸经盐井、映秀、北川、南坝、荣坝折入陕西境内与勉县－阳平关断裂相交，斜穿整个龙门山，长度达 500 余千米。由北川－荣坝－林庵寺断裂，北川－映秀断裂和盐井－五龙断裂组成。每个断裂又由几条不同的分支组成。断裂总体产状 N45°E/NW ∠ 60°。在断裂两侧发育一系列与之平行的次级断裂，剖面上形成叠瓦构造，显示了明显的压性特征，断层破碎带宽数米至数十米。

（4）后山断裂（汶川－茂汶断裂）。该断裂带西南端在泸定冷碛附近与近南北向的大渡河断裂相交，向北东经陇东、渔子溪、耿达、草坡、汶川、茂汶、平武、青川折入陕西境内，全长 500 余千米，分别由青川－平武断裂，汶川－茂汶断裂和耿达－陇东断裂组成。总体产状 N30°~50°E/NW ∠ 50°~70°。断层破碎带宽几米至十几米不等。

（5）前缘推覆构造带（“低带”）位于山前隐伏断裂和前山主边界断裂间。该带除包括龙门山前缘的一些低山外，还包括了四川盆地川西拗陷的一部分。在南段可以见到多处老第三系断裂相切割和新第三系褶皱变形的情况，说明喜山期的强烈影响，特别是成都断陷第四系的变形影响，因此，晚更新世推覆构造带还是十分活跃的。

（6）前山推覆构造带（“中带”）位于主中央断裂与前山断裂之间。

前山断裂组合较复杂，在中北段常呈断续左列雁行或密集斜列，且多处被横向断裂所切割，地表倾角 60°~70°，在深部倾角变缓（4000m 左右倾角为 45°~10°）垂直断距 5km 左右，水平断距 7~8km。本带包括了青林推覆体，唐王寨 - 仰天窝推覆体、太平推覆体、天台山飞来峰、彭 - 灌飞来峰群等。前山断裂由北西向南东推覆，上盘主要为古生代地层，大部分地段推覆于上三叠系须家河组地层上，中南段见上盘须家河组地层推覆于侏罗系及白垩系地层之上。因本区侏罗系至下第三系间为连续沉积，可见推覆主要为喜山期。紫坪铺水利枢纽工程位于本带中南段的南缘部位。

（7）后山推覆构造带（“高带”）是后山断裂和中央断裂之间的地带，地貌上处于龙门山最高部位，它包括锁江推覆构造，九顶山推覆体，五龙推覆体等。其滑动面是后山断裂，该断裂早期为张性，印支期才转为挤压逆冲性质，地表倾角 65°~75°，倾向北西，垂直断距 4~8km，水平断距 11~16km，上盘为前震旦系，志留系地层和晋宁期火成岩体，下盘为上古生界和中生界三叠系须家河组。本推覆带比前山推覆带形成要早，它占据了现今龙门山的主脊线。

1.2.2 地震和地震动参数

1.2.2.1 地震地质背景

经勘察，自新生代以来，由于印度次大陆与中国地块的最终碰撞，导致我国西部地区又一次发生了强烈的构造变动，在先成的构造格局上形成了新的活动带和深断裂带，把地槽褶皱区重新分割成不同性质，不同地壳厚度的断块区。现今地壳运动的主要表现为断块本身的变形、断块之间的挤压，拉张和错动，几乎分割断块之间的每一条边界都是强烈变动的构造带，也是一条地震密集带。

工程所在区域和邻近地区由南北向岷山断裂带、北东向的龙门山断裂带、北西向的鲜水河断裂带和南北向的安宁河断裂带，如图 1-4 所示，形成了由褶皱带或深大断裂围限的构造块体，在断块边界上发生一系列强震，对主要构造区的地震地质背景简要描述如下：

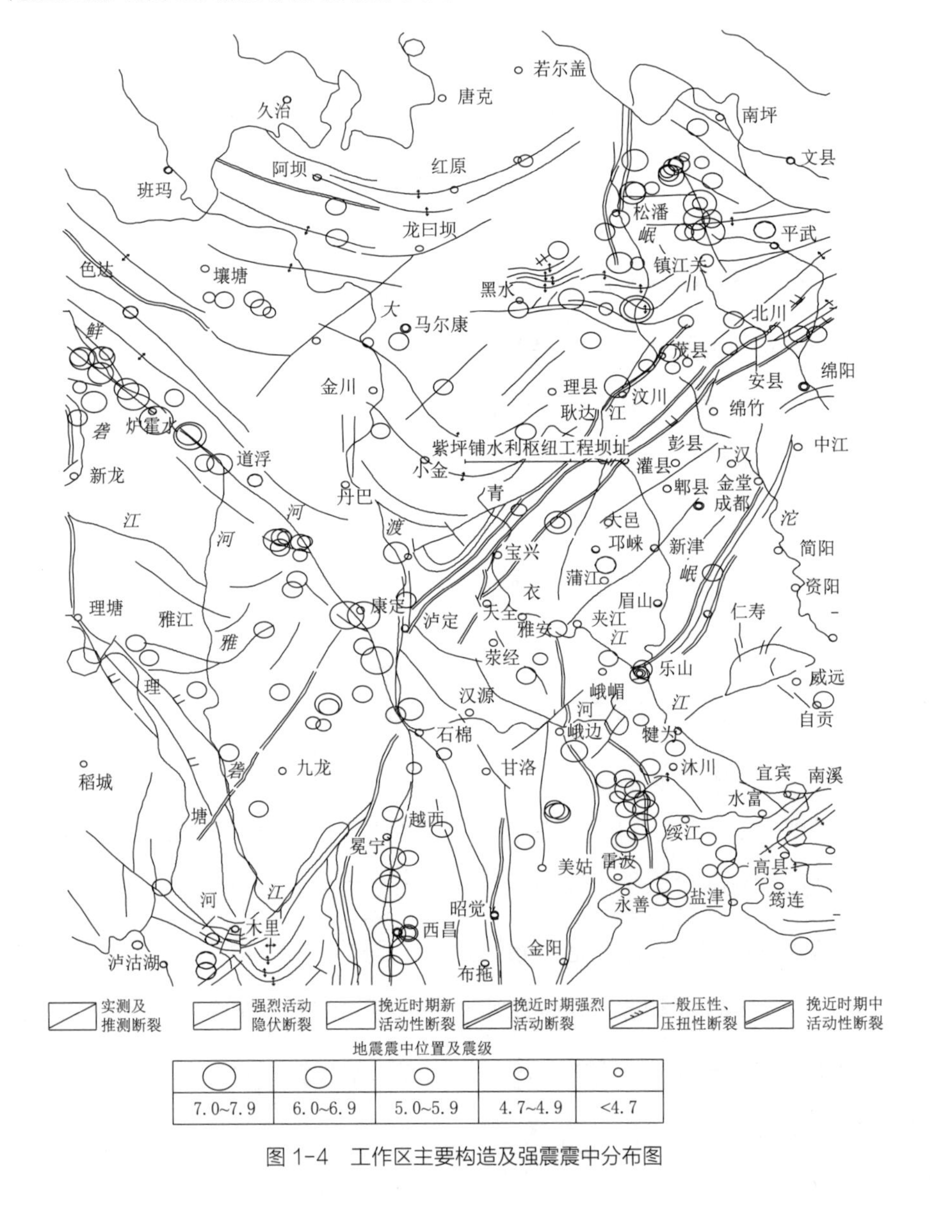

图 1-4 工作区主要构造及强震震中分布图

（1）川中断块位于扬子地块西缘，占据四川盆地，西部边界紧邻龙门山褶断带。自燕山运动以来，龙门山不断挤压抬升，川中断块相对下陷。喜马拉雅运动是川中盆地的重要构造变动时期，西部不断隆起，盆地西缘形成北东向的凹槽，成为山前拗陷盆地，基底发育了北东向的断裂。第四纪以来，山前凹陷继续发展，龙门山与四川盆地地西部边缘形成地貌上的强烈反差。该断块区地震活动很弱，仅沿北东向断裂面有 5 级左右地震发生。

（2）松潘平武断块的北边界是加里东期形成的紧密线状大型复式背斜组成的摩天岭构造带，南边界为龙门山断裂带。西部为南北向的岷山压性断裂带（其中包括岷江和虎牙断裂所围限的似三角形断块）。该区历史上地震活动强烈而频繁，地震主要沿断块边界活动，曾发生 7 级以上地震 3 次，如 1976 年松潘 7.2 级强震就是近南北向的虎牙断裂再活动的结果。

（3）甘青川块体，西以鲜水河断裂为界，其北部边界可能达昆仑山北侧，东部至龙门山断裂带中南段。鲜水河断裂带是本区最活动的边界，中强地震频频发生，自 1700 年以来发生了 10 次 7 级以上地震。

（4）川滇菱形块体由鲜水河断裂，红河断裂和组成南北向构造带的安宁河，小江断裂所构成的菱形块区。近年研究认为，由于印度板块向北东方向的碰撞挤压，其东部受四川盆地莫霍面上隆区的阻挡，造成龙门山南端与喜马拉雅山东端之间的川滇菱形块体向南南东方向推进，成为现今十分活跃的构造单元。该区地震活动强度大，频度高，成为我国西南地区重要的强震区。

1.2.2.2　地震构造带及坝区断层活动性

根据工程区范围和地震构造带对坝区的影响程度，划分出以下几条主要地震构造带：松潘平武强震构造带、龙门山中强地震构造带、鲜水河强震构造带、安宁河强震构造带。

由于鲜水河强震构造带和安宁河强震构造带距坝区较远，两带在历史上发生地震对坝区的影响烈度最大也只有Ⅵ度，不做详细介绍。松潘平武强震构造带和龙门山中强地震构造带，从地震力作用的影响角度而言是近场影响区。

1. 松潘平武强震构造带

（1）岷江断裂带。该断裂带由东西两支断裂组成。东支称岷江断裂，西支称牟泥沟－羊洞河断裂，第四纪以来主要沿东支活动。现今地震活动也主要沿岷江断裂分布。

岷江断裂位于松潘县北，沿岷江河谷平行展布，南始于松潘，向北经元坝子、川主寺、卡卡沟、弓嘎岭，向北延伸至南坪县境，与塔山断裂斜接。断层总体产状 N15°~20°E/NW∠60°~70°。该断裂第四纪以来新活动强烈，新生代地层发生强烈形变、河谷两岸阶地不对称、据弓嘎岭至干海子段地形变资料，形变速率平均为 2.1mm/a，地震活动强烈，据历史资料记载，从公元 638 年 2 月松潘 5.7 级地震以来，沿该断裂带共发生了 7 次中强地震，其中最强地震是 1960 年 11 月松潘漳腊 6.7 级地震。该断裂从第四纪以来迄今的新构造活动十分强烈，但从新沉积物的构造形变及中强地震的分布来看，主要集中在岷江中段，即弓嘎岭以南至松潘元坝子一段，故岷江断裂中段为全新世断裂活动段。

（2）虎牙断裂。该断裂与北北东向的岷江断裂，东西向的雪山断裂构成摩天岭隆起与松潘－甘孜地槽的边界断裂，处于龙门山断裂带的北西侧。该断裂南端始于平武县民厂，向北经牙关、火烧桥，小河至玉龙滴水。断裂北段由北西转向南东，向东倾角约为 80°，南段走向由南北向东南偏转，倾向西，倾角由北向南自 70° 变为 30°，断裂总体走向北北西向。沿断裂带有历史地震记载以来最早一次地震是1630年6.2级地震之后，经过相当长的一段平静时期在1973年8月11日于松潘黄龙三道原附近又发生了1次6.2级地震，1976年8月16日在松潘、平武发生7.2级地震，紧接着于8月22、23日沿断裂带南段又分别发生了6.7级和7.2级地震。由此可看出，虎牙断裂带为一条全新世活动断裂带。从地震活动强度看，南段要大于北段，断层活动性仍具有明显的分段活动特点。

（3）松平沟断裂。该断裂主要发育在较场弧形构造带的西翼，始于墨石寨，向东南经平乡、白腊寨至较场观音崖一带，大致沿松平沟断续分布，在叠溪附近与刷金寺－叠溪东西向隐伏断裂相交。1713年叠溪7级地震和1933年叠溪7.5级地震就发生在上述两条断裂交汇部位叠溪至下木石坝一带。该断裂在松平乡以北产状N55°W/NE∠65°，以南产状为N52°W/SW∠80°，在较场北观音崖附近产状为N365°W/SW∠43°。松平沟断裂第四纪以来的新活动十分强烈，是一条强烈活动的地震断裂带。

2. 龙门山中强地震构造带

（1）龙门山前山断裂。该断裂从1787年灌县4.7级地震以来，曾发生过4次中、强地震，最强地震是1970年大邑西6.2级地震。地震活动强度大，北川－双石段比其他地段强，故将此段作为全新世的活动断裂。

（2）龙门山中央断裂。从地震活动资料看，沿断裂带从1168年有历史地震纪录以来，曾发生过12次4级以上地震，且呈条带状分布，主要集中在宝兴－北川段。而1958年北川6.2级地震强度最大，此后直至2008年5月12日映秀发生8.0级地震，成为龙门山地震构造带上最强地震，震后余震不断，大于6.0级4次。

（3）龙门山后山断裂。沿断裂带从1597年有历史地震记载以来，曾发生过 4 级以上地震 13 次，最强地震是 1657 年的汶川 6.5 级地震。这些中强地震主要集中分布在茂汶－汶川－草坡一带，其南北两段的地震活动相对较弱。

综上所述：龙门山地震带 1400 年以来的地震活动经历了两个地震活动期，如图 1-5 所示，如果以 6.5 级地震作为活动期中活跃时段开始和结束的标志，则活跃时段分别为 1573—1765 年和 1879 年至今。第二活动期能量释放明显高于第一活动期且活跃时段可能还会持续几十年，有发生 7 级地震的可能（不包括汶川余震区）。龙门山地震带第二活动期强震活动主要集中在南段，未来地震带强震活动可能延续南强北弱的特点。龙门山断裂带映秀以南段和岷山断裂中北段有发生 7 级地震的背景。此外汶川序列仍有发生多次 5 级以上地震，乃至 6~7 级强余震的可能。

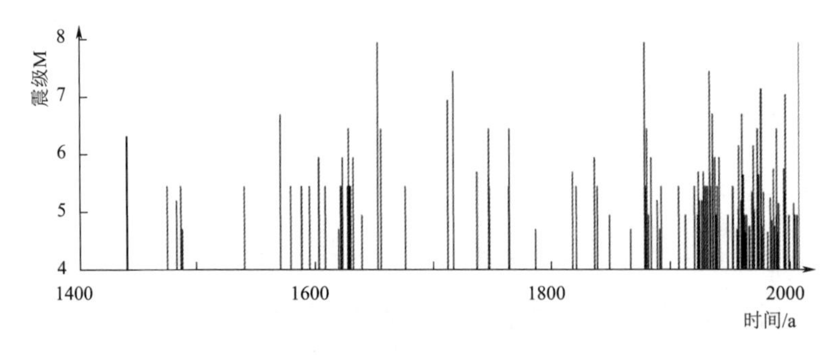

图 1-5　1400 年以来龙门山地震带 M － T 图

区域内破坏性地震空间分布很不均匀，如图 1-6 所示，强震主要集中在区域东北部的岷江断裂和虎牙断裂、区域中南－东北的龙门山断裂带和区域西南的鲜水河断裂带上，且近代地震的空间分布与历史地震相近，说明地震活动具有继承性，如图 1-7 所示。龙门山断裂带南段和岷山断裂带中北段迄今没有发生 7 级以上地震，有发生大地震的背景。鲜水河断裂带地震活动水平高，大震间隔时间短，未来其南段也有发生 7 级地震的可能。

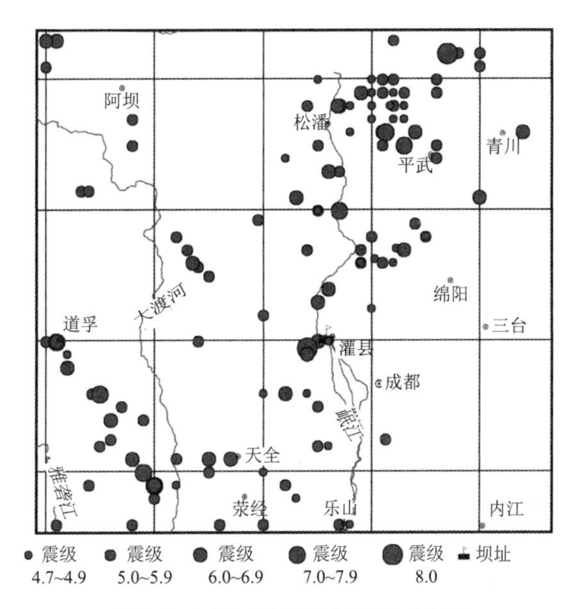

图 1-6　区域内破坏性地震震中分布图

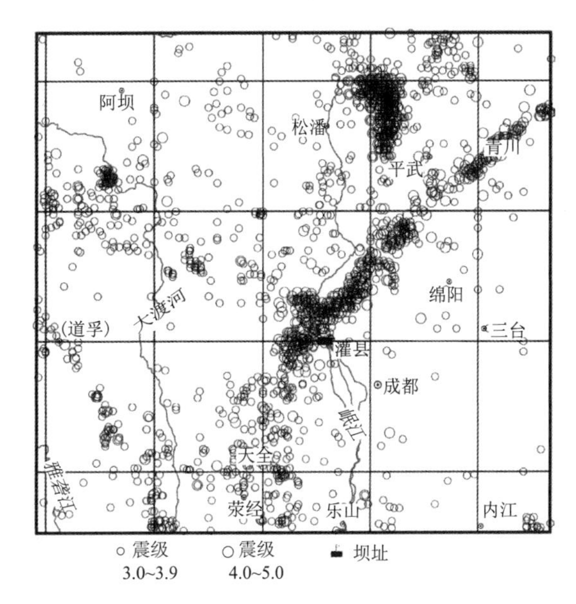

图 1-7　区域中小地震震中分布图

3. 坝区断层活动性

坝区主要断层有 F_1、F_2、F_{2-1}、F_3、F_4 等，根据地壳结构、深断裂规模、活动断层时代及地震烈度影响等综合判定，工程坝区断层至少在 22 万年以来没有活动过，特别是 F_3 断层在 150 万年以来未曾活动。坝区断层活动性结果见表 1-1。

表 1-1　　坝区断层活动性结果表

断裂名称	活动年代	依　据
F_1	中更新世	断裂带内钙华铀系年龄 22 万年
F_2	中更新世	断层泥 ESR 年龄大于 150 万年
F_{2-1}	中更新世	断层泥 TC 年龄 30 万年
F_3	中更新世	断层带内方解石脉 ESR 年龄大于 150 万年
F_4	中更新世	断层带内方解石脉 ESR 年龄大于 150 万年

1.2.2.3　地震基本烈度级坝址地震动参数

工程初步设计阶段工作结束于 20 世纪末，国家地震部门根据当时的地震资料分析，工程区域外围历史上发生的主要地震有 1657 年四川汶川$6\frac{1}{2}$级、1786 年四川康定$7\frac{3}{4}$级、1879 年甘肃武都 8 级、1933 年四川叠溪$7\frac{1}{2}$级、1976 年四川松潘－平武 7.2 级、1787 年四川灌县 4.75 级地震。汶川“5・12”地震之前，历史地震对工程区域影响烈度大于Ⅴ度的地震有 6 次（表 1-2），对工程场地的影响烈度为Ⅵ度。

工程场地地震安全性评价工作，采用地震危险性概论分析计算方法，得到坝址 50 年超越概率为 0.1 的地震烈度为 6.9 度，基岩水平动峰值加速度为 120.2gal；500 年和 1000 年超越概率为 0.1 的地震烈度分别为 7.8 度和

8.1度；基岩水平动峰值加速度为260gal和310gal。坝址场地地震基本烈度为Ⅶ度。

表1-2 历史地震对紫坪铺坝址的最大影响烈度

序号	时间（年.月.日）	震中位置			震级	震中烈度	影响烈度
		纬度/(°)	经度/(°)	地 点			
1	1657.04.21	31.3	103.5	四川汶川	$6\frac{1}{2}$	Ⅷ	Ⅵ
2	1786.06.01	29.9	102.0	四川康定	$7\frac{3}{4}$	≥Ⅹ	Ⅵ
3	1879.07.01	33.2	104.7	甘肃武都	8	Ⅺ	Ⅴ
4	1933.08.25	32.0	103.7	四川叠溪	$7\frac{1}{2}$	Ⅹ	Ⅴ
5	1976.08.16	32.6	104.1	四川松潘－平武	7.2	Ⅸ	Ⅴ
6	1787.12.31	31.0	103.6	四川灌县	$4\frac{3}{4}$	Ⅵ	Ⅵ

1.2.2.4 汶川“5·12”地震后对地震基本烈度及相关参数的调整

汶川“5·12”地震震中烈度为Ⅺ度。震中距紫坪铺水利枢纽工程坝址为17.7km，大坝距中央断裂地表破裂垂直距离约5.5km，地震对大坝的实际影响烈度为Ⅸ度。地震发生后，中国地震局组织专家根据相关研究，对地震的主要影响区进行了地震动参数修订，并颁布了《中国地震动参数区划图》（GB 18306—2001）（含第1号修改单）。由于对龙门山断裂带发震能力的认识有较大变化，而工程的地震危险性主要来源于龙门山断裂带，因此，需要根据对龙门山断裂带的新资料与新认识，对工程的地震危险性进行重新评价。

2009年1月，中国地震局地震预测研究所对工程区地震危险性评价复核结论为：工程基准期50年超越概率10%基岩水平地震动峰值加速度为185gal，地震基本烈度为Ⅷ度；基准期100年超越概率2%基岩动峰值加速度392gal。该复核结果作为紫坪铺水利枢纽工程震后恢复重建工程设计的依据。

1.3 基本地质条件

1.3.1 地形地貌

区内属中低山地形，山体总体走向与NE向构造线基本一致，属构造剥蚀地形，由于地质构造与岩性的影响，岷江在沙金坝河段形成一个近180°的河曲，使右岸形成三面被河曲围抱的条形山脊，为枢纽布置、施工建设创造了良好的地形条件。

枢纽区位于河弯转折端，地形较开阔，枯水期河面宽为85~110m，正常高水位为870.00m处河谷宽为640m。左岸与白沙河间分水岭宽为965m，河谷形态不对称，江流偏左岸。左岸除少数低洼浅沟外，以基岩斜坡为主，自然坡度为40°~50°。右岸为条形山脊，沿山脊坡度较缓，坡度为20°~25°。地表有残积和冰水堆积而成的黏土、块碎石土，靠河床有漫滩和I级阶地分布，阶面高程为765.00m。

1.3.2 地层岩性

枢纽区的岩石为三叠系上统须家河组的一套湖沼相含煤砂岩、页岩地层(T_3^3xj6~T_3^3xj14)，属典型的复理式建造沉积。其特点是上下颗粒粗细交替，具有明显的韵律性，横向上颗粒、岩性等变化很大。每个韵律层大体由底部含砾石的粗粒、中粒砂岩开始，往上部逐渐递变为细砂岩、粉砂岩、泥质页岩和煤质页岩，顶部为含煤的页岩和煤线、煤层。依据各韵律层内砂岩与页岩的比例关系，T_3^3xj11层全为粉砂岩，T_3^3xj12、T_3^3xj13层以砂岩为主，分别占68%和58%,14层以粉砂岩为主。每个韵律层按其不同的岩性又可分成若干小层。在坝区地层内，中、细砂岩约占总厚的 49%，粉砂岩约占 37%，煤质页岩和泥质页岩约占 14%。

因地层含煤，在遇到层间剪切错动带和 F_3 断层时，存在着易燃、易爆的有害气体—瓦斯，给施工安全带来较大的安全隐患。

由残积、冰水堆积物组成的坡积层，两岸大部分已挖除，但在开挖边坡的上部斜坡仍有保留。坝基覆盖层分布于现代河床和右岸一级阶地，主要由冲积漂卵砾石组成，根据其分布部位、新老关系和物质组成的差异，可分为两个单元，即河床漂卵砾石层单元和右岸阶地覆盖层单元。坝基河床冲积漂卵砾石层厚 2.67~18.50m；右岸阶地覆盖层一般厚 11~25m，最厚达 31.6m，由下至上大致可分为 3 层，上下为漂卵砾石层，中间为含砂土块（漂）碎石层。

1.3.3 地质构造

枢纽区的构造形迹主要有沙金坝向斜、F_3、F_2、F_{2-1}、F_4 等断层、L_7~L_{14} 层间剪切错动带及节理裂隙。

沙金坝向斜。轴向为 N50°~60°E，向北东方向倾伏，倾伏角为 25°~35°，北西翼较陡，岩层产状 N25°E/SE ∠ 60°~70°，南东翼稍缓，岩层产状 N45°~65°E/NW ∠ 45°~60°。向斜核部转折部位地层完好，界线清晰，仅层间挤压错动发育。

F_3 断层。位于坝轴线下游 360m 附近，产状为 N50°~70°E/NW ∠ 60°~75°，宽 55~87m，由糜棱岩、断层泥和砂岩构造透镜体组成，断层带岩性十分软弱，特别是遇水后极易崩解，工程性状极差。

层间剪切错动带。枢纽区由页岩、砂岩等软硬相间的层状岩体组成，后期经受强烈的构造作用，岩层变形十分剧烈，软弱页岩在褶皱变形过程中受挤压等构造运动形成不同规模层间剪切错动带，这种构造是枢纽区最为普遍的构造形迹。其产状一般与岩层产状一致，规模较大、延伸长。层间剪切错动带多集中发育于坚硬砂岩与煤质页岩、泥质页岩接触处或煤质页岩及煤层富集带，主要层间剪切错动带有 L_7~L_{14} 层。

1.3.4 物理地质作用

坝区气候潮湿多雨，风化作用较强，地表残积、坡积覆盖普遍，卸荷裂隙发育。物理地质作用主要以基岩的风化、卸荷为主。区内岩体软硬相间，硬质的砂岩和河谷两岸岩体风化卸荷强烈、深度较大。

河谷两岸强卸荷带（弱风化上段）水平发育深度左岸为 25~55m，主要特征是裂隙发育且普遍张开 1~5mm，沿裂隙风化显著多具黄褐色锈面和次生泥充填。在坚硬砂岩中时见有宽 1cm 以上之拉张裂缝，岩体明显松弛，稳定性差，在勘探平硐中常有掉块和小规模塌落。地下水活动强烈，滴水普遍，局部出现小股状集中水流。弱卸荷带（弱风化下段）水平发育深度为 50~80m，一般裂隙张开不显著，次生夹泥明显减少，但沿裂隙黄色锈面仍很普遍。

1.3.5 水文地质条件

枢纽区地下水为多层裂隙水，煤质页岩和泥质粉砂岩相对隔水层，砂岩透水。裂隙水以顺层运移为主，垂直层面方向水力联系微弱，含水总体不丰，多以滴水为主、少量线状流水。开挖到裂隙较多的砂岩时，有线状流水，随着时间的推移，水量有逐渐减小的趋势。

区内岩体的渗透性受地层岩性组合、地质构造、风化卸荷作用等因素的控制，一般岩体风化卸荷强烈，透水性较强，如在雨季，卸荷带内常富含地下水；砂岩透水性强，煤质页岩等透水性弱，帷幕灌浆过程中常发现顺砂岩岩体串浆较远。砂岩的渗透性垂向变化明显，据统计渗透系数随深度呈指数衰减，埋深 0~40m 渗透系数为 2.3×10^{-4} ~1.74×10^{-3}cm/s；埋深 30~80m 渗透系数为 5.79×10^{-5} ~2.31×10^{-4}cm/s；埋深 80~140m 渗透系数变小为 1.16×10^{-5}~5.79×10^{-5}cm/s，砂岩渗透性具有非均质各向异性的特点。

第2章 汶川“5·12”地震及影响

2.1 汶川“5·12”地震

2.1.1 震级与烈度

2008年5月12日14时28分4秒四川省汶川县，即北纬31.0°，东经103.4°，发生了里氏8.0级（矩震级7.9级），震源深度为14km的强烈地震。

震中为汶川县映秀镇，距震中50km范围内的县城受到严重影响，距震中50~200km范围内的大中城市受到较大影响。除黑龙江、吉林、新疆外，其他省（自治区、直辖市）均有不同程度的震感，四川、甘肃、陕西三省震情最为严重。泰国、越南、菲律宾、日本等国均有震感。

汶川“5·12”地震是中华人民共和国成立以来影响最大的一次地震，自2001年昆仑山大地震（里氏8.1级）后的第二大地震，直接严重受灾地区达10万km^2。

据国家地震局地震烈度调查结果，震中烈度达到Ⅺ度；Ⅸ度以上区域（极震区）紧靠发震断层，呈狭窄的带状，沿断层垂直方向烈度衰减很快；受龙门山前山断裂破裂的影响，Ⅹ度和Ⅸ度区在绵竹、什邡、都江堰向外略突出；Ⅵ～Ⅸ度区面积在断层北（东）方向要比南（西）面大，显示出断层破裂由南向北传播的方向性效应。本次地震对紫坪铺水利枢纽工程造成了Ⅸ度的地震烈度影响。

2.1.2 地震造成的巨大损失

汶川“5·12”地震造成巨大的人员伤亡和财产损失。截至2009年4月25日，遇难69225人，受伤374640人，失踪17939人。截至2008年9月4日，估计造成的直接经济损失达8451亿元人民币。四川省直接经济损失为最严重，占比91.3%；甘肃省占比5.8%；陕西省占比2.9%。国家统计局将损失指标分为人员伤亡、财产损失、对自然环境的破坏。在财产损失中，房屋的损失很大。其中，民房和城市居民住房的损失占总损失的27.4%；学校、医院和其他非住宅用房的损失占总损失的20.4%；基础设施，包括道路、桥梁和其他城市基础设施的损失，占到总损失的21.9%。

2.2 工程震损震害

紫坪铺水利枢纽工程距汶川“5·12”地震震中仅为17.7km，各重大建筑物均遭到了一定程度的破坏。

2.2.1 混凝土面板堆石坝受损

2.2.1.1 面板破损情况

1. 表观

（1）3号混凝土面板有几处拱起3cm，右侧偏多，每隔3m处有一处起拱；4号面板下部有轻微拱起，左侧有两条4m长0.5mm宽裂缝；5号混凝土面板均鼓起破坏较为严重，二期混凝土面板与三期混凝土面板施工缝处有错台，高程845.00 m以上有4条裂缝为0.5~2.0mm，长度6m左右成交汇状，如图2-1所示。

（2）5号混凝土面板与6号混凝土面板之间有约35cm的错台。6号混凝土面板高程865.00 m有一处宽度50cm，长6.0m的混凝土鼓起，三元盖板靠左混凝土面板有一条 6cm 左右的裂口；高程 845.00 m以上两边各有一处宽 1.2m，厚度 15cm，长度 18m，混凝土鼓起，如图 2-2 所示。

图 2-1　混凝土面板拱起、裂缝

图 2-2　混凝土面板错台、裂口

（3）7 号混凝土面板高程 860.00~865.00m 有一条宽 0.8mm 的裂缝，局部有渗水。高程 845.00m 施工缝错台，错台 17cm，如图 2-3 所示。

（4）8 号混凝土面板高程 845.00 m上部有一条长 1.5m，宽 0.80m，厚 6cm 的裂缝，表层混凝土脱落。高程 845.00m 施工缝错台，错台 17cm。

（5）9 号混凝土面板高程 845.00m 施工缝错台，错台 17cm，如图 2-4 所示。

图 2-3　7 号混凝土面板高程 845.00m 施工缝错台

图 2-4　9 号混凝土面板高程 845.00m 施工缝错台

（6）10 号混凝土面板高程 845.00 m施工缝错台，错台 16cm。混凝土面板上有多处小裂缝。

（7）11 号混凝土面板高程 845.00m 施工缝错台，错台 15cm。混凝土面板上高程 873.00m 处有 0.4×3m 的混凝土鼓起、脱落。

（8）12 号混凝土面板高程 845.00m 施工缝错台，错台 16.5cm。混凝土面板上高程 865.00m 处有一条长 1.5m，宽 1mm 的裂缝。

（9）13 号混凝土面板未受破坏。

（10）14 号混凝土面板高程 845.00m 施工缝错台，错台 14cm。

（11）15 号混凝土面板高程 845.00m 施工缝错台，错台 15cm。混凝土面板上高程 840.00m 处有一条长 6.0m，宽 60cm，厚 2cm 的裂缝，混凝土脱落；高程 839.00m 处有一条长 5.0m，宽 0.5mm 的裂缝。

（12）16 号混凝土面板高程 845.00m 施工缝错台，错台 14cm。

（13）17 号混凝土面板高程 845.00m 施工缝错台，错台 15cm。混凝土面板上高程 850.00m 处有一条长 8.0m，宽 0.5mm 的裂缝。

（14）18 号混凝土面板高程 845.00m 施工缝错台，错台 12cm。混凝土面板上高程 843.00m 处有一条长 7.0m，宽 1mm 的裂缝；高程 855.00m 处有一处长 4.0m，宽 0.5mm 的裂缝。

（15）19 号混凝土面板高程 845.00m 施工缝错台，错台 15cm。混凝土面板上高程 845.30m 处有贯穿裂缝，宽 1mm，高程 855.00m 处有一处长 4.0m，宽 0.5mm 的裂缝。

（16）20 号混凝土面板高程 845.00m 施工缝错台，错台 15cm。混凝土面板上高程 845.00m 处上部 50cm 混凝土脱落，并有贯穿裂缝，宽 5cm，附近有一处长 1.50m，宽 3cm 的裂缝。

（17）21号混凝土面板高程845.00m施工缝错台，错台12cm。混凝土面板上高程845.00m处上部50cm混凝土脱落，高程842.00m附近有一处长3.0m，宽30cm的起拱。高程865.00~870.00m有几条细小裂缝。

（18）22号混凝土面板高程845.00m施工缝错台，错台13cm。混凝土面板上高程845.00m处上部50cm混凝土脱落，高程865.00~860.00m有几条细小裂缝。高程845.00m以上混凝土面板结构缝有一处宽1m，长6m，厚10cm的混凝土被挤压起拱。

（19）23号混凝土面板高程845.00m施工缝错台，错台14.5cm。高程865.00~860.00m有几条细小裂缝。高程845.00m以下混凝土面板结构缝有宽2m，长度至水面以下的结构缝混凝土被挤压起拱。上部结构缝高程860.00~870.00m有脱鼓现象。23号混凝土面板与24号混凝土面板之间有约15cm的错台。

（20）24号混凝土面板高程845.00m施工缝无错台，混凝土面板高程845.00~850.00m有一处长5m，宽1m的混凝土起鼓。高程845.00m有一条细小裂缝。

（21）25号混凝土面板高程845.00m施工缝无错台，混凝土面板高程858.00m有一处长1.5m，宽0.5m的混凝土起鼓。高程850.00m有一条长12m，宽1mm细小裂缝。高程865.00m有一条长4m，宽0.5mm细小裂缝。

（22）26号混凝土面板高程845.00m施工缝无错台，施工缝开裂，长12m，宽1mm。

（23）27号混凝土面板高程845.00m施工缝无错台，高程862.00m

有一条长 7m，宽 0.5mm 的细小裂缝，缝面有渗水。

（24）28 号混凝土面板高程 845.00m 施工缝无错台，高程 860.00m 有一条长 16m，宽 1mm 的细小裂缝。

（25）29 号混凝土面板高程 845.00m 施工缝无错台。

（26）30 号 ~34 号混凝土面板高程 845.00m 施工缝无错台，缝面有开裂现象。最大开裂为 1cm。

（27）35 号混凝土面板高程 845.00m 施工缝错台 2cm。

（28）36 号混凝土面板高程 845.00m 施工缝错台 9cm，结构缝高程 845.00m 以上混凝土起鼓长 16m，高 16cm，宽 1~2m。

（29）37 号混凝土面板高程 845.00m 施工缝错台 9cm。

（30）38 号混凝土面板高程 845.00m 施工缝错台左边 2cm，右边 5mm。

（31）39 号 ~42 号混凝土面板高程 845.00m 施工缝无错台，缝面有开裂现象。

（32）43 号 ~49 号混凝土面板高程 845.00m 施工缝无错台。

2. 混凝土面板脱空

自检查开始至 5 月 21 日，检查了 18 块混凝土面板分 5 个高程（即 833.00m、843.00m、847.00m、860.00m 和 878.00m 或 879.00m）钻孔测面板脱空，发现高程 845.00m 以下除 6 号混凝土面板有脱空，其余无脱空。6 号混凝土面板脱空坝顶较大，高程越低脱空越小（高程 833.00m 为 2cm、高程 879.00m 为 23cm）；高程 845.00m 以上，1 号 ~23 号混凝土面板均有脱空，24 号 ~49 号混凝土面板在顶部有部分脱空。混凝土面板脱空检查情况详见表 2-1。

表 2-1　混凝土面板脱空检查表　单位：cm

编号	钻孔布置高程						检查时间（月.日）
	833.00m	843.00m	847.00m	860.00m	878.00m	879.00m	
B6	2	7	8	3	13	23	5.20
B21	无	无	12	10	12	20	5.20
B28	无	无	无	无	无	17	5.20
B38	无	无	无	无	无		5.19
B1			5			4	5.20
B3			3			4	5.20
B5			2			12	5.20
B7			10			5	5.20
B9			11			6	5.21
B11			9			5	5.21
B13			11			12	5.21
B15			8			21	5.21
B17			9			17	5.21
B19			9			18	5.21
B21			9			17	5.21
B23			10			17	5.21
B25							
B27							

2.2.1.2　坝顶及防浪墙受损情况

4 号 ~25 号防浪墙与人行道之间有拉开现象，最大宽度为 3cm。防浪墙结构缝受到不同程度的挤压破坏。防浪墙顶原绝对高程由原来 885.40m，变为 884.38m，最大沉降量约为 102cm，即比原坝顶下沉了 1.02m，如图 2-5 所示。

右岸防浪墙顶与溢洪道顶部有 10cm 的错台。坝顶路面与溢洪道顶有 20cm 的错台。坝顶下游侧人行道破坏，长度约 500m，栏杆破坏约 550m，如图 2-6 所示。

图 2-5　防浪墙拉开现象

图 2-6　右岸防浪墙顶与溢洪道顶错台

2.2.1.3　坝后护坡情况

高程 840.00m 马道以上干砌石护坡破坏情况：溢洪道侧长 100m，宽 35m 面层破坏，坝 0+200.00~0+400.00 处、高程 850.00~880.00m 段破坏，高程 840.00m 马道外侧浆砌石破坏；高程 840.00m 马道以下至高程 790.00m 马道以上干砌石护坡破坏；坝 0+200.00~0+400.00 处、高程 820.00~840.00m 段破坏，高程 790.00m 马道外侧浆砌石破坏；高程 790.00m 马道以下干砌石护坡破坏情况：坝 0+251.00~0+371.00 处、高程 780.00~790.00m 段破坏，如图 2-7 所示。

图 2-7　马道与干砌石护坡分离

2.2.1.4　其他情况

（1）坝体沉降造成大坝内观仪器和强震仪部分损坏。

（2）大坝地震台网损毁严重。

（3）震前 5 月 10 日量水堰渗流量为 10.38L/s，水位为 826.00m；震后 5 月 21 日量水堰渗流量为 17.38L/s，水位为 825.72m；5 月 24 日量水堰渗流量 18.34L/s，水位为 821.97m。震后与震前渗流量比较，同水位情况下渗流量增加 60% 以上，随着汛末库水位回蓄，渗流量是否继续增加有待进一步观察。

（4）地震后，库区大量房屋倒塌、边坡滑坡，进入库内的漂浮物大量增加，随着库水位上升，需不断清理。

2.2.2 泄水及引水发电建筑物

1. 引水系统

（1）引水系统进水塔受震局部产生裂缝，塔上集控室受损。

（2）4 条引水隧洞及进水塔身部分不具备检查条件。

（3）下游河道混凝土护岸部分边坡及护岸道路开裂、破损，青石栏杆 2km 左右倒塌。

2. 溢洪道受损

（1）溢洪道闸室多处发生裂缝，框架结构启闭机室的三根承重柱被剪断，钢筋外露。

（2）溢洪道下段高程 954.00m 以上边坡坡体变形超过 20mm，需进行加固处理。

（3）溢洪道陡槽段永久缝错台。

3. 冲砂放空洞

冲砂放空洞工作闸门下游至出口段混凝土衬砌表面有局部损坏脱落坑槽，面积约 80m^2，主要集中在施工缝、结构缝周边。主要分为以下破坏类型:

（1）工作闸门下游至出口段混凝土衬砌表面有局部损坏脱落坑槽，主要集中在施工缝、结构缝周边。

（2）洞身 0+581.00 段施工缝左右侧墙均出现同向错台，左侧墙施工缝周边混凝土损坏较为严重，形成深 20cm，宽 30cm 的坑槽，并在顶部放大，宽度变为 200cm；右侧墙施工缝错台 5cm，周边混凝土损坏较轻。

（3）工作门闸室中部混凝土结构缝上游侧边墙有渗水流出，闸室右侧边墙上部有渗水裂缝，洞身段局部有渗水缝及渗水点。

（4）出口挑流鼻坎侧墙、底板局部被边坡飞石砸击坑槽，中部有一条贯穿性裂缝，宽度 1cm，缝内混凝土骨料新鲜。

4. 1 号和 2 号泄洪洞

（1）1 号、2 号泄洪洞进水塔启闭机室受震损毁。

（2）泄洪洞进水塔、受震局部产生裂缝。

（3）1 号泄洪洞龙抬头段损坏结构缝 5 条，边顶和底板均有损坏，为变形缝开裂、底板结构缝周边混凝土破坏，橡胶止水外露并伴有渗漏水情况；1 号泄洪洞导泄结合段环氧砂浆损坏共 18 处，面积约 110.0m^2，主要集中在 1 号环形掺气设施下游侧边墙结构缝周边区域，为挤压导致环氧砂浆局部脱空破坏。如图 2-8、图 2-9 所示。

图 2-8　1 号泄洪排沙洞 0+776.00 段底板错台

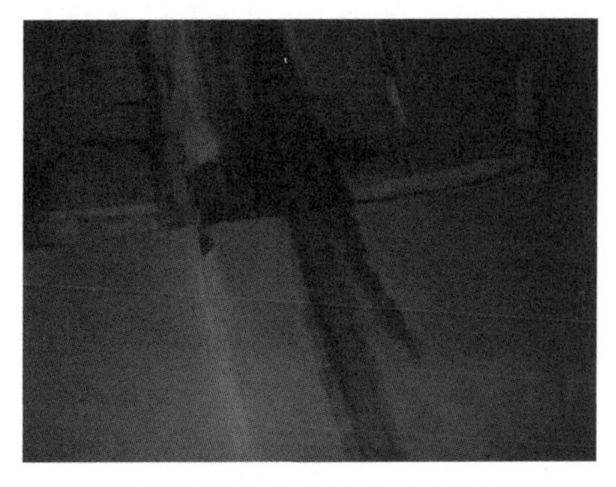

图 2-9　环氧砂浆局部脱空破坏

（4）2 号泄洪洞龙抬头段损坏结构缝 9 处，边顶和底板均有损坏，为变形缝开裂、底板结构缝周边混凝土破坏，橡胶止水外露并伴有渗漏水情况；2 号泄洪洞导泄结合段环氧砂浆损坏共 52 处，面积约 200m^2，主要集中在 0+241.00 改造段结构缝及 1 号环形掺气设施下游侧结构缝周边区域，多为挤压导致环氧砂浆局部脱空破坏。

（5）泄洪排沙洞部分地段处于 F3 断层，由于本次大地震震级较高，初步判断部分洞段的内部结构及周边围岩造成破坏。

5. 边坡受损

泄洪洞进口及出口边坡共8处垮塌，总面积约3万m^2，如图2-10、图2-11所示，严重威胁泄洪洞运行安全。

图2-10　1号泄洪洞出口边坡垮塌

图2-11　2号泄洪洞出口上方边坡垮塌

6. 场内公路受损

场内公路因地震受损总长度约4km，公路边坡塌方4处。

7. 坝前压重体受损

堆积体共有8个滑动测斜仪孔和1个固定式测斜仪孔，在地震前的2008年5月5日观测时，各孔均运行正常，且前期监测资料表明各孔均未出现明显滑面，变形不大。汶川“5·12”地震后，16日观测时发现，IN-1孔固定测斜仪无观测读数，可能电缆被拉断；IN-2、IN-4、IN-5、IN-6、IN-7测斜孔均由于孔内严重变形；浅层钻孔（IN-3、IN-8、IN-9）监测成果表明，地震后上部覆盖层存在外倾变形，方向偏下游。整体错动变形估计大于100mm。

坝前堆积体前缘的9号公路外侧有明显裂缝，裂缝宽度几厘米至几十厘米，大部分贯通，有明显浅层滑移迹象，表明堆积体前缘部分已成为危险区域，后期降雨可能出现滑塌。

从堆积体测斜孔及地表巡视结果看，汶川“5 · 12”地震后，堆积体在深部出现沿基覆界面的错动变形，灯盏坪前缘浅部出现明显连通裂缝，若降雨地表水渗入有可能出现塌滑。地震对堆积体产生了明显的影响，其稳定性有明显降低，堆积体灯盏坪前缘及压重体平台按目前的状态应定为地质灾害危险区。压重体平台目前为抗震救灾的水路码头，人员及车辆较多。若灯盏坪前缘出现滑坡，将严重威胁压重体平台的人员生命安全。

8. 枢纽区房屋建筑受损

（1）主厂房表观。主体结构基本无损，多次检查后，发现框架柱出现水平贯通裂缝，连系梁出现裂缝；主厂房大门雨篷由于室外地面沉陷造成雨篷柱（两根），相应沉陷由 20cm 逐渐增大为 50cm 左右，雨篷板开裂渗水；主厂房填充墙有局部开裂现象，大部分是与联系梁交接处，且多次检查发现裂缝逐渐增大；主厂房安装间与主机间变形缝处雁形板之间缝逐渐变大，女儿墙填充部分破坏；主厂房主机间端山墙铝合金卷闸门严重变形；主厂房与副厂房之间连廊沉陷由 20cm 逐渐增大为 50cm 左右。

（2）副厂房表观。副厂房主体结构未造成严重破坏，暂未见异常；副厂房墙面、吊顶造成一定损坏。如中控室部分抗静电条形吊顶脱落，水调中心值班室硅钙板脱落；副厂房室外地面沉陷造成室外台阶及坡道破坏，以及散水和散水处填充挡墙破坏；副厂房与电缆廊道交接处止水局部有渗水现象。

（3）GIS 厂房表观。屋顶装饰用亭子柱脚损坏，混凝土脱落，钢筋外露，不适合继续承重；铝合金卷帘门变形，填充墙局部出现裂缝，防震缝处室内装饰损伤。

（4）闸房。1号、2号泄洪洞闸房结构破坏较严重，维护结构几乎全部开裂，部分围护墙倾覆垮塌破坏，部分钢筋混凝土梁柱出现裂缝；1号~4号进水口快速门启闭机闸室主体结构一层钢筋混凝土柱顶多处严重破坏，部分维护墙体开裂；溢洪道设备用房屋面装饰屋顶柱多处严重破坏。

（5）其余枢纽区建筑。

1）检修综合楼。填充墙出现大量裂缝，且多次检查发现裂缝逐渐增大，主体框架梁、柱暂未见异常，梁、柱抹灰层多处脱落。

2）仓库。仓库主体框架联系梁、吊车梁破坏严重。屋面T形板连接处破坏，局部出现渗水现象。填充墙大面积出现裂缝，且裂缝逐渐增大。1~3轴纵墙移位，与柱连接处完全脱离。

9. 营地及附属建筑受损

经都江堰住房和城乡建设局的专家鉴定认为：电站主、副厂房、综合楼、招待所因地震造成轻微破坏；机电仓库、白沙营地办公大楼、专家楼、两栋职工宿舍因地震造成中度破坏；轻微破坏和中度破坏的建筑物需加固、维修。职工食堂、俱乐部严重破坏，已不能使用。

2.2.3 机电及金属结构工程

2.2.3.1 机电受损

电站受地震影响，基础设施和机电设备遭受重大损失，供电中断、通信中断、供水中断、交通中断。大地震造成中控室吊顶垮塌，线路开关跳闸，运行中的1号和2号机组事故停机，1号机组过速事故落门，1号~4号主变压器停运，全厂厂用电源中断。

1. 受损现象

（1）500kV C相线路氧化锌避雷器已倒塌，瓷瓶摔碎，均压环严重变形；B、C 相 GIS 出线套管与阻波器连接线在导线设备线夹处被拉断；B 相电容式电压互感器底座槽钢被拉变形，螺栓被拉变形，螺母已松动；5001 断路器上方固定主母线支撑拉杆有 12 颗被剪断，管母中部有一定的下垂量，如图 2-12 所示。

图 2-12　断路器上方固定主母线的支撑拉杆被剪断

（2）1 号 ~4 号主变压器本体因地震均有不同程度移位，其中以 2 号主变压器本体移位最大，达 80mm 左右。因主变压器位移，造成部分封母主变压器侧瓷盆外围密封全部拉开，如图 2-13 所示；主变压器低压侧套管也有一定程度的变位和轻微变形。

（3）厂房工业电视系统因震控制屏倒塌、多处摄像头损坏，线路拉断。厂区火灾报警系统因震控制屏倒塌、多处报警器损坏，线路拉断。厂房通信系统因震控制屏倒塌、多处电话损坏，线路拉断。

（4）副厂房地基下沉，多间房间出现裂纹；中央空调管路受损变形；电站中央控制室吊顶出现严重垮塌。

图2-13 遭破坏的主变压器侧瓷盆

（5）主厂房发电机层墙面、GIS楼出现多处裂纹，所有卷帘门严重变形，大部分门页脱槽，无法进行启闭操作。

2. 受损设备清单

（1）500kV氧化锌避雷器及配套设备。

（2）500kV电容式电压互感器及配套设备。

（3）500kV扩径导线。

（4）500kV线路配套金具。

（5）500kV的GIS组合设备。

（6）主变压器。4台本体移位，其中：2号主变压器位移严重约有10cm；1号主变压器、3号主变压器喷油；1号主变压器回油管焊缝开裂；中性点瓷瓶渗油，主变压器低压侧瓷瓶错位。

（7）封闭母线。支撑绝缘子破裂，封闭母线受到不同程度的拉升和挤压，其吊杆和固定件有变形；密封开裂。

（8）厂房中央空调。室外机地基塌陷需处理；室内外管路多处损坏；

室内机脱落 3 台。

（9）厂房工业电视系统。机房主机机柜倒塌，光纤、光纤收发器、视频服务器大面积受损。网络交换机损坏 5 台、客户端损坏 7 台，其中 3 台被石块彻底摧毁。

（10）进水口快速闸门 PLC 控制系统（3 号、4 号），盘柜倒塌。

（11）厂区火灾报警系统，盘柜倒塌，主机联动装置受损、多个感烟探头损坏及告警模块损坏。

（12）厂区通信系统。交换机盘柜倒塌，其中光端机、综合配线架、行政交换机、调度交换机受损。48V 电源模块损坏，蓄电池损坏。

（13）主厂房桥机（300+300/75/10t）。2 号、3 号机组段上游侧轨道变形，造成桥机经过变形处时容易产生电源跳闸。主厂房桥机行走、起升机构各减速箱渗油严重，10t 电动葫芦滑线器损坏，需更换滑线块。

（14）GIS 楼桥机（16t）。轨道有轻微变形，小车行走机构减速箱有轻微渗油。

（15）监控系统。

1）上位机系统：监控系统 SUN 服务器（SUN V480）移位，造成 ZPPMAIN2 失电，多根数据线扯断，2 号服务器损坏；操作员站一、操作员站二、工程师站、WEB 机、ONCALL 机（21″ Viewsonic 液晶）摔落损坏共 5 台，COM1 机显示器（17″ Viewsonic 液晶）震倒，恢复后色彩失真；操作员站一、操作员站二机箱（SUN Blade 2500）摔落损坏；1 号机组 LCU 至主机光纤转换器（Mod 高程 1100p）损坏（主机侧），2 号机组 LCU 至主机光纤转换器损坏（主机侧、LCU 侧），4 号机组 LCU 至主机光纤转换器损坏（主机侧）。

2）下位机系统：1号机组LCU地震中2号CPU模件（MB80 CPU612）损坏，CPM模件（MB80 CPM518）损坏，2号机组2块DI模件（MB80 DIM214）损坏，3号机组一块DI模件（MB80 DIM214）损坏，两块TI模件损坏，4号机组一块TI模件（MB80 TIM212）损坏。

（16）励磁系统，功率柜烧毁。

（17）厂高变压器。断路器、静触头、TA、部分一次引线和10kV电缆受损。

（18）接地变压器。故障电阻和中性点TA受损。

（19）励磁变压器。测温装置和快熔装置受损。

（20）辅助设备及减压阀。辅助控制系统触摸屏、顶盖排水控制系统等受损。

（21）空压机。2号高压气机和2号低压气机表计损坏，管路出现变形，接头渗油。地脚螺栓松动，出现位移变形。

（22）排风系统。电气廊道5台轴流式风机叶片出现裂纹。

2.2.3.2 金属结构受损

根据枢纽的布置和运行要求，金属结构永久设备分设于泄洪排沙洞、引水发电系统、冲砂放空洞、溢洪道等部位。共有各类闸门20扇，拦污栅17扇，门（栅）槽55套。固定启闭机4台，门机2台，液压启闭机9台，电动桥机2台。金属结构设备施工图设计总重约6822t。

汶川“5·12”地震导致分布于枢纽不同部位金属结构设备均遭受了损坏，其中部分设备损坏严重。

1. 1号泄洪洞

（1）1号泄洪洞的事故检修门布置在泄洪洞进水口最前部，门叶尺寸为 7.7m × 10.15m ，进水口底板高程 800.00m，地震发生前，为配合工作闸启闭机泵站大修，该闸门呈全关状态。震后，处于关闭状态的检修闸门无法进行检查。

（2）2 × 3600kN 启闭机布置在泄洪洞闸室 885.00m 平台，用于启闭 1 号泄洪洞事故检修门。震后，现场检查发现，启闭机卷筒倾斜，卷筒支架折断，支架上用于固定卷筒的滚珠轴承及轴承座破碎，电动机与齿轮减速箱连接部位发生变形，为变频电机配套的电阻排架倒塌，电阻组件散落一地，闸室现地控制盘柜位移，启闭机地脚螺栓松动并有变形，启闭机无法运行，如图 2-14 所示。

（a）

（b）

图 2-14　泄洪洞 2X3600kN 启闭机轴承及轴承座损坏

（3）1 号泄洪洞工作闸门（深水弧形闸门，门体尺寸为 6.21m × 11.07m ）在地震前，为配合液压启闭机泵站大修，该闸门处于全关状态。震后第二天，工作人员通过塔内台阶，下到地下 800.00m 泄洪洞进水口底部平台，对闸门门体进行了地震损坏检查，门叶没有发生可见性扭曲变形，止水没有明显破坏，门体支臂目测没有发生变形，支铰也没有明显变形，支铰座处混凝土未见裂纹和掉块，初步判断闸门可以运行，门槽局部受损，受损情况待进一步检测和鉴定。

（4）4500kN/1200kN 液压启闭机（用于启闭1号泄洪洞工作闸门，其远地控制盘安装在 885.00m 的闸室里，启闭机本体和油箱安装在 826.00m 的启闭平台）在地震前，启闭机泵站系统正进行大修，油箱及阀组处于解体状态。震后，工程师现场检查发现，远地控制系统盘柜报废，现场控制盘柜部分电气元件摔坏，控制回路不能正常工作。826.00m 平台除原摆放整齐的部件散落各处外，泵站电机联结有松动，活塞部分外观无变形。

（5）1号泄洪洞启闭机房 50t 桥机（1号泄洪洞闸门及启闭机检修设备布置在闸室顶部牛腿上）地震造成其闸室损坏严重，直径 36mm 的主筋变形，牛腿倾斜，大车轨道移位，用于连接和固定用螺栓大部分剪断，焊接处断开，小车滑移，主起升系统损坏情况不明，设备无法运行。

（6）400kN 启闭机（1号泄洪洞液压机检修设备，布置在 50t 桥机上部的台车室内）在地震后，机架明显变形和移位，设备整体移动了约 40cm，机构破坏严重，电控柜摔坏，设备短时间内不能工作，如图 2-15 所示。

图 2-15　泄洪洞 400kN 启闭机严重受损

（7）电梯（1 号泄洪洞室的交通设备）在地震后，控制柜倒地，元件损坏严重，电梯轿厢位移，轨道扭曲，设备不能工作。

2. 2 号泄洪洞

（1）2 号泄洪洞事故检修门在地震前，该闸门处于全开状态，门叶锁定在 879.00m 平台。震后，锁定在 879.00m 平台的事故检修门西侧锁定梁发生滑移，倘若再移动 4cm，将会导致单边锁定状态解除，一旦一侧锁定梁完全脱离锁定状态，另一侧锁定梁无法单独随承受 280t 重的闸门，闸门将会以倾斜角度跌落并卡在门槽中，后续的检修工作将面临巨大的困难。工程师检查发现后，因坝上门机无法使用，通过千斤顶及其他工具将锁定梁复位，并在后续的维修中增加了锁定扣。

（2）2×3600kN 启闭机（布置在泄洪洞闸室 885.00m 平台，用于启闭 2 号泄洪洞事故检修门）总体损坏情况与 1 号泄洪洞基本相同。

（3）2 号泄洪洞工作闸门（深孔弧形门，尺寸及安装高程与 1 号泄洪洞工作闸门相同）在地震前，该闸门处于全关状态。震后，检查过程与检查结果与 1 号泄洪洞相同。

（4）4500kN/1200kN 液压启闭机（用于启闭 2 号泄洪洞工作门，安装高程与 1 号泄洪洞弧形工作门启闭机相同）在地震前，该启闭机处于待命状态。震后，远地控制系统盘柜报废，现场控制盘柜部分电气元件摔坏，控制回路不能正常工作。位于 826.00m 启闭平台的启闭机地脚螺栓少量位移和剪切，泵站电机联接螺栓松动，活塞缸和活塞杆外观未见异常。

（5）2 号泄洪洞启闭机房 50t 桥机（2 号泄洪洞闸门及启闭机检修设备）地震后的损坏情况与 1 号泄洪洞的 50t 桥机基本相同。

（6）400kN 启闭机（2 号泄洪洞液压机检修用的设备）地震后的损坏情况与 1 号泄洪洞的 400kN 启闭机基本相同。2 号泄洪洞远程控制设备盘柜损坏如图 2-16 所示。

图 2-16 2 号泄洪洞远程控制设备盘柜损坏

（7）电梯（2 号泄洪洞室的交通设备）地震后，控制柜倒地，元件损坏严重，电梯轿厢位移，轨道扭曲，设备不能工作。

3. 冲砂放空洞

（1）事故检修门（冲砂放空洞位于引水发电洞下部 30m 处，底板高程为 770.00m，吊装孔洞位于进水口 3 号、4 号快速门中间，冲砂洞事故检修门门体加配重约 140t）在地震前，闸门与启闭机正在进行汛前大修，门叶和启闭机已完成检修，正在进行闸门吊杆连接组装，准备将闸门逐节下放至门槽中。地震发生时，闸门仍吊在坝顶门机上，门体尚未放入门槽，门机驾驶员将闸门锁定在 873.40 m平台上。地震导致悬挂在门机上的门叶晃动猛烈，闸门及门槽局部受损。

（2）1×4000kN 液压启闭机（用于操作冲砂放空洞事故门，安装在 879.00m 平台）在地震前，整机解体大修，机座放在 879.00m 平台，油缸放置在坝顶平台上；地震时，油缸晃动剧烈，出现较大位移，油缸受损严重，不能使用，如图 2-17、图 2-18 所示。

（3）工作门（弧形工作门，尺寸为 6.67m×6.15m，安装在距冲砂放空洞出口约 50m 处）在地震前，闸门处于关闭状态。地震后，经工程师现场检查，门体水封损坏，闸室没有明显混凝土掉块，支架和铰座没有明显变形，如图2-19、图2-20所示。

图2-17　冲砂放空洞检修门侧向滑块断裂

图2-18　冲砂放空洞检修门水封变形

图2-19　冲砂放空洞工作门底水封损坏

图2-20　冲砂放空洞工作门门槽受损

（4）2500kN/1500kN液压启闭机（用于操作冲砂放空洞工作门，安装在冲砂放空洞工作门闸室内）在地震前，该启闭机处于待命状态，地震后，地脚螺栓有明显的位移和剪切，油泵电机联结松动，电机情况受损不明。

4. 溢洪道

工作门在地震前，闸门处于全关状态。地震后，该闸门未运行，闸门及门槽局部受损；2×2200kN液压启闭机（用于操作溢洪道工作门）在地震前，该启闭机处于待命状态。地震后，该启闭机未运行，设备局部受损。

5. 电站进水口

拦污栅在地震前，拦污栅处于工作状态。地震后，拦污栅前堆积大量污物，拦污栅及栅槽局部受损；进水口检修门在地震前，闸门锁定在 879.00m 平台上；地震后，闸门及门槽局部受损，电站系统处于运行中，无法进一步检查该闸门。

坝顶 2000kN 双向门机（用于操作电站进水口拦污栅、进水口检修门；并兼有冲砂放空洞事故门及液压启闭机、进水口快速门及液压启闭机的检修、吊装作用）在地震前，该门机正在起吊 150t 荷重。地震后，门机出现较大位移，门架有变形，大车行走电机联接轴折断，电机掉在坝摔坏，回转机构齿轮损坏，如图 2-21~ 图 2-23 所示。

图 2-21　门机大车行走机构受损，电机摔坏

图 2-22　双向门机主钩卷筒轴承受损

1 号 ~4 号快速闸门在地震前，闸门处于全开状态，电站 4 台机组处于运行或备用状态。地震发生时，川西电网解列，全网失电，机组紧急停机，

图 2-23　双向门机回转机构受损

1 号快速门紧急落门，另外 3 扇闸门没有动作；地震后，初步检查 4 扇闸门都未发现明显异常，闸门及门槽局部受损，由于震后不到 30min 电站即开始空载并成功实现了黑启动。

进水口工作门 3500kN/8000kN 液压启闭机共 4 套油缸，用于操作进水口 1 号 ~4 号快速门。地震前，设备处于待命状态；地震后，设备局部受损，电站系统处于运行中，无法进一步检查，如图 2-24 所示。

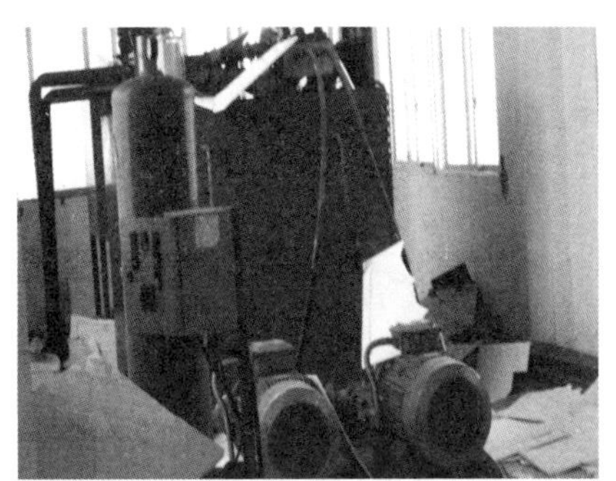

图 2-24　电站进水口液压泵站受损

6. 电站尾水门

1 号 ~8 号尾水门在地震前，闸门处于全开，锁定尾水检修平台上。

地震后，闸门及门槽局部受损，电站系统处于运行中，无法进一步检查；2×400kN 单向门机（用于操作尾水门）在地震前，该门机停放在尾水检修平台上；地震后，局部受损。

其中，闸门设备受损情况及修复方案见表 2-2，启闭机设备受损情况及修复方案见表 2-3。

表 2-2　闸门设备受损情况及修复方案

序号	设备名称	数量/套	单重/t	共重/t	受损情况	修复量/%	修复内容	备注
1	1号、2号泄洪洞事故检修闸门	2	133.7	267.4	局部部件受损	10	充水阀修复，整体检修，及试运行，防腐施工	
2	1号、2号泄洪洞事故检修闸门门槽	2	126.5	253.0	正常			
3	1号、2号泄洪洞工作闸门	2	306.8	613.6	局部部件受损	10	补充螺栓、处理胸墙整体检修、防腐施工	
4	1号、2号泄洪洞工作闸门门槽	2	300.3	600.6	正常			
5	冲砂放空洞事故检修闸门	1	102+90	192.0	局部部件受损	10	设备的导向装置、整体检修、防腐施工	
6	冲砂放空洞事故检修闸门门槽	1	103.0	103.0	正常			
7	冲砂放空洞工作闸门	1	80.0	80.0	局部部件受损	10	更换止水装置，整体检修及试运行，防腐施工	
8	冲砂放空洞工作闸门门槽	1	98.0	98.0	正常			

续表

序号	设备名称	数量/套	单重/t	共重/t	受损情况	修复量/%	修复内容	备注
9	溢洪道工作闸门	1	184.0	184.0	局部部件受损	10	更换闸门侧导向装置、止水装置，整体检修及试运行、防腐施工	
10	溢洪道工作闸门门槽	1	17.7	17.7	门槽变形	100	更换槽门，重新安装	
11	电站进水口拦污栅叶	17	18.9	321.3	待查	10（暂估）	整体检修及试运行、防腐施工	
12	电站进水口拦污栅槽	32	16.2	518.4	待查	10（暂估）	水下检测、整体检修及试运行	
13	电站进水口检修闸门	1	89.4	89.4	局部部件受损	8	整体检修及试运行、防腐施工	
14	电站进水口检修闸门门槽	4	67.4	269.6	正常			
15	电站进水口快速闸门	4	108+68	704.0	待查	10（暂估）	拆卸、更换，整体检修及试运行、防腐施工	
16	电站进水口快速闸门门槽	4	66.6	266.4	待查	10（暂估）	水下检测、整体检修	
17	电站尾水检修闸门	8	24.6	196.8	局部少量受损	8	整体检修及试运行、防腐施工	
18	电站尾水检修闸门门槽	8	22.8	182.4	正常			

注　1. 本表包括了应急抢险和灾后重建两个阶段的修复工作量。
2. 门叶重包括拉杆，门槽重包括衬护。
3. 闸门、拦污栅整体检修：用启闭设备把闸门、拦污栅提出孔口，对设备进行全面的检查；更换震损和易损的零、部件；根据闸门、拦污栅结构受损情况进行修复及维护处理；然后对设备进行整体组装，调试，安装就位。

表 2-3　　启闭机设备受损情况及修复方案

序号	设备名称	安装地点及用途	数量/台	单重/t	共重/t	受损情况	修复量/%	修复内容	备注
1	2×3600kN固定启闭机	1号、2号泄洪洞进水塔顶（用于1号、2号泄洪洞事故检修门）	2	198.0	396	局部受损	20	更换电控柜及受损零、部件整体检修及调试、防腐施工	
2	500kN电动桥机	1号、2号泄洪洞进水塔机房顶（检修2×3600kN固定启闭机）	2	34.4	68.8	局部受损	20	更换受损零部件，整体检修、调试及试验，防腐施工	
3	400kN固定启闭机	1号、号2泄洪洞进水塔机房顶（检修4500kN/1200kN液压机）	2	11.0	22.0	整机倾覆、电控柜倒塌	100（报废）	拆除、新购、安装	
4	4500kN/1200kN液压机	1号、2号泄洪洞进水塔内（用于1号、2号泄洪洞工作门）	2	60.0	120	局部受损	20	更换电控柜及受损元件、增设手动泵，整体检修及调试、防腐施工	
9	4000kN液压机	电站进水塔顶（用于冲砂放空事故检修门）	1	22.3	22.3	局部受损	25	更换电控柜及受损元件、整体检修及调试、防腐施工	
10	2500kN/1800kN液压机	放空洞出口机房（用于冲砂放空工作门）	1	24.9	24.9	局部受损	25	更换电控柜及受损元件、增设手动泵，整体检修及调试、防腐施工	

续表

序号	设备名称	安装地点及用途	数量/台	单重/t	共重/t	受损情况	修复量/%	修复内容	备注
11	2000kN双向门机	电站进水塔顶（起吊进水口金属结构设备）	1	491.8	491.8	严重受损	40	更换零部件，电气部分更新整体检修及调试、防腐施工增加锚固装置	
12	3500kN/8000kN液压机	电站进水塔顶（用于进水口快速门）	4	46.0	184.0	局部受损	18	更换受损元件、整体检修及调试、防腐施工	
13	2×2200kN液压机	溢洪道闸顶（用于溢洪道工作门）	1	34.0	34.0	局部受损	25	更换电控柜及受损元件、增设手动泵，整体检修及调试、防腐施工	
14	2×400kN单向门机	电站尾水闸顶（用于尾水检修门）	1	64.5	64.5	局部受损	20	更换受损零、部件、整体检修及调试、防腐施工，增加锚固装置	
15	电梯	1 号、2 号泄洪洞进水塔内	2			设备变形、不能使用	100	重新更换整体检修及调试，防腐施工	
17	清污耙斗	进水口拦污栅前清理污物	1	10.0	10.0	地震后库内积污严重		新增设备	购清污机械
18	清污船	库内清漂浮物	2			地震后库内积污严重		新增设备	

注 本表包括了应急抢险和灾后重建两个阶段的修复工作量。

2.3 震后地质调查

汶川“5·12”地震是中华人民共和国成立以来发生在我国大陆的破坏性最为严重的地震之一，地震发生的时间、地点和强度都是始料未及的。地震引起震中区毁灭性破坏，民房全部倒塌，钢筋框架楼房毁损，80%以上发生倒塌；大范围山体滑坡，形成大小堰塞湖30余处；道路变形中断、桥梁坍塌，路基堤岸崩毁，山崩地裂，地表断层错动和构造裂缝长达200km，局部山河改观；震中地震烈度达Ⅺ度。

地震发生后，相关单位组织了紫坪铺水利枢纽工程地质情况调查，调查范围包括：

（1）地震地质，包括断裂活动性、边坡在地震作用下的不同反应、泥石流、堰塞体等。

（2）水库区，包括岷江干流库岸、寿溪河支库库岸、龙溪河支库库岸、水库邻谷白沙河沿岸。

（3）枢纽区，包括坝基、泄洪设施、引水发电系统、边坡、道路交通、煤洞处理部位、防渗系统。

2.3.1 地震地质调查

1. 区域地震破裂带

根据地震的震源机制、余震序列及其分布、地表构造破裂的发育和力学特性及地震宏观的灾害特点等，显示地震蕴震构造是北东向的龙门山推覆构造带、主要发震断层为主中央断裂中段的映秀－北川断裂及连锁破裂的前山断裂中段的安县－灌县断裂。

根据中国地震局调查资料，地表破裂主要沿龙门山断裂中段主中央断裂分布，长约185km；前山断裂在中段瓷丰镇、汉旺镇东也发现了地表破裂，但位移量较小，两点之间长约68km。地表位移最大处在映秀东北，垂直位移接近5m。在前山断裂中段瓷丰镇垂直位移小于1m，汉旺以东垂直位移约1m，右旋走滑位移0.4m左右。

工程枢纽区位于龙门山中央断裂即映秀－北川断裂与前山断裂安县－灌县断裂之间，龙门山中央断裂映秀－北川断裂地震活动明显。大坝距发震的映秀－北川断裂最近距离约8km，离前山断裂安县－灌县断裂最近距离约5km。震损调查主要针对距离枢纽区较近的映秀－北川断裂的两个部位及前山断裂安县－灌县断裂在都江堰的出露部位。在映秀镇附近通过地段，地震使该断裂带上盘抬升了大约2.5m；白沙河内八角庙附近上盘抬升了大约4.5m。断裂两盘运移以逆冲为主。安县－灌县断裂在都江堰的出露部位未产生变形错动。

2. 坝址区断层活动性

紫坪铺水利枢纽工程坝址区（坝址周围5km）在工程勘察阶段发现存在F_1、F_2、F_{2-1}、F_3、F_4等断层。

F_1断层为近场区中部上古生界飞来峰的底界断层，两侧均已暴露，成为“无根”断层。在茅亭村后山上的店子坪，见F_1断层剖面，表现为二叠系砂岩、页岩逆冲于上三叠统砂岩、页岩之上，断层上覆岷江第五级阶地砂卵石层。紫坪铺镇至龙溪镇的公路以隧道穿过飞来峰，震后，公路沿线及隧道内均未发现构造变形现象。

F_2断层发育于沙金坝向斜北西翼三叠系含煤含砾中粒砂、粉砂岩夹煤质页岩中，断层产状N50°E/NW∠50°，全长约9.5km。在紫坪铺大坝施工中，在坝前左岸堆积体前缘麻柳湾一带揭露，破碎带宽10~75m不等，由构造透镜体和糜棱岩夹断层泥组成。由于紫坪铺水库蓄水后，原施工中揭露的断裂露头部分被淹没。震后，在断层通过的坝前左岸堆积体前缘及左岸公路，对 F_2 断层的活动性进行调查，均未发现构造变动及由于断层活动可能导致的震害加重现象，断裂通过处，水泥公路路面完好无损。

F_3 断层发育于沙金坝向斜东南翼三叠系地层中，沿断层带沟谷、槽地等负地形显示清楚，长约 6km。在大坝下游左岸 300m 部位有揭露，断层产状 N45°E/NW ∠ 70°~85°，由挤压片理带、角砾岩、构造透镜体夹糜棱岩等组成，破碎带宽约 10m，破碎带内煤质页岩、薄煤层揉皱强烈。大坝勘察及施工开挖过程中，于大坝下游右岸 400m 泄洪洞出口也曾揭露 F_3 断层剖面。F_3 断层产状与围岩产状一致，属层间错动性质断层。震后，在大坝下游 F_3 断层通过处进行调查，断层通过处左岸公路平整，右岸泄洪道未受变形，两侧山体及边坡均未出现崩塌滑坡现象。

F_4 断层是三叠系砂岩、页岩夹煤层内的小型断层，破碎带宽 2~3m，两条断层之间影响带之间宽约 10m。震后，在大坝下游右岸白沙河流入岷江位置处，见到 F_4 断层露头，断层发育于三叠系砂岩夹页岩内，变形带宽约 10m，由挤压片理及揉皱组成，变形带部分被岷江阶地沉积物覆盖。在断层通过的岷江两岸未见变形，断层通过处公路上也无变形，岷江右岸山坡也未出现崩塌滑坡现象。

上述调查表明，坝址区断层在汶川“5·12”地震中未产生活动。

3. 边坡地震破坏类型

汶川“5·12”地震使得自然边坡产生了不同型式的破坏，主要有溃滑、溃崩、抛射、剥皮、震裂等类型（表 2-4）。破坏规模大小不等。

表 2-4 地震边坡破坏类型

类型	失稳特征（机理）	坡体地质结构	备注
溃滑型	强震作用下，山体震裂，后缘陡裂，滑动	顺倾、反倾等结构边坡均可能，结构不起控制作用	各种规模
溃崩型	强震作用下，山体震裂，结构崩溃，崩塌	灰岩、厚层砂岩等构成的坡体	各种规模
抛射型	强震作用下，坡体局部被震裂，抛出	灰岩等硬岩为主构成的坡体	小规模
剥皮型	强震作用下，坡体震松，大面积溜塌	片岩、板岩、千枚岩等中、软岩构成的坡体，斜坡松散堆积体	浅层、表层
震裂型	强震作用下，坡体局部被震裂，松动	块状灰岩等构成的山体	保留在原位

崩塌和滑坡发生部位往往具有选择性，即通常发生在对地震波有明显放大效应的部位：如河谷中上部坡型转折部位，单薄山脊部位和多面临空的孤立山体部位等。

碳酸盐岩对地震触发地质灾害最为敏感；泥页岩、砂板岩、砂砾岩、千枚岩等变质岩次之；大多数的地质灾害发生在以上岩类中。

4. 堰塞体

水库区仅在支库龙溪河河口附近存在一小规模的堰塞体，该堰塞体由两岸灰岩垮塌形成，回水 1~2km，处于紫坪铺龙溪河支库内，堰塞体未溃决，堰塞体内水位与紫坪铺水库水位一致，不构成威胁。

5. 地震冒砂现象

在地震过程中，在地震引起的剪力反复作用下，残余孔隙水压力逐渐积累，有效应力相应降低，当残余孔隙水压力积累到一定程度，就会使砂层开始失稳，砂粒产生滑移，在上部土层的压力作用下，这种砂的悬液可能从土层薄弱部位喷到地表，这就是所谓的地震冒砂。

在龙溪河－支沟内滩地上，出现了几处零星的地震冒砂现象。

2.3.2 库区地质调查

紫坪铺水库由岷江干流主库和支流寿溪河、龙溪河两个支库组成。正常蓄水位 877.00m 时，干流回水至映秀，库长约 24.6km，寿溪河回水至郭家坝，龙溪河回水至丁家坪，从各自河口起算，两个支库长分别为 6km 和 4km。库区岷江干流自北而南，流过漩口后，折向北东。库区内除漩口、老母孔两河段为峡谷外，其余河段河谷开阔，谷坡舒缓，河水面宽 100~150m。沿江漫滩及阶地较发育，两岸山体浑厚，分水岭标高均在 1600.00m 以上。

水库区出露地层岩性为上三叠统须家河组砂页岩含煤地层，飞来峰分布地段则为泥盆系至二叠系碳酸盐岩。此外，不同成因的各类第四系松散地层沿江两岸分布。

构造上处于北川－映秀断裂和安县－灌县断裂间的地块上。飞来峰构造在库内宽 0.7~2.3km，自南西向北东，于漩口横贯岷江，在左岸穿过分水岭到白沙河，再向北东延伸（图 2-25）。

岷江支沟较为发育，在特大暴雨下，各沟均有规模不等泥石流产生，堆积在沟口一带。

水库区震损地质调查包括库区和库边。检查了水库渗漏、岸坡塌方、库边冲刷、断层活动以及冲击引起的水面波动等现象。

1. 水库渗漏

紫坪铺水库库盆由相对不透水的砂岩、页岩地层构成。左岸龙溪河支库段至邻谷白沙河的河间地块，呈北东向展布碳酸盐岩组成的条形

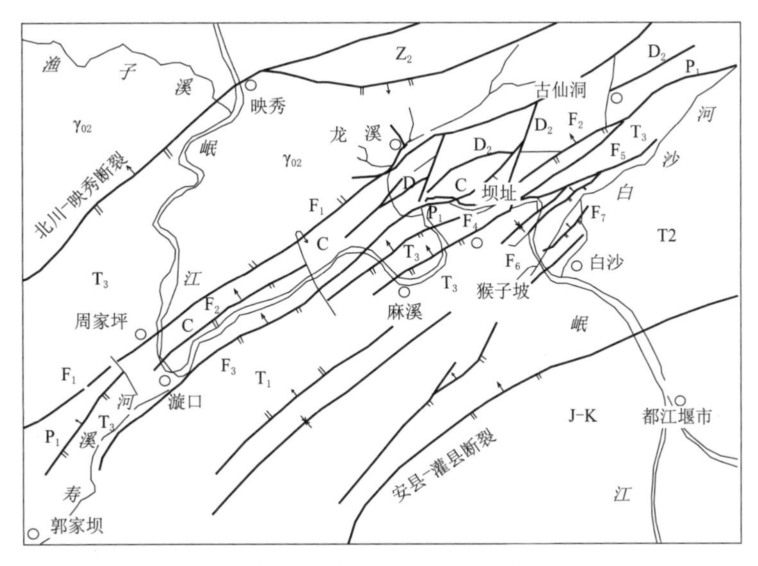

图 2-25 紫坪铺水库库区地质构造略图

F_1—周家坪－龙溪断裂；F_2—旋口北－岩后－古仙洞断裂；F_4—茅亭断裂；T_3—三叠系；$P_{1、2}$—二叠系；C—石炭系；D_2—泥盆系；F_3—断层及编号；Z_2—震旦系；γ_{02}—澄江期－晋宁期花岗岩；J-K—侏罗系－白垩系

山脊（飞来峰），长约8km，宽0.7~2.3km，山脊高程1300.00~1600.00m，相对高差400~600m。在岷江和白沙河均发现有岩溶发育（图2-26）。前期研究表明龙溪河支库和白沙河之间的河间地块——飞来峰条形山脊为弱岩溶化区，无岩溶管道贯穿分水岭地段，飞来峰底座非岩溶化含煤砂页岩在纵向上起伏，向北东方向有抬高趋势，在分水岭罗家垭口一带底座已抬高到1070.00m高程，须家河组含煤砂页岩成为一道天然的隔水屏障，飞来峰河间地块存在较稳定的地下分水岭，地下水位远高于水库正常蓄水位。水库不存在永久渗漏问题。

调查表明，未见库水流失，下游和邻谷白沙河未见新的泉水产生；库区附近地区无渗水坑；库盆无表面塌陷、渗水坑。说明汶川“5·12”地震作用下未产生渗漏问题。

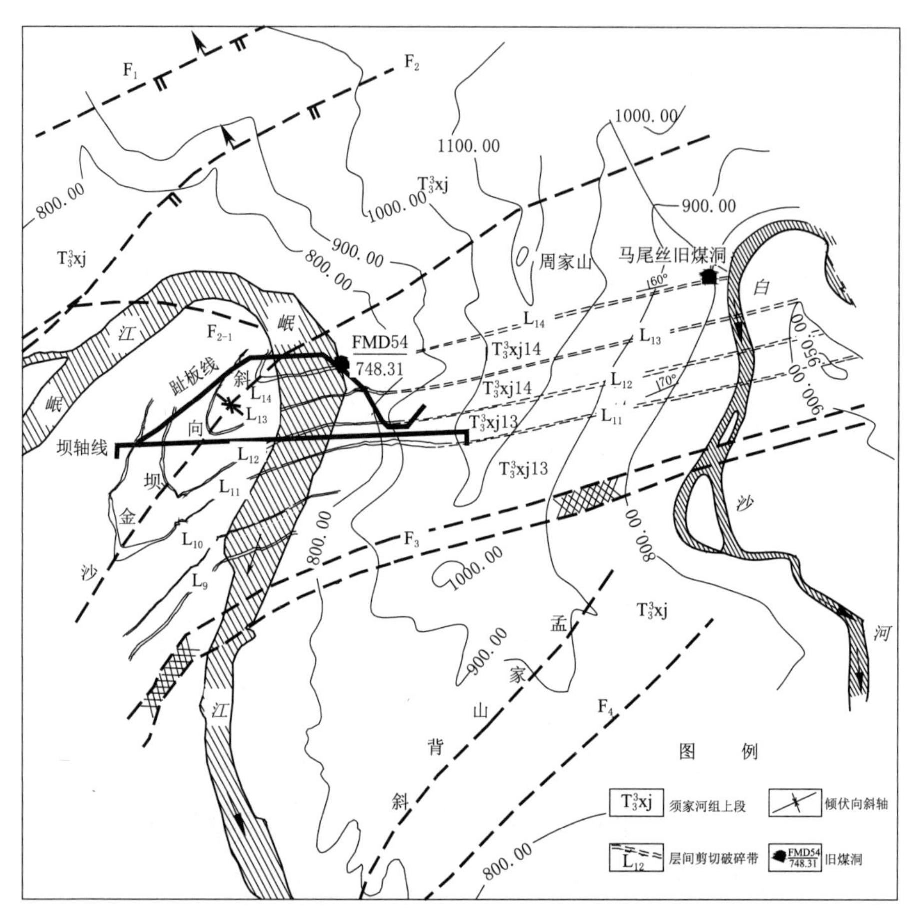

图 2-26 岷江 - 白沙河河间地块地质简图

2. 库岸稳定

库区岷江干流上段（漩口以上）和支流龙溪河库段，地层走向和构造线与河谷呈大角度相交，库岸稳定条件较好；干流下段和支流寿溪河库段，岩层走向和构造线与河谷基本平行或小角度相交，库岸稳定条件相对不利。老母孔和漩口两个灰岩狭谷段岸坡整体稳定，仅局部由于受构造影响，裂隙相对发育。

震后，岷江左岸岸坡出现较多塌方，密度较大，塌方大多在陡缓变坡处或山顶附近发生，初步分析与该岸地震作用力传播方向、地形坡度较陡、风化卸荷作用较强等有关。

3. 左岸坝前堆积体

坝前左岸存在一个规模巨大的堆积体，距大坝618m，距右岸引水隧洞进水口最近处仅250m，其稳定性直接关系到工程安全运行，一旦大规模失稳，后果十分严重。

堆积体位于库首沙金坝以上，上游界线在汤家林沟至桃子坪一线，下游边界止于贾家沟，后缘分布接近分水岭，高程1300.00m，前沿直达岷江，顺坡长1600m，沿江宽300~870m，平面分布面积约1.0km^2。总方量达3500万~4500万m^3。堆积体前沿窄，向山内变宽，地貌上为围椅状地形，由数个不同高程的平台和连结它们的斜坡构成，如灯盏坪、白庙子、观音坪、葫豆坪等，一般坡度为20°~30°。

堆积体就其成因、组成特性及工程意义可分为两大区：

（1）上部Ⅰ区由数个基岩座落体构成。野外调查表明，基岩座落体成分为泥盆系中统（D_2）白云岩、白云质灰岩，系下部堆积体形成后岷江岸边再造，其滑落距离不远，外貌形似基岩，地貌上构成互不相连的孤丘。分布高程为1150.00m以上，与工程无直接关系。

（2）Ⅱ区为观音坪、灯盏坪、白庙子、胡豆坪等厚层块碎石堆积区。按地形地貌和工程意义，以汤家林沟为界，将Ⅱ区又划分为Ⅱ—1区和Ⅱ—2区（图2-27、图2-28）。前期研究表明，在天然状态下堆积体整体和局部稳定安全系数分别为K=1.441和K=1.183，均处于稳定状态，在水库运行条件下，库水位骤降时整体安全系数K=1.280，也处于稳定状态，在遭遇Ⅶ度地震情况下，整体安全系数仅1.001~1.005，余度甚少。而灯盏

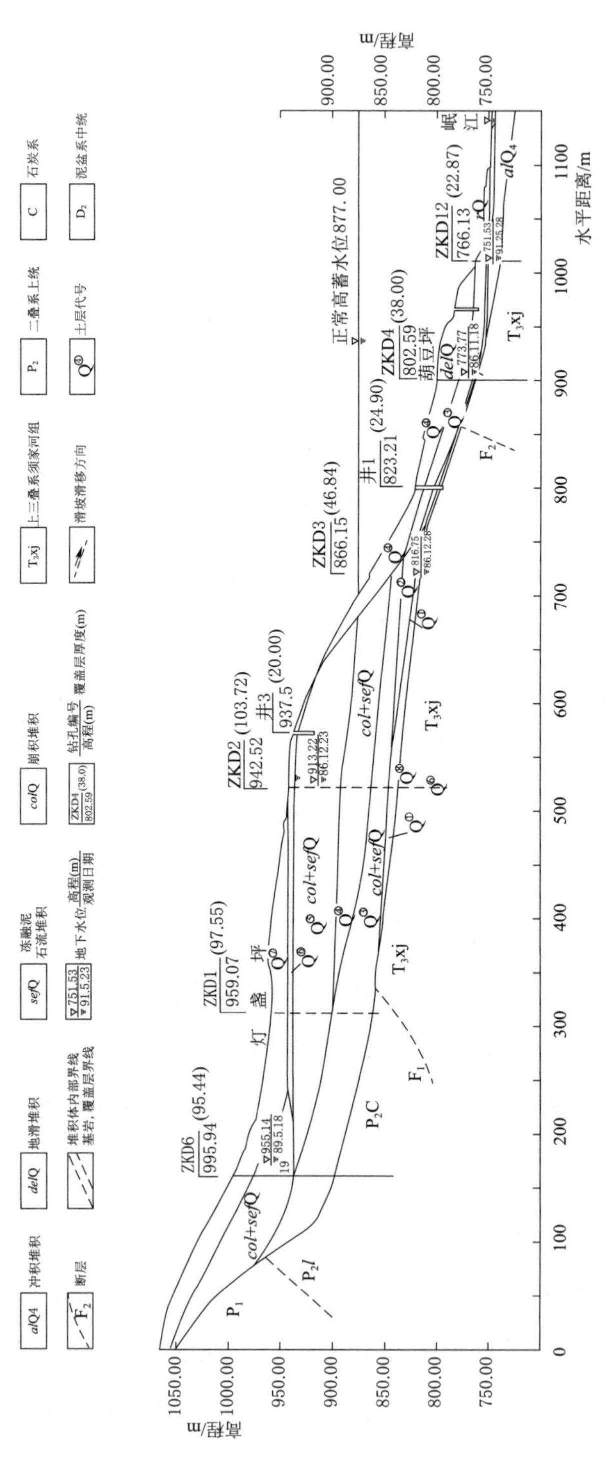

图 2-27　堆积体纵 1-1 剖面示意图

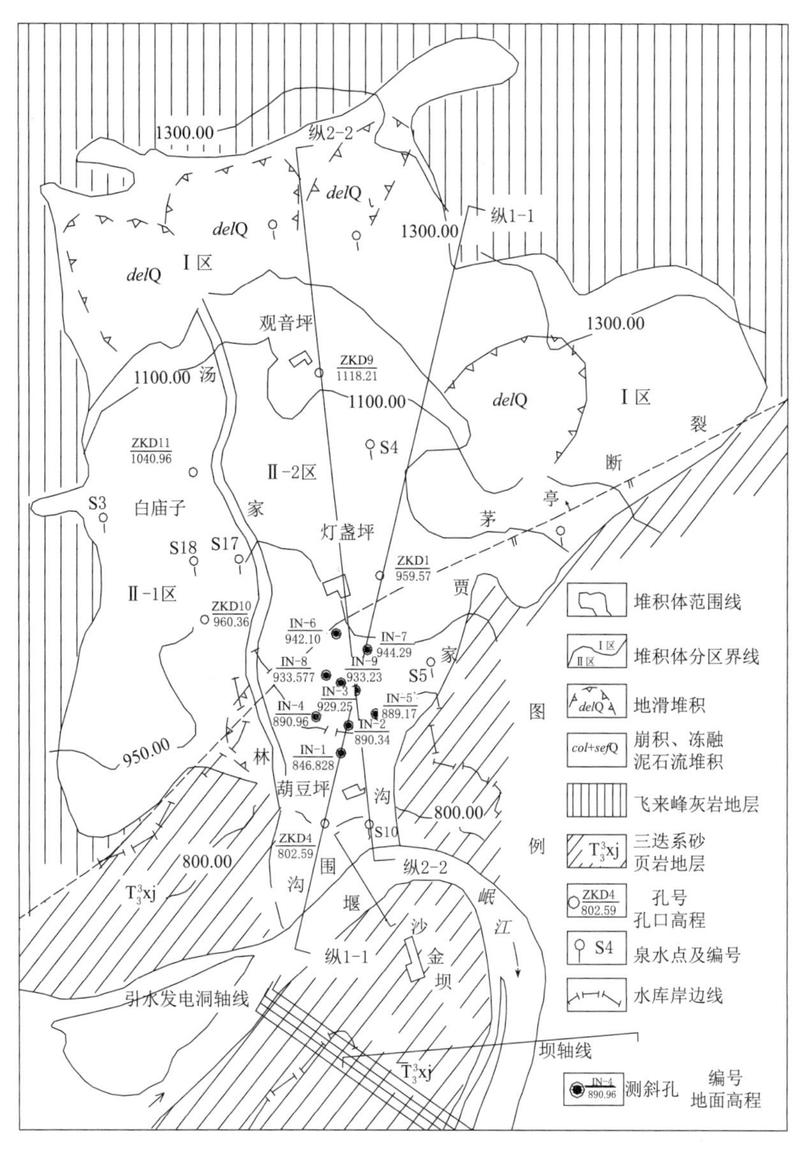

图 2-28 堆积体分区示意图

坪 - 葫豆坪前沿一带安全系数均小于 1，处于不稳定状态，需进行工程处理。对堆积体采取了压坡体和坡脚的处理方案，并将上游围堰调整至堆积体前沿，适当加高，围堰不撤除，堆积体稳定性得到保证同时，又节约了工程处理量。

建立了堆积体稳定性长期监测预报系统。经多年多水库蓄水运行，监测成果表明，堆积体处于稳定状态。

坝前左岸堆积体仅在前沿高程890.00m公路以下出现了4处小规模的塌方和1处地表变形现象。塌方高度小于30m，宽度小于30m；地表变形位于高程890.00m公路靠下游外侧，可见长度约30m，最大宽度约50cm，下错约20cm，可见深度约1m。此外在高程950.00m左右公路和高程980.00m左右公路上可见3处路面有剪切破坏现象，造成路面局部破坏。其他部位未见有变形破坏现象，堆积体处于整体稳定状态。

堆积体共有8个滑动测斜孔和1个固定式测斜孔。2008年5月5日观测时，各孔均运行正常，且前期监测资料表明各孔均未出现明显滑面，变形不大。震后，5月16日观测时发现，IN-1孔固定测斜仪无观测读数，可能电缆在坡体部位被拉断；5月19日从孔口附近打开电缆观测有读数，固定测斜仪监测成果表明，深部变形（合位移）在30mm以上（表2-5）；IN-2、IN-4、IN-5、IN-6、IN-7测斜孔均由于孔内严重变形，测斜仪探头不能下放，错动变形深度在基覆界面附近（表2-6）；浅层钻孔（IN-3、IN-8、IN-9）监测成果表明，地震后上部覆盖层存在外倾变形，方向偏下游（图2-29、图2-30）；因变形深部不能观测的钻孔，在对其上部进行观测，下部测值沿用地震前5月5日测值，监测成果亦表明坡体在5月12日地震过程中有明显变形（图2-31、图2-32）。2008年7月1—22日测值无明显变化。

从堆积体测斜孔及地表巡视结果看，震后，堆积体在深部出现沿基覆界面的错动变形；从巡视结果看，震后，堆积体前缘的9号公路外侧均有明显裂缝出现，张开宽度几厘米至几十厘米，大部分贯通，有明显浅层滑移迹象。本次地震对堆积体产生了明显的影响，其稳定性有所降低（表2-5，表2-6）。

表2-5 堆积体固定测斜仪监测成果地震前后对比 单位：mm

设计编号	IN-1-1		IN-1-2	
	A向	B向	A向	B向
观测孔段/m	20~30		30~40	
观测时间/（年.月.日 时:分）	累计位移			
2008.05.05 08:57	73.803	57.550	60.383	55.699
2008.05.19 15:10	33.684	25.219	81.382	33.348
地震前后变化量/（年.月.日 时:分）	-40.119	-32.332	20.999	-22.351
2008.07.09 13:25	32.469	24.830	79.794	33.348
2008.07.16 13:36	34.094	25.264	81.438	33.800
2008.07.22 12:07	34.057	25.758	81.401	34.276

表2-6 堆积体测斜孔变形深度统计 单位：m

编 号	IN-2	IN-4	IN-5	IN-6	IN-7
孔口高程	890.96	890.96	889.17	942.10	944.29
实测深度	76	62	84	121	116
覆盖层厚	65.76	55.40	79.70	117.55	102.91
地震后大变形深度	64.50	53.50	64.00	76.80	95.50

4. 涌浪

地震波在水体传递过程中，水面会形成波浪，如果在海水中就发生海啸，

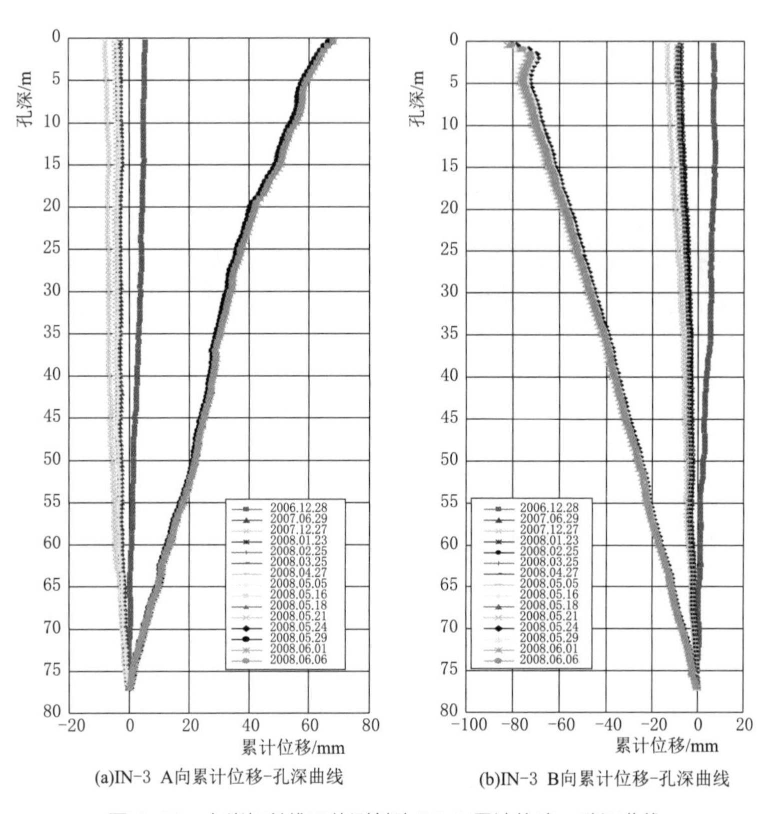

(a)IN-3 A向累计位移-孔深曲线　(b)IN-3 B向累计位移-孔深曲线

图 2-29　左岸坝前堆积体测斜孔 IN-3 累计位移 - 孔深曲线

而在湖水中就形成涌浪。

据访问，地震时紫坪铺库水面形成地震涌浪。涌浪到达前，岸边水位急剧下降，而后涌浪迅速到来，浪高达 3~5m，席卷库岸，造成水边垂钓人员重大伤亡。

5. 水库蓄水与汶川“5·12”地震无关

经科学论证，汶川“5·12”地震的发生与紫坪铺水库蓄水无关。

紫坪铺水库地震台网利用紫坪铺水利枢纽工程水库诱发地震监测预测系统将监测能力定为包含库坝在内的重点监测区内定位震级下限为 Ms=0.5 级，定位精度优于 0 类（误差不大于 2km），包围 9km × 15km 重点监测

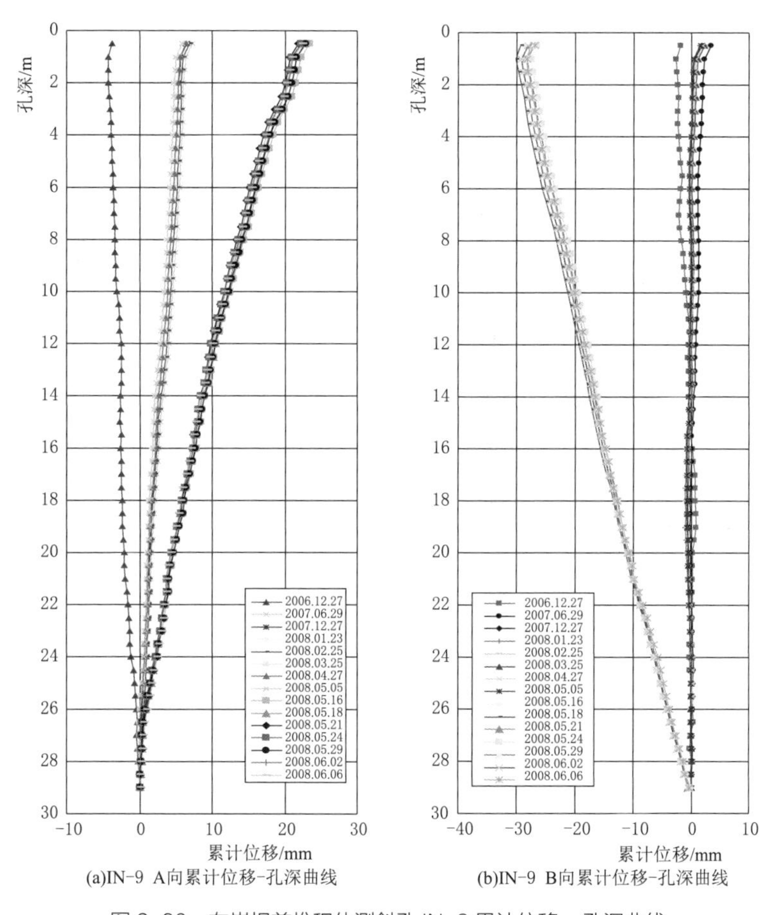

(a)IN-9 A向累计位移-孔深曲线

(b)IN-9 B向累计位移-孔深曲线

图 2-30 左岸坝前堆积体测斜孔 IN-9 累计位移 - 孔深曲线

区内的紫坪铺水库地震台网以大约 10km 的台距基本均匀分布，以此台网规模为展布于水库外围 7 个遥测子台组成。

从 2004 年 8 月—2008 年 4 月的地震记录与水库蓄水前后水位关系看：蓄水后库区及附近地震次数没有明显增加，研究区没有发生 M_L>4 级以上地震，M_L=3.0~3.9 级地震均与紫坪铺水库蓄水无关，M_L>0.5 级地震频次没有明显增加，蓄水后的地震活动并没有打破该地区多年地震环境本底值的格局，尚未达到曾经的上限值，即蓄水前后一直处于平稳的弱震活动水平上，

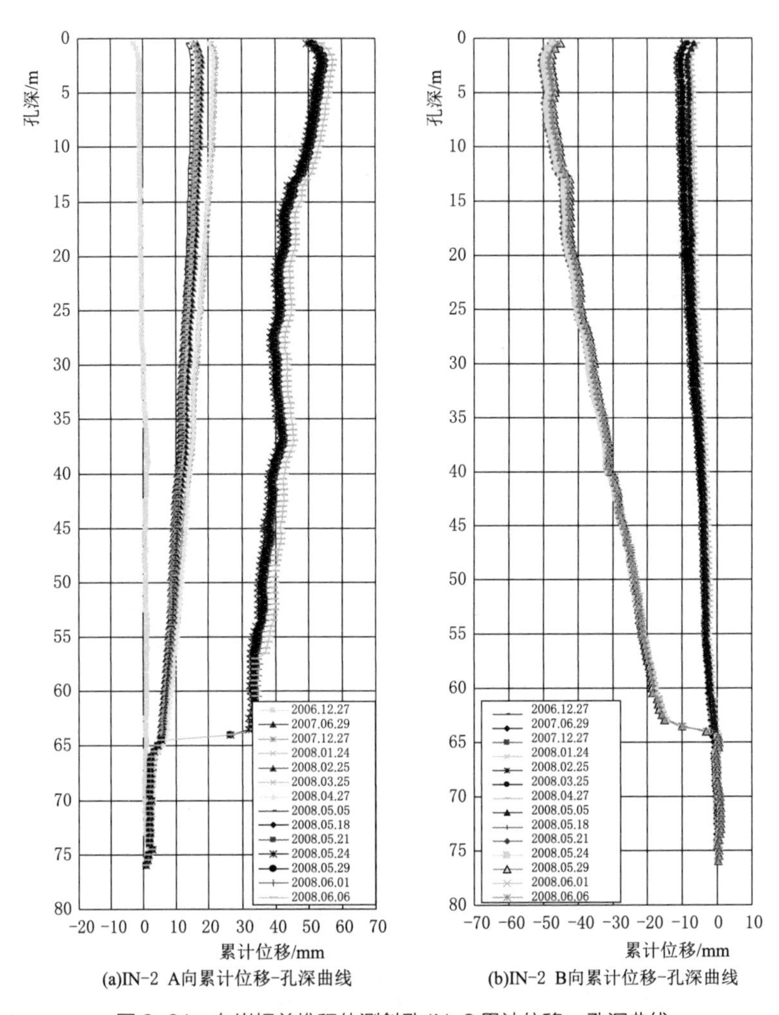

图 2-31 左岸坝前堆积体测斜孔 IN-2 累计位移 - 孔深曲线

仍属天然地震活动常见的变幅之内；而且这些地震活动多数震中仍都集中在龙门山断裂带北川 - 映秀断裂和安县 - 灌县断裂沿线，这个大的格局不受蓄水影响，从未改变。

据调查汶川“5·12”地震发生时紫坪铺水库已较长时间处于低水位运行，库水位高程仅约 835.00m，较低于正常蓄水位高程 877.00m，库水位

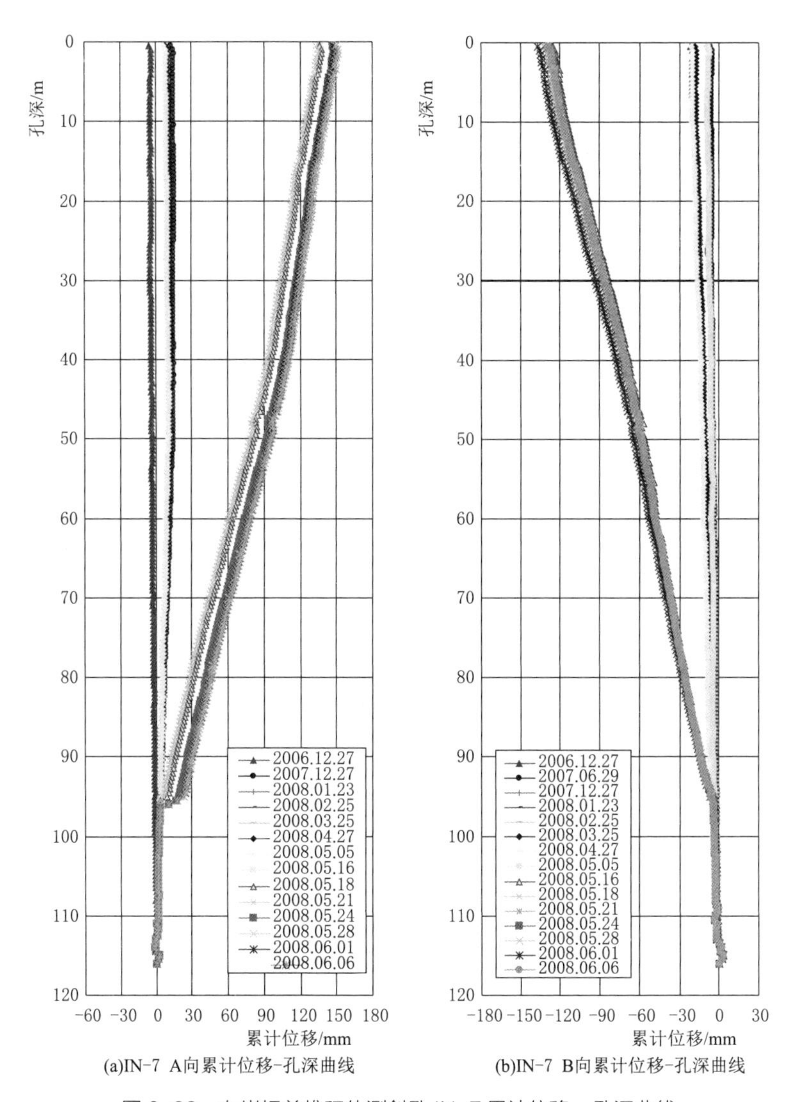

图 2-32　左岸坝前堆积体测斜孔 IN-7 累计位移 - 孔深曲线

距离发震的北川 - 映秀断裂较远。库水与北川 - 映秀断裂带未直接接触，即使水库的正常蓄水位时水位仍没有超过北川 - 映秀断裂带天然洪水位。已有研究成果表明，6 级以上构造型水库诱发地震的震例都是前震 - 主震 - 余震型的震型。而汶川“5 · 12”地震是一次突发性的没有前兆、没有前震的主震 -

余震的震型，与构造型水库地震具有截然不同的序列特征。结合紫坪铺水库地震台网4年来的测震资料进行综合分析：紫坪铺水库蓄水与运行并没有改变发震断裂的水文地质条件，与汶川“5·12”地震无关。

2.3.3 枢纽区地质调查

枢纽区内属中低山地形，山体总体走向与NE向构造线基本一致，属构造剥蚀地形，由于地质构造与岩性的影响，岷江在沙金坝河段形成一个近180°的河曲，使右岸形成三面被河曲围抱的条形山脊，为枢纽布置、施工建设创造了良好的地形条件。坝址位于河弯转折端，地形较开阔，枯水期河面宽约85~110m，正常高水位877.00m处河谷宽640m。左岸与白沙河间分水岭宽为965m，河谷形态不对称，江流偏左岸。左岸除少数低洼浅沟外，以基岩斜坡为主，自然坡度40°~50°。右岸为条形山脊，沿山脊坡度较缓，坡度为20°~25°。地表有残积和冰水堆积而成的黏土、块碎石土，靠河床有漫滩和Ⅰ级阶地分布，阶面高程765.00m。

枢纽区的岩石为三叠系上统须家河组的一套湖沼相含煤砂岩、页岩地层（T_3^3xj6~T_3^3xj14），属典型的复理式建造沉积。其特点是上下颗粒粗细交替，具有明显的韵律性，横向上颗粒、岩性等变化很大。每个韵律层大体由底部含砾石的粗粒、中粒砂岩开始，往上部逐渐递变为细砂岩、粉砂岩、泥质页岩和煤质页岩，顶部为含煤的页岩和煤线、煤层。依据各韵律层内砂岩与页岩的比例关系，T_3^3xj11层全为粉砂岩，T_3^3xj12、T_3^3xj 13层以砂岩为主，分别占68％和58％，14层以粉砂岩为主。每个韵律层按其不同的岩性又可分成若干小层。在坝区地层内，中、细砂岩约占总厚的49%，粉砂岩约占37%，煤质页岩和泥质页岩约占14%。

枢纽区的构造形迹主要有沙金坝向斜、F_3、F_2、F_{2-1}、F_4 等断层带、L_7~L_{14} 层间剪切错动带及节理裂隙（图 2-33）。沙金坝向斜：轴向为 N50°~60°E，向 NE 方向倾伏，倾伏角 25°~35°，北西翼较陡，岩层产状 N25°E ／ SE ∠ 60°~70°，南东翼稍缓，岩层产状 N45°~65°E ／ NW ∠ 45°~60°。向斜核部转折部位地层完好，界线清晰，仅层间挤压错动发育。F_3 断层位于坝轴线下游 360m 附近，产状为 N50°~70°E ／ NW ∠ 60°~75°，宽 55~87m，由糜棱岩、断层泥和砂岩构造透镜体组成，断层带岩性十分软弱，特别是遇水后极易崩解，工程性状极差。层间剪切错动带：工程区由页岩、砂岩等软硬相间的层状岩体组成，后期经受强烈的构造作用，岩层变形十分剧烈，软弱页岩在褶皱变形过程中受挤压、剪切、错动等构造运动形成不同规模层间剪切错动带，这种构造是枢纽区最为普遍的构造形迹。其产状一般与岩层产状一致，规模较大，延伸长。层间剪切错动带多集中发育于坚硬砂岩与煤质页岩、泥质页岩接触处或煤质页岩及煤层富集带，主要层间剪切错动带有 L_7~L_{14}。

枢纽区气候潮湿多雨，风化作用较强，地表残积、坡积覆盖普遍，卸荷裂隙发育。物理地质作用主要以基岩的风化卸荷为主。工程区岩体软硬相间，硬质的砂岩和河谷两岸岩体风化卸荷强烈、深度较大。河谷两岸强卸荷带（弱风化上段）水平发育深度左岸为 25~55m，主要特征是裂隙发育且普遍张开 1~5mm，沿裂隙风化显著多具黄褐色锈面和次生泥充填。在坚硬砂岩中时见有宽 1cm 以上之拉张裂缝，岩体明显松弛，稳定性差，在平洞中常有掉块和小规模塌落。地下水活动强烈，滴水普遍，局部出现小股状集中水流。弱卸荷带（弱风化下段）水平发育深度为 50~80m，一般裂隙张开不显著，次生夹泥明显减少，但沿裂隙黄色锈面仍很普遍。

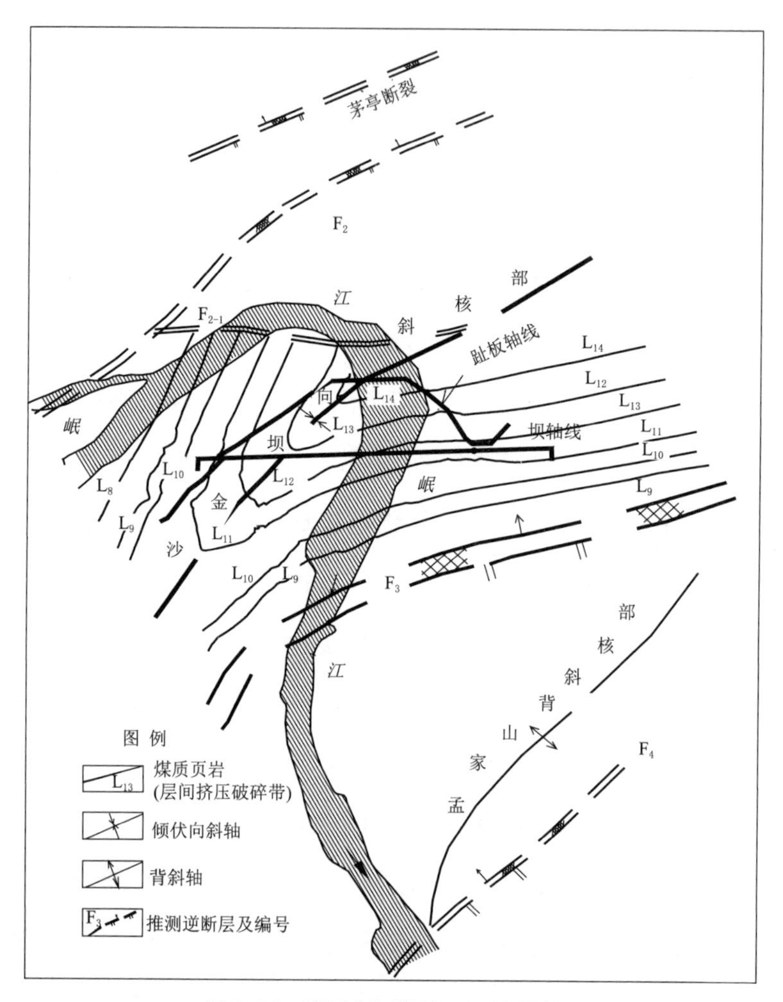

图 2-33 紫坪铺水利枢纽工程地质简图

枢纽区地下水为多层裂隙水，煤质页岩和泥质粉砂岩相对隔水层，砂岩为透水层。裂隙水以顺层运移为主，垂直层面方向水力联系微弱，含水总体不丰，多以滴水为主、少量线状流水。开挖到裂隙较多的砂岩时，有线状流水，随着时间的推移，水量有逐渐减小的趋势。

1. 坝基

大坝为混凝土面板堆石坝，坝顶长度 663.77m，坝顶宽 12m，大坝顺河最大宽度437m，最大坝高156m。大坝所处河谷为不对称的V形谷，坝基位于沙金坝向斜南东翼，岩层产状N60°~80°E/ NW 45°~60°，走向与河流交角为60°~70°，倾向上游。组成坝基岩石为T_3^3xj13-①~T_3^3xj14-⑥层，岩性主要为厚层状的坚硬中细砂岩、粉砂岩及部分煤质页岩不等厚互层。坝基覆盖层分布于现代河床和右岸一级阶地，主要由冲积漂卵砾石组成，根据其分布部位、新老关系和物质组成的差异，可分为两个单元，即河床漂卵砾石层单元和右岸阶地覆盖层单元如图2-34所示。

大坝施工过程中，考虑到工程的重要性，为慎重起见，根据揭露的地质情况和上部建筑物荷载要求，对坝轴线上游100m至趾板间的河床覆盖层、右岸阶地覆盖层予以全部挖除。河床部位还保留了长约300m、宽为140~200m、厚为8~14m的漂卵砾石层和块（漂）碎石层，总方量约61.2万m^3。

震损调查表明，坝基总体正常，未见异常现象。下游坝脚未见集中渗流、管涌、沉陷、坝基淘刷等不良现象；坝体与岩体接合较好，灌浆及基础排水廊道的排水清亮；两岸坝肩区未发现管涌、绕渗、地裂缝、滑坡等现象。

2. 泄洪设施

泄洪设施包括溢洪道和泄洪洞。溢洪道位于右坝端经厂房后坡后下河床，溢洪道全长496m。溢洪道地基斜穿沙金坝倾伏向斜，经过地层为T_3^3xj14-①~T_3^3xj10-①+②，岩性为中-细砂岩、粉砂岩、泥质粉砂岩、煤质页岩等，以砂岩为主，地基岩体卸荷明显，裂隙张开、锈染严重，充填较多次生夹泥。沿线未发现断层，但有L_{12}、L_{11}、L_{10}、L_9 4条层间剪切破碎带分布，厚3~13m，主要由煤质页岩组成。

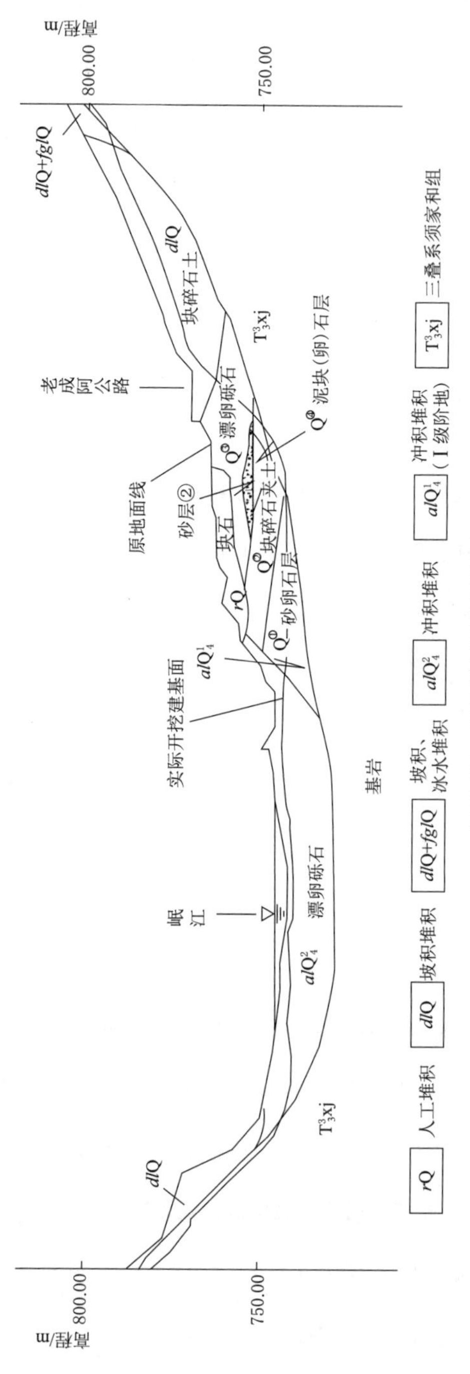

图2-34 坝轴线剖面地质简图

1 号、2 号泄洪洞进口位于沙金坝向斜 NW 翼，出口 SE 翼，泄洪洞由前期导流洞经龙抬头改造而成，分别长 701.95m 和 610m，两条泄洪洞均穿过沙金坝倾伏向斜的一套砂页岩地层（即 T_3^3xj12- ① ~T_3^3xj8- ②），沙金坝向斜轴线为 N50~60°E，倾向 SE 倾角 25~30°；并穿过宽大（50~80m）的 F_3 断层破碎带，2 号泄洪洞还通过 L_9 层间剪切破碎带，宽 7~12m；F_3、L_9 主要由煤质页岩薄层泥质粉砂岩组成，岩体软弱破碎，糜棱岩、角砾岩断层泥组成，成洞较差，遇水易软化泥化。

溢洪道进水渠进口附近库岸无塌方、滑坡，护坡混凝土裂缝、沉陷；出口消能设施未发现裂缝、沉陷、位移、接缝破坏、下游基础淘蚀等现象。下游河床及岸坡无异常。泄洪洞能正常泄洪，未见明显破坏。

3. 引水发电系统

引水发电系统包括引水系统、压力钢管、发电厂房。4 条引水隧洞平行布置，轴线间距 22m，进口段为城门洞形，其余为圆形洞，开挖洞径约 10m，衬砌后洞径 8m，分为上平段、斜管段和下平段。4 条引水隧洞均穿越沙金坝向斜一套砂页岩地层，岩性连续，山脊稳定，并通过 L_{10}、L_{11}、L_c 层间剪切破碎带，地下水表现为浸滴水、局部细流和潮湿。该电站为地面厂房，位于右岸条形山脊下游，紧邻右坝坡脚的河漫滩上。厂房构造上位于沙金坝向斜 SE 翼，岩性为 T_3^3xj 12- ① ~T_3^3xj 13- ①层中厚层状含煤中细砂岩夹粉砂岩及煤质页岩，并有 L_9、L_{10} 剪切破碎带在基础下通过，F_3 断层带在左边墙后段出露。

震损调查表明，引水系统、压力钢管、发电厂房未见异常，机组现在正常发电。厂房基础无裂缝，滑坡、沉陷、集中渗流、基础冲刷、淘刷和岩石挤压错动情况。仅基础以外填土路面有裂缝出现。

4. 边坡

右岸条形山脊集中布置了 7 条水工隧洞和 1 条开敞式溢洪道，隧洞进出口和溢洪道的施工开挖均产生了高度达 90~250m 不等的工程边坡。此外，左岸坝顶公路和趾板开挖也形成了高陡边坡。

（1）引水隧洞进口边坡。引水隧洞进水口底板高程 800.00m，洞脸坡顶高程 885.00m，边坡最大高度近 90m，宽度为 90~95m。

边坡位于沙金坝向斜北西翼，由 T_3^3xj 12 和 T_3^3xj 13 层组成，岩性为厚层状含煤砂岩夹中—厚层状粉砂岩，薄层状泥质粉砂岩、煤质页岩（图 2-35）。地层产状 N15°~30°E/SE ∠ 55°~70°，坡体内有 4 条剪切破碎带分布，带内多见废旧煤洞分布。进水口边坡开挖过程中，岩体的变形破坏模式有：①由于风化卸荷岩体存在不利结构面组合，加上支护不及时形成的滑坡；②楔体崩塌；③沿层间层内错动带 L_{11}、L_{10}、L_c、L_9 发生的拉裂。对该边坡采取了锚索加固处理，处理后的边坡经几年的监测资料表明地震前已处于稳定状态。

地震对引水隧洞边坡的破坏较小，进口边坡监测工作正常进行（图 2-36）。从表 2-7 的监测成果可看出，在地震作用下，进口边坡的变形表现为增加，变形最大为 11.52mm，5 月 14 日与 13 日比较变形无明显增加。2008 年 7 月，引水隧洞进口边坡整体位移变化很小，表面点位移增量均在 ±0.3 mm 范围内。

（2）引水发电洞出口边坡。出水口底板高程 735.00m，边坡后缘为溢洪道陡槽段，边坡高 20~100m，宽度 180m，开挖坡比约 1 ∶ 0.6~1 ∶ 0.75，局部 1 ∶ 0.3。

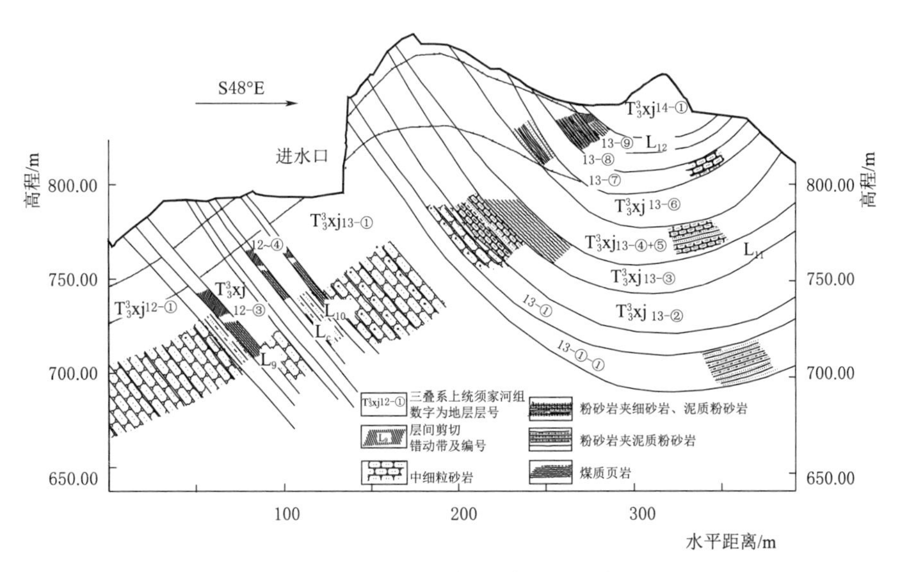

图2-35　引水洞进水口边坡剖面示意图

图2-36　引水隧洞进口边坡多点位移计平面布置示意图

表 2-7 引水隧洞进口边坡位移计监测成果（表面点累计位移）统计

多点位移计编号	地震前后位移变化 /mm	5月14日与13日比较 /mm	高程 /m	锚索测力计编号	13日测值荷载 /kN	地震前后荷载变化 /kN	5月14日与13日比较 /kN
MIP1	6.43	-0.051	846.00	AIP1(200t)	1846	-1.5	0.90
MIP2	4.01	0.015	865.00	AIP2(200t)	2190	80.3	0.80
MPF3	11.52	-0.019	846.00	AIP3(200t)	2096	86.6	-0.60
MIP4	6.10	0.048	865.00	AIP4(200t)	1885	-12.0	-0.70
MIP5	0.54	0.458	831.00	AIP5(200t)	1957	32.6	0.30
				AIP6(200t)	1774	4.2	0.00
				AIP7(200t)	1980	-1.0	-0.30
				AIP8(150t)	1466	15.3	0.60
				AIP9(150t)	1468	75.4	0.50
				AIP10(150t)	1381	56.8	-0.40
				AIP11(150t)	1417	23.8	0.30
				AIP12(150t)	1611	-16.9	-6.50
				AIP13(150t)	1364	-4.8	-30.20

出水口边坡地形坡度约 35°。地表覆盖的崩坡积块碎石土已经被全部挖除，边坡由 T_3^3xj 13- ①含煤含砾砂岩、T_3^3xj 13- ②粉砂岩夹细砂岩、煤质页岩组成。边坡位于向斜的 SE 翼，岩体虽倾向山内，但岩体属强卸荷带、弱风化上段，边坡大部分为Ⅳ类岩体。施工开挖后，对边坡进行了锚索支护处理，处理后的边坡经监测资料表明地震前已处于稳定状态。

震前（5 月 11 日）与震后 5 月 14 日的观测成果差异见表 2-8。从观测成果看，地震前后此部位最大变形仅 4.15mm，锚索锚杆的荷载变化也很小，此坡体是稳定的。2008 年 7 月，引水发电洞出口边坡各监测部位的位移变化都很小，位移增量均在 ±0.3mm 范围内。

表 2-8　引水发电洞出口多点位移计监测成果（表面点累计位移）统计

多点位移计编号	地震前后位移变化 /mm	高程 /m	锚索锚杆测力计编号	目前测值荷载 /kN	地震前后荷载变化 /kN
MOP1	4.15	812.00	ACP1(300t)	2872.00	9.30
MOP2	0.16	839.00	ACP2(300t)	2991.00	-8.30
MOP3	- 0.44	792.00	ROP1(400kN)	-17.83	-0.34
MOP4	- 1.76	792.00	ROP2(400kN)	-6.72	0.97

（3）溢洪道边坡。溢洪道位于右岸条形山脊上，进口闸室段左边墙紧靠右坝端，挑流段位于厂房尾水下游约 150m 处。

溢洪道边坡主要位于陡槽及挑流段。边坡后缘高程 985.00~1002.00m，溢洪道挑流段最低高程 775.00m，边坡最大坡高约 250m。该段处于沙金坝向斜南东翼，边坡坡面与岩层层面大角度相交。边坡岩体内发育层间剪切破碎带 L_{10}、L_9，破碎带倾向上游稍偏坡内（图 2-37）。地形较陡，多处于强卸荷（强风化 - 弱风化上段）带内，岩体松弛，结构面发育，多有锈蚀和泥质充填。边坡顶部开口线至高程 930.00m 附近开挖保留有崩坡积块碎石土。对于边坡上部土体，采取框格梁护坡处理。边坡下部岩层走向与坡向大角度相交，对边坡整体稳定性有利。但结构面较发育，相互切割组合，且边坡风化卸荷作用较强，对边坡局部稳定不利。边坡岩体分类以Ⅳ类为主，局部为Ⅲ类、Ⅴ类。施工过程中，采用了锚索、锚杆和挂网喷护处理。对层间剪切破碎带 L_{10}、L_9 进行了刻槽置换处理。处理后的边坡经几年的监测资料表明地震前已处于稳定状态。

溢洪道上段边坡布置了 3 支多点位移计，从已有的监测成果看，地震前

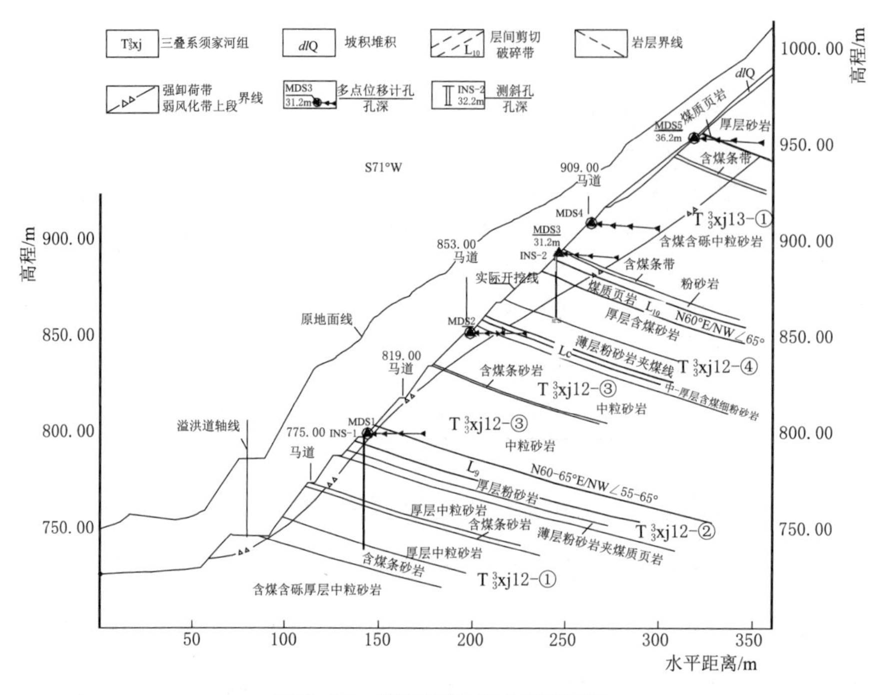

图 2-37　溢洪道高边坡典型断面图

后溢洪道上段边坡的位移变化为 1~2mm，变形量较小，坡体稳定性无明显异常。截至 2008 年 7 月，溢洪道上段边坡变形均很小，从表 2-9 的监测成果可以看出，表面点的位移增量均在 ±0.1mm 范围内，目前 3 套位移计 MUS1~MUS3 表面点累计位移分别为 -3.6mm、108.0mm、0.6mm。MUS2 的变形主要发生于 2003 年 12 月—2004 年 9 月，为帷幕灌浆影响所致，截止到 2004 年年底其累计变形量已达 108.2mm。

溢洪道下段边坡布置多点位移计 10 支（图 2-38），地震前（5 月 11 日）与震后 5 月 14 日的观测成果差异见表 2-10。从地震前后的观测结果对比看，溢洪道下段边坡桩号 0 + 435.00 的高程 954.00m 产生了较大的位移增加，地震引起的变形达 27mm，说明地震对高程的影响相对较大，这符合一般规律；另外，此部位为框架梁支护（无锚索），变形大于下部有锚索部位也是合理的。高程 910.00m 以下有锚索约束的坡体变形较小，最大值为 6.68mm。截至 2008 年 7 月，溢洪道下段边坡各部位的变形不大，变形增量（除了 MDS3）均在 ±0.2mm 范围内。溢洪道下段边坡多点位移计的观测成果说明该部位边坡锚索对边坡锚固效果明显，边坡是稳定的。

表 2-9　溢洪道下段边坡位移计监测成果（表面点累计位移）统计

多点位移计编号	地震前后位移变化 /mm	高程 /m	多点位移计编号	地震前后位移变化 /mm	高程 /m
MDS1	0.54	810.00	MDS6	0.74	810.00
MDS2	3.26	850.00	MDS7	3.47	850.00
MDS3	0.60	890.00	MDS8	1.17	910.00
MDS4	6.68	910.00	MDS9	2.28	850.00
MDS5	27.06	954.00	MDS10	2.62	891.00

表 2-10　溢洪道上段边坡位移计监测成果（表面点累计位移）统计

仪器编号	对测时间（年 . 月 . 日）			位移增量
	2008.07.02	2008.07.13	2008.07.21	
MUS1	-3.636	-3.659	-3.634	0.002
MUS2	108.024	108.041	108.024	0.003
MUS3	0.578	0.614	0.593	0.014

（4）1 号、2 号泄洪洞进口边坡。泄洪洞前段由 1 号、2 号导流洞龙抬头改造而成，后段与 1 号、2 号导流洞位置相同，两洞相距 80~110m，位于条形山脊的最里侧，横穿沙金坝向斜边坡后缘高程为 7 号公路，边坡高度约 85m，洞脸及洞上下游侧向坡共宽约 80m。

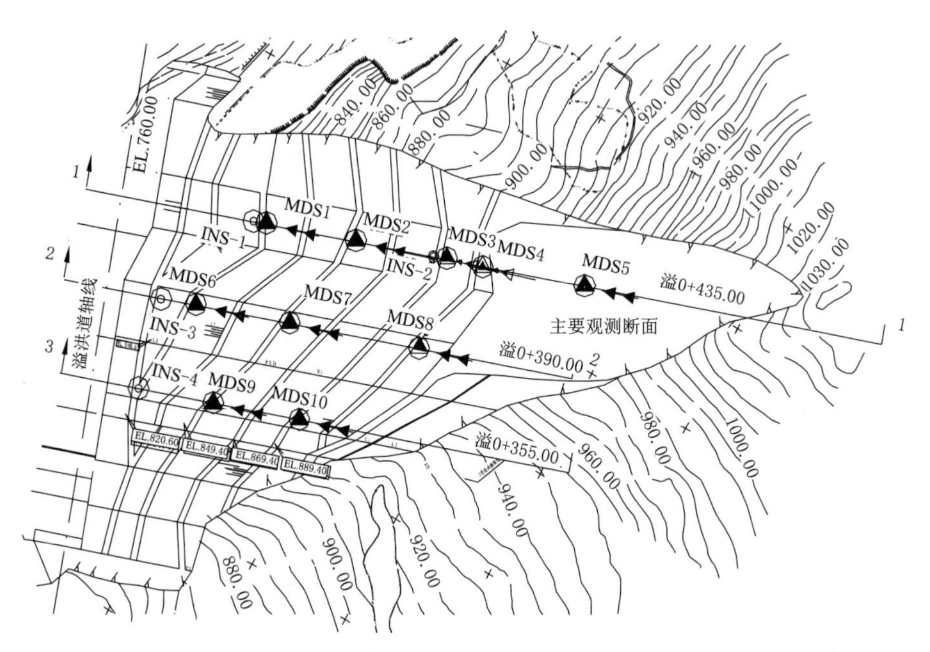

图 2-38 溢洪道高边坡监测仪器平面布置图

INS1~INS4—测斜孔编号；MDS1~MDS10—多点位移计编号

1 号、2 号泄洪洞进口边坡位于沙金坝向斜的北西翼，地面自然坡度 40° 左右。边坡岩体由 T_3^3xj 12- ①、T_3^3xj 12- ③含煤厚层砂岩和 L_9 煤质页岩、T_3^3xj 12- ②粉砂岩等组成。岩层倾向坡内，有利于边坡稳定。

1 号、2 号泄洪洞进口边坡共布设 7 套多点位移计（MIF1~MIF7）。MIF1~MIF3 位于 1 号泄洪洞轴线上，MIF4~MIF6 位于 2 号泄洪洞轴线上，MIF7 位于 2 号泄洪洞左侧坡体上。从地震前后的变形看（表 2-11），坡体受地震影响表现为变形增加，886m 平台以下受锚索限制，变形增加较小（0.64~6.53mm），平台以上的高程 896.00m 坡体在地震力的作用下变形增加较大，达 22mm，主要是上部坡体无锚索支护约束。从 5 月 14 日与 13 日的结果看，坡体变形增量小于 0.1mm，表明坡体变形在主震后无发展。5 月 14 日—7 月 2 日的测值基本无变化。坡体稳定性无异常。

表 2-11 泄洪洞进口边坡位移计监测成果（表面点累计位移）统计

多点位移计编号	地震前后位移变化 /mm	5月14日与13日比较 /mm	高程 /m	锚索测力计编号	13日测值荷载 /kN	地震前后荷载变化 /kN	5月14日与13日比较 /kN
MIF1	1.22	0.017	832.00	ACF1	2626	10.6	0.00
MIF2	1.33	0.015	847.00	ACF2	3021	153.4	2.90
MIF3	2.34	0.018	870.00	ACF3（200t）	1846	70.4	-1.10
MIF4	0.64	0.034	836.00	ACF4	3000	103.5	0.00
MIF5	6.53	0.049	863.00	ACF5	2652	40.8	1.00
MIF6	22.12	0.063	896.00				
MIF7	1.44	0.073	845.00				

（5）左岸泄洪洞边坡。左岸泄洪洞边坡布设3套多点位移计和1个测斜孔。其中多点位移计MGL3和测斜孔ING-1被地震损坏，无法观测。表2-12为3套多点位移计的监测成果，从多点位移计的观测成果看，2008年7月左岸泄洪洞边坡位移计MGL1和MGL2的表面点的位移增量分别为-0.009mm和-0.010mm。两套位移计的监测成果及地表巡视结果表明该部位在地震后有一定变形。

表 2-12 左岸泄洪洞边坡多点位移计表面点监测成果

仪器编号	仪器高程 /m	对测时间（年.月.日）			位移增量
		2008.07.02	2008.07.16	2008.07.22	
MGL1	867.43	-8.594	-8.757	-8.603	-0.009
MGL2	851.43	-9.401	-10.160	-9.411	-0.010
MGL3	—	—	—	—	—

注 "—"表示因损坏等原因无法观测。

冲砂放空洞出口内侧边坡地震中有明显变形现象存在，775m宽马道以上沿施工缝出现开裂，宽约6cm，下错约3cm，上部裂缝逐渐变窄，775m宽马道内侧可见长约35m、宽约1cm的顺坡向裂缝，775m宽马道外侧一施工缝出现错台现象，高度约4cm。分析该部位岩性较软弱，以煤质页岩为主，在地震作用下产生变形所致。

此外，对自然边坡也进行了调查。左岸坝肩边坡开口线以外坡顶附近坡体有塌方、滚石现象，有的滚石已滚落到坝顶高程的公路上；右岸泄洪洞进口开挖边坡以上的坡体有滚石滚落到坝顶高程的公路上，砸坏了局部边坡的混凝土喷层。2号泄洪洞出口开挖边坡以上的坡顶附近坡体亦有塌方和较多滚石现象，砸坏了局部边坡的混凝土喷层，滚石大多堆积在坡脚775.00m左右的宽马道上；紧邻1号泄洪洞出口边坡开口线下游侧未开挖边坡有塌方现象出现，长度约33m，高约50m。

5. 道路交通

观测大坝和事故处理所必需的主要交通干道路基及上方边坡稳定；排水沟局部有被滚石砸坏现象，桥梁地基未破坏。

6. 煤洞处理部位

坝区出露地层为三叠系上统须家河组（T_3^3xj）的一套湖相含煤砂页岩地层。按其成层特点将坝区地层划为15个韵律层。当地村民便在此开采煤炭，采煤历史在300年以上。废旧煤洞的存在构成了工程的一大隐患，煤洞问题成为了工程的主要地质问题之一。从前期勘察工作至目前施工阶段，共发现废旧煤洞131个，坝区煤洞分布平面示意图如图2-39所示。

煤洞区未发现塌陷、集中渗流、地表变形现象。

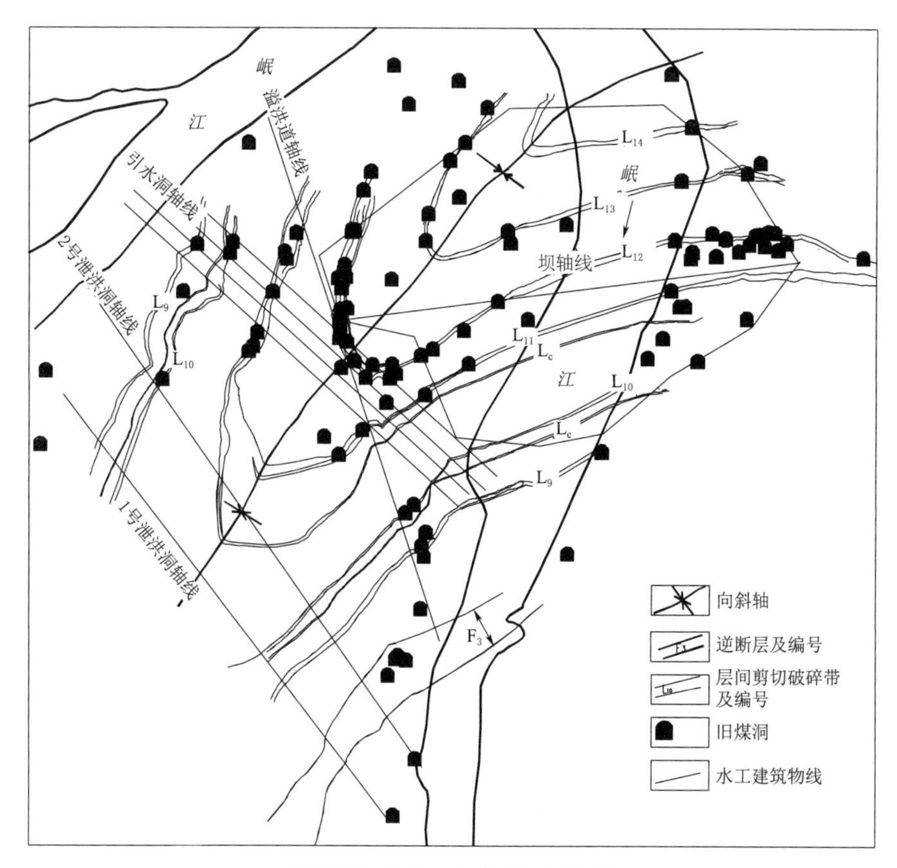

图 2-39　坝区煤洞分布平面示意图

7. 防渗系统

根据坝区水动力场研究成果，设计上采用防渗帷幕、排水洞和排水孔及反滤联合渗控方案（图 2-40）。

根据现场调查，坝后、两岸无异常出水点，排水洞水量基本无变化。邻谷白沙河一侧无新增出水点，原有出水点基本无变化。

地下水动态在强地震作用下有所调整，但变化符合规律，地震并没有引起条形山脊的水动力场产生明显的异常，水位长观孔无异常变化，坝后量水堰、引水洞出口边坡排水洞、右岸条形山脊排水洞渗流量基本稳定。

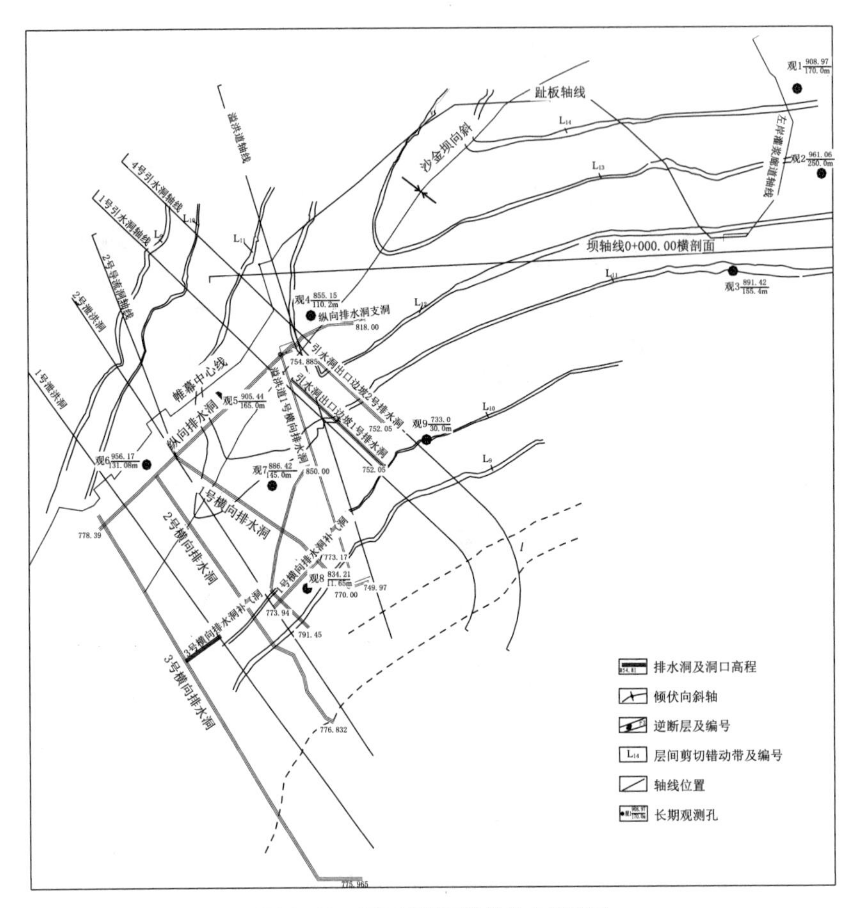

图 2-40　坝区渗控系统总体布置略图

（1）坝后量水堰渗流量。坝后量水堰近期监测成果数据见表 2-13，坝后量水堰历史曲线如图 2-41 所示。

地震前后的对比观测表明，本次地震对坝体渗流没有带来明显影响，2008 年 5 月 13 日下午至 5 月 14 日上午渗流量有少量增加，5 月 14 日下午至 15 日渗流量有所减小，与库水位的降低及降雨停止有关。5 月 16—23 日渗流量呈少量增加趋势，因 8 月初的连续暴雨天气，8 月 1—16 日，渗流量比 7 月有一定的增加，8 月 12 日达到最大后，渗流量又有一定的回落，到 8

月 17 日渗流量已经回落到暴雨前的大小。总体而言，渗漏量的绝对值较小。

表 2-13　　坝后量水堰近期监测成果

时间 /（年.月.日 时：分）	渗流量 /（L/s）	时间 /（年.月.日 时：分）	渗流量 /（L/s）
2008.03.14	12.86	2008.04.26	14.62
2008.03.20	12.44	2008.05.04	12.44
2008.03.26	11.60	2008.05.10	10.38
2008.04.02	12.02	2008.05.13 11:55	10.78
2008.04.04	12.02	2008.05.13 17:30	12.86
2008.04.09	11.60	2008.05.14 11:55	15.98
2008.04.13	12.02	2008.05.14 16:30	14.62
2008.04.20	12.02		

（2）长观孔。为了解与研究紫坪铺枢纽区的地下水动力场及变化规律，在左右岸共布置地下水长观孔 9 个。地震前的 2008 年 5 月 10 日曾对地下水位进行了观测，地震后进行了连续观测，但 1 号、2 号长观孔由于地震损坏不能观测。

图 2-41 为地下水长观孔水位观测历时曲线，总体上看，地震使岩层裂隙发育，使部分靠近坡面的孔内水位有所降低（3 号、7 号长观孔）；使以前水位较低的孔内水位有少量抬升（4 号、6 号、8 号、9 号长观孔）是符合规律的。另外，强地震使原先存在的排水不畅变得通畅，个别在历史上存在堵塞的钻孔（5 号长观孔）有大幅度的水位降低，这一现象也是可以理解的。截至 2008 年 7 月，各孔地下水位虽有一定波动变化，但变化量均不大。

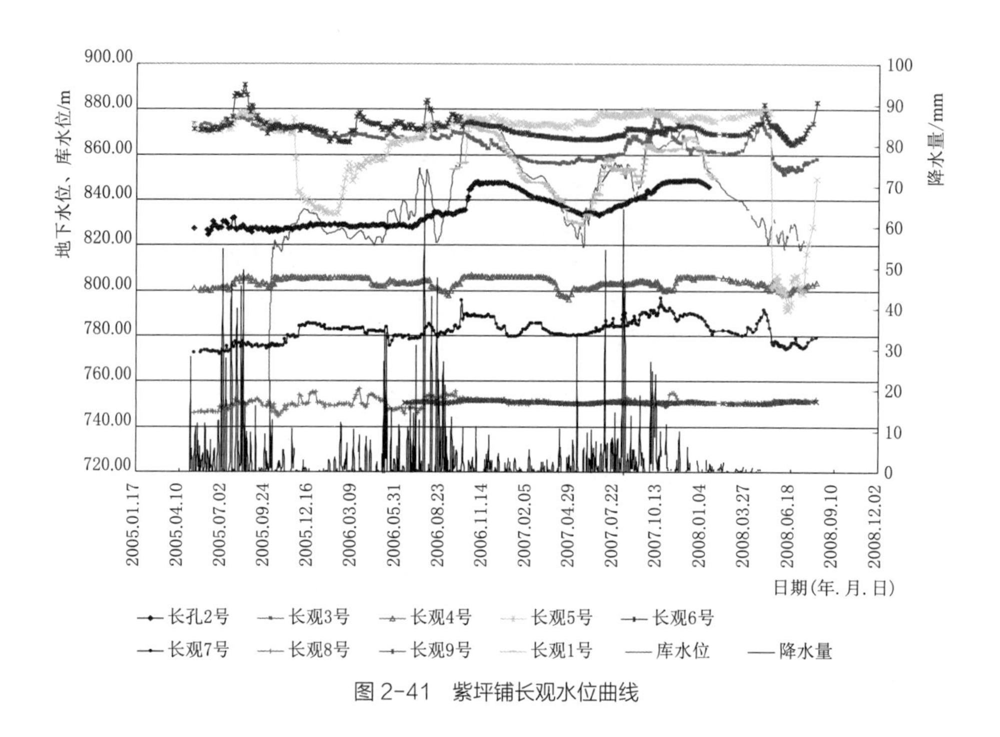

图 2-41 紫坪铺长观水位曲线

（3）引水洞出口边坡排水洞渗流量。引水洞出口边坡（厂房后边坡）排水洞的渗流量与库水位及降雨等有一定关系，但总体变幅不大。从震前与震后的观测看（图 2-42），排水洞渗流量有少量增加，总体无明显异常。2008 年 5 月 17—28 日排水洞渗流量呈变小趋势，5 月 29 日渗流量稍微有所增加，由于连续暴雨天气，7 月 30 日—8 月 7 日，排水洞渗流量呈上升趋势，8 月 7—13 日，1 号排水洞的渗流量有增加的趋势，2 号排水洞的渗流量基本稳定，由于暴雨减少，8 月 14—19 日，1 号、2 号排水洞的渗流量均有下降。

（4）右岸条形山脊排水洞渗流量。从监测成果（表 2-14）看，右岸条形山脊各排水洞的渗流量波动变化，变化量不大。8 月 13—19 日，1 号、2 号排水洞的渗流量均有下降，而 3 号排水洞的渗流量有所增加。

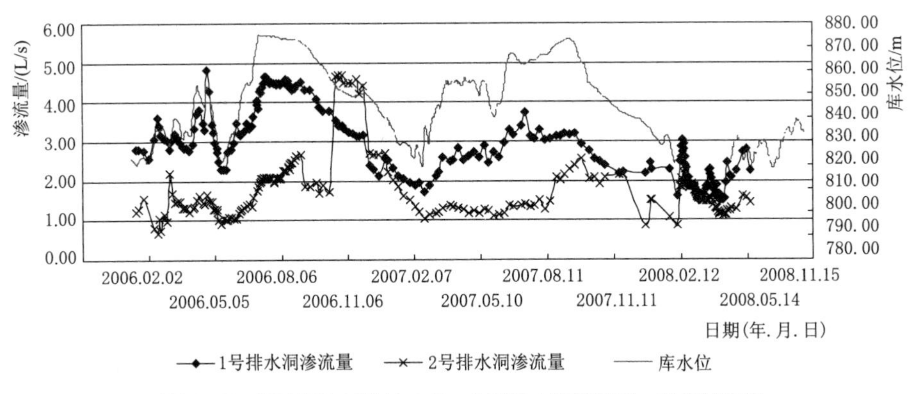

图 2-42　引水洞出口边坡 1 号、2 号排水洞渗流量 - 时间过程线

表 2-14　右岸条形山脊排水洞渗流量监测成果　单位：L/s

时间/(年.月.日 时:分)	1号排水洞	2号排水洞	3号排水洞
2008.05.11 11:40	1.96	0.57	0.41
2008.05.16 11:20	—	1.23	—
2008.05.17 10:10	—	1.20	—
2008.05.18 10:03	1.90	1.13	—
2008.05.21 14:51	1.85	0.92	—
2008.05.24 15:22	1.70	0.94	—
2008.05.26 10:10	1.62	1.04	0.33
2008.05.28 15:20	3.35	0.96	1.41
2008.05.29 09:35	3.23	0.96	1.40
2008.05.30 08:54	3.16	0.90	1.36
2008.06.01 15:10	3.37	0.83	—
2008.06.04 08:55	3.13	0.76	1.23
2008.06.23 09:10	3.49	1.04	—
2008.06.24 09:20	—	0.90	—
2008.07.05 14:07	2.53	0.66	0.38
2008.07.13 12:32	2.49	0.56	—

续表

时间/(年.月.日 时:分)	1号排水洞	2号排水洞	3号排水洞
2008.07.22 12:32	3.70	1.03	—
2008.07.30 08:30	4.02	0.92	—
2008.08.07 08:30	5.36	0.74	1.02
2008.08.13 10:16	5.46	2.35	0.81
2008.08.19 10:16	4.24	1.89	1.33

注　“—”表示因塌方、施工等因素无法观测。

总之，地下水动态在强地震作用下有所调整，但变化符合规律，地震并没有引起条形山脊的水动力场产生明显的异常，水位长观孔无异常变化，从观测成果看，防渗帷幕没有因地震作用而产生明显破坏。从坝后量水堰、引水洞出口边坡排水洞、右岸条形山脊排水洞渗流量等观测成果看，地震并没有引起坝体及右岸条形山脊渗流场的明显变化，坝体的渗流是稳定的。

2.3.4 小结

（1）龙门山中央断裂（映秀－北川断裂）为汶川“5·12”地震的发震断裂，地震中产生巨大的地表破裂，所到之处，无坚不摧，建筑物破坏十分严重。随远离发震断裂带，建筑物破坏明显减弱。地震对紫坪铺水利枢纽工程造成了Ⅸ度的地震烈度影响，坝址区断层在地震中未产生活动。

（2）汶川“5·12”地震是天然构造地震，不符合水库诱发地震的特点。紫坪铺水库不具备诱发地震的条件。紫坪铺水库地震台网监测表明，水库周边地震属天然地震的正常变动范围内，与水库蓄水不存在相关关系。水库蓄水与汶川“5·12”地震无关。

（3）汶川“5·12”地震造成了较多次生地质灾害如滑坡、崩塌、掉块、泥石流等。天然边坡垮塌总体规律为水库区左岸岸坡垮塌严重，中央断裂带的上盘坡体比下盘坡体垮塌现象严重，密度较大。灰岩比砂页岩边坡易发生垮塌；垮塌有的发生在坡顶附近，有的在地形陡缓交界附近。初步分析垮塌与地震力作用方向、岸坡地形坡度、风化卸荷作用、岩性、断裂的上下盘等有关。凡是开挖支护的人工边坡均未发现垮塌现象，均处于稳定状态；说明水电站工程边坡的评价是合适的，处理措施是有效的。

（4）汶川“5 · 12”地震时紫坪铺水库水面地震涌浪造成了库岸水边垂钓人员的重大伤亡，地震作用下库水未产生渗漏问题。坝前左岸堆积体仅前沿出现了小规模的塌方或局部变形，钻孔测斜仪监测土体地震过程中有少量位移，随后堆积体处于整体稳定状态。

（5）坝基总体正常，未见异常现象。下游坝脚未见集中渗流、管涌、沉陷、坝基淘刷等不良现象；坝体与岩体接合较好，灌浆及基础排水廊道的排水清亮；两岸坝肩区未发现管涌、绕渗、地裂缝、滑坡。开挖已支护边坡均未出现垮塌现象，处于整体稳定状态；仅坡体内有沿施工缝出现局部错台、开裂现象，坡面有被支护边坡以外的滚石局部砸坏的现象。溢洪道进水渠、出口消能设施未发现裂缝、沉陷、位移、接缝破坏等现象。从坝后量水堰、引水洞出口边坡排水洞、右岸条形山脊排水洞渗流量等观测成果看，地震并没有引起坝体及右岸条形山脊渗流场的明显变化，坝体的渗流是稳定的。

（6）大坝及各主要水工建筑物总体受损较轻，在汶川“5 · 12”地震中经受住了考验。分析其地质原因主要是前期勘察成果正确，查明了深大断裂与活动断裂位置，大坝选址合理，避开了区域性大断层；选择了适应砂页岩地层的面板堆石坝坝型。

（7）地下工程的破坏程度明显轻于地面建筑物，再次说明地下建筑物的抗震性能高于地面建筑物。西南地区地处高山峡谷，地震烈度高，从规避次生地质灾害和提高建筑物抗震性能考虑，在地面、地下建筑物的比选时应充分考虑上述因素，以确保工程安全。

（8）工程自 2005 年 9 月 30 日蓄水、发电以来，一直安全运行，尤其是经受了超设计标准的汶川“5·12”地震的考验，大坝整体稳定，枢纽区边坡、地基、洞室围岩稳定，安全监测表明，各项指标均处于正常工作状态。

第3章　震后应急抢险

应急事件的预警、反应、善后是应急管理工作的三个重要环节。对于水利水电工程来说，地震灾害事件下的应急管理重点是灾情分析和应急处置。本章从地震灾害事件对紫坪铺水利枢纽工程的影响入手，分析地震对发电机组、送出线路、金属结构与启闭设备、大坝结构、水情系统的影响，总结强震后应急抢险经验和水利水电工程震后应急抢险技术与策略。

突发事件下水利水电工程的灾害影响在全球已有许多案例，但是由于地震灾害风险的不确定性和瞬时性特点，大型水利水电工程的地震灾害应急抢险案例鲜有报道，尤其是高烈度地震灾害对水利水电工程的影响分析，对于水利水电工程设计、施工、运行管理更为宝贵。紫坪铺水利枢纽工程大坝距离震中仅17km，遭受的地震烈度高达Ⅸ度，远超大坝设计抗震烈度，造成了严重的震损震害：电站机组瞬间全部停运，发电运行受阻，下游岷江断流；电网解列，外来电源全部中断；泄洪设施金属结构及启闭设备毁坏严重，泄洪闸门无法开启；混凝土面板堆石坝明显震陷，混凝土面板脱空并多处发生错台和挤压破坏；水情自动测预报系统处于瘫痪状态，水雨情监测信息中断；位于水库右岸通往汶川灾区的213国道，因大面积滑坡塌方交通中断，救援力量难以抵达震中重灾区。地震造成交通、电力、通信全部瘫痪，外来救援力量短时间内无法到达，如不及时组织有效的抢险，可能造成供水中断、水淹厂房、大坝溃决等重大次生灾害。

应急管理的相关成果表明，突发事件灾害后果的减免关键在于有效地预警、科学地分析、准确有序地处置。突发事件下的水利水电工程应急抢险属于过程管理的范畴，抢险过程中遇到的问题及对有效措施的选择，对于工程安全的保障至关重要，特别是汶川“5·12”地震应急抢险处置过程，可为水利水电工程的防灾减灾工作提供重要借鉴。西南地区是我国重要的水电基地，大渡河、金沙江、雅砻江三大水系相继建成了一批“西电东送”骨干电源点，而这些水利枢纽都面临着较大的地震威胁。四川省紫坪铺开发有限责任公司（以下简称“公司”）长期重视大坝的安全运行，建立完善了应急管理体系。针对地震、洪水、地质灾害等各类自然灾害以及保供水、保厂用电等制订了相应的应急预案，每年均开展有针对性的演练。在突如其来的重大灾害面前，工程管理者第一时间迅速反应开展抢险自救，成立了现场抗震救灾指挥部，确定了“排查险情、抢修设备、加强大坝监测、确保大坝安全”的自救工作目标；组建了工程震损排查、大坝监测、闸门修复、生产恢复、灾情统计、员工救援六个工作组；排查险情、科学分析，果断决策采取空载机组恢复向下游供水、黑启动恢复枢纽供电、抢修泄洪设施恢复泄水降低大坝风险、抢修机电设备恢复发电、启用成都备用中心站恢复水情测预报工作等一系列措施。在余震不断的情况下，震后10min，电站运行人员启动“保证下游供水预案”，开机空载恢复向下游供水、震后1.5h黑启动机组带厂用电孤网运行；震后16h，恢复水情自动测报系统成都中心站，为抗震救灾时水库调度决策提供了准确、及时的水雨情信息；震后24h，打开冲砂放空洞闸门恢复泄水缓解水位上涨压力；震后27h打开2号泄洪洞控制库水位开辟水上生命救援通道；震后126h，在设备厂家和电力抢险队伍驰援支持下，更换震损机电设备、抢修送出线路，在震中 26 座受损的水电站中，紫坪铺水电站率先恢复发电， 给震后的四川电网以强大支撑，为灾区恢复重建提供了可靠的能源保障；快速组织对混凝土面板防渗系统震害进行修复。每一步应急抢险的决策和执行均是在没有国内外实例借鉴参考情况下开展和实施的。事实证明这一系列决策和措施都是正确有效的，确保了工程安全、供水安全、防洪安全，避免了大地震之后可能引发的更为严重的次生灾害。

公司迎难而上、顽强拼搏的作风和敢于负责、排险保坝的举措受到党和国家领导人的充分肯定。

本章从应急决策和应急处置两个应急管理的关键环节，对紫坪铺水利枢纽工程地震灾害应急处置过程的经验总结，介绍了强震后紫坪铺水利枢纽工程的应急抢险过程及科学抢险技术，为其他枢纽工程的安全管理、应急预案制定、应急演练实施提供借鉴和参考，也为国内外大型工程特别是水利水电工程防灾、减灾、救灾提供了范例。

3.1　应急管理体系

3.1.1　组织机构与职责

紫坪铺水利枢纽工程为高坝大库，涉及下游 7 市 37 县（市、区）农业灌溉和城市供水，下游影响区域是四川省政治、经济、文化中心。在工程投运初期，四川省紫坪铺开发有限责任公司即建立和完善了应急管理体系。公司成立了应急管理委员会，由总经理任委员会主任，领导班子其他成员任副主任，成员由各部门负责人组成。应急组织体系框架图如图 3-1 所示。

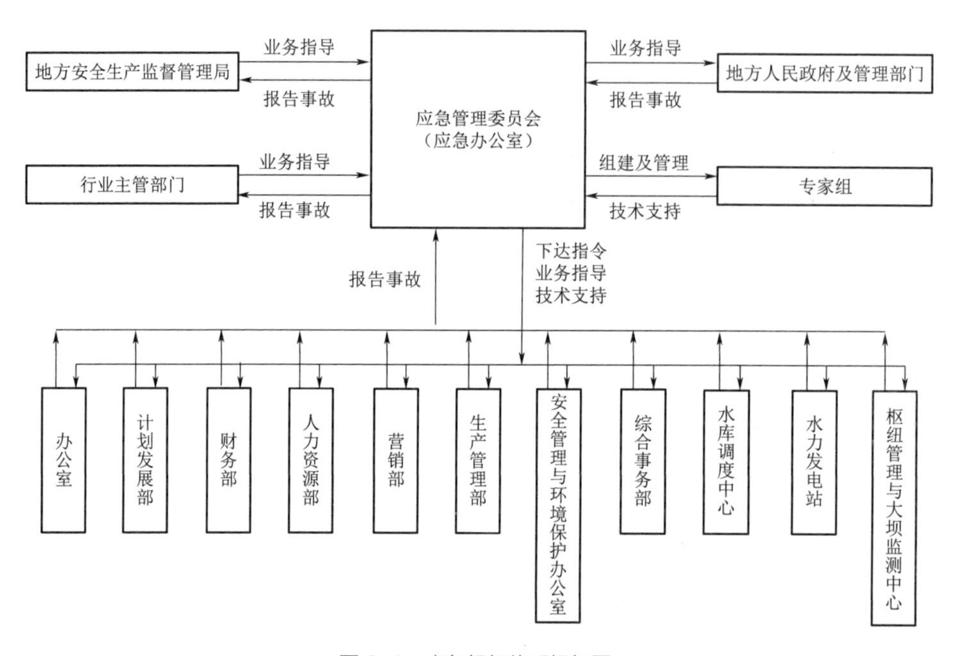

图 3-1 应急组织体系框架图

应急管理委员会职责主要包括贯彻落实有关突发事件应急的法规和规定；监督、管理应急体系的建设和运转；组织公司综合、专项应急预案的编制、评审、修订和演练工作；组建公司应急领导小组，指挥、协调应急准备、应急响应和应急救援工作；协调与政府相关部门的关系、取得外部应急支援；通报或发布应急救援与处理的进展情况；落实上级交办的其他应急管理工作。

（1）应急办公室。应急管理委员会下设应急办公室（以下简称“应急办公室”），办公室设在安全管理与环境保护办公室，主要职责有处理应急委日常管理工作；协调、联络各级应急机构和部门。组织、协调和调动所需的应急资源；收集、分析事件（事故）现场信息，为公司应急指挥提供决策依据；组织对公司各级突发事件应急预案进行评审和备案；监督、检查各种应急保障的准备情况；组织、监督相关应急预案编制、修订、培训、演练等工作。

（2）专家组。下设专家组，由公司应急办负责专家组的组建和日常管理，主要职责包括为突发事件应急决策提供技术支持；为突发事件应急工作提出建议。各部门在应急委的统一领导下，负责本部门现场处置方案的编制、修订、演练工作，分别承担各自的应急职责，通过协调合作，完成突发事件应急处理。

（3）办公室。办公室的应急职责包括负责应急救援期间的车辆调配；负责突发事件应急信息的收集和对外发布；负责向政府及上级报告（汇报）应急工作情况；负责接受公众对突发事件情况的咨询；协助其他部门进行应急处置。

（4）计划发展部。计划发展部的应急职责包括负责突发事故的保险理赔工作；协助其他部门进行应急处置。

（5）财务部。财务部的应急职责包括负责应急救援和事故善后处理的资金保障；协助其他部门进行应急处置。

（6）人力资源部。人力资源部负责发生突发事件后，协助联系医疗救护；负责应急处理后医疗有关事宜；协助应急救援知识的培训；协助其他部门进行应急处置。

（7）营销部。营销部负责与政府有关部门、省电力调度控制中心沟通联系，报告突发事故相关情况，了解电网运行情况，根据应急处置情况协调调整发电计划。

（8）生产管理部。生产管理部的应急职责包括负责应急物资的准备、仓储和保管；负责应急处理所需物资的紧急采购；协助其他部门进行应急处置。

（9）安全管理与环境保护办公室。安全管理与环境保护办公室的应急职责包括在重特大人身事故发生时，根据应急委部署安排，协调应急事故处理，传达应急委指令；组织公司安全生产事故应急预案的编制、修订和演练；督促检查各部门应急物资准备工作；协助其他单位监督各部门的事故应急工作。

（10）综合事务部。综合事务部负责应急救援期间的后勤保障；负责应急期间的安全保卫工作；协助其他部门进行应急处置。

（11）水库调度中心。水库调度中心的应急职责包括负责本部门应急人员的组织，突发事件发生时在应急委统一指挥下，立即投入抢险；负责金属结构及启闭设备抢险措施的组织实施，确保水情自动测预报系统的正常运行；在紧急情况下，编制水库应急调度方案，报公司应急委批准后实施；建立联系协调制度，加强与省防办和地方各级防汛组织的联系，一旦发生险情，在第一时间内向公司应急委汇报；加强与都江堰管理局及下游金马河沿岸地方水行政主管部门的协调联系，及时通报水情；协助其他部门进行应急处置。

（12）水力发电站。水力发电站的应急职责包括负责本部门抢险人员的组织，突发事件发生时在公司应急委的统一指挥下，立即投入抢险，保证发电安全；负责电站机电设备、通信、电源抢险措施的组织实施；负责应急处理的电源和通信保障；加强与电网调度机构的联系，积极配合调度处理电网事故，避免因电站原因造成电网系统震荡；协助其他部门进行应急处置。

（13）枢纽管理与大坝监测中心。枢纽管理与大坝监测中心的应急职责包括负责本部门抢险人员的组织，突发事件发生时在应急委统一指挥下，立即投入抢险；在紧急情况下，负责枢纽水工建筑物、道路、边坡及库岸应急抢险措施的制定，报公司应急委批准后实施；对大坝、引水发电洞、冲砂放空洞、泄洪排砂洞、溢洪道、高边坡、右岸条形山脊、左岸堆积体进行相关监测和巡视检查，负责对水库库岸的巡视检查，如发现险情应第一时间向公司应急领导小组汇报；协助其他部门进行应急处置。

3.1.2　企业应急预案体系

公司应急预案体系包括综合应急预案、专项应急预案和现场处置方案三个层次。

（1）综合应急预案是公司应急预案的总纲，为各专项应急预案和现场处置方案提供指导原则，是公司应对突发事件的规范性文件。

（2）专项应急预案主要针对可能发生的具体突发事件类别或风险，着重解决特定突发事件的应急响应程序和应急处置措施，是综合应急预案的支

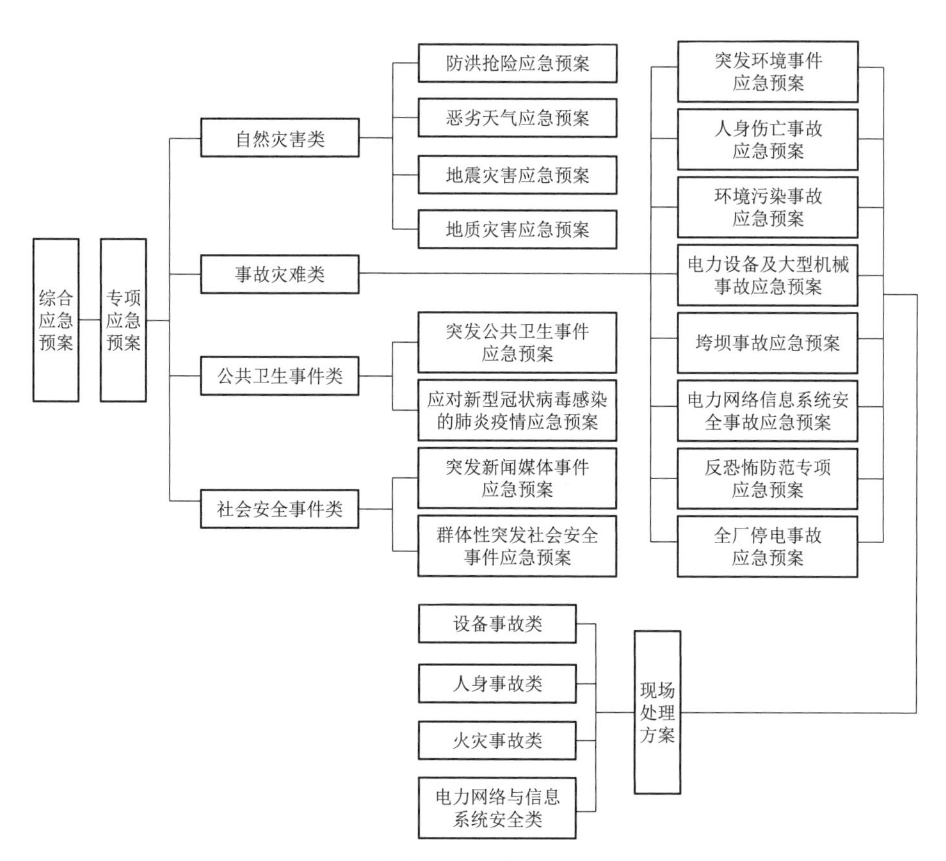

图 3-2　应急预案体系框架图

持性文件。

（3）现场处置方案则是以现场设备设施、活动或某类岗位为具体目标，在详细分析现场风险和危险源的基础上，对典型的突发事件类型所制定的简明扼要、明确具体，具有很强的针对性、指导性和可操作性的处置方案，是综合应急预案和专项应急预案的支持性文件。

应急预案体系框架图如图 3-2 所示。

3.2 震后应急决策

应急管理涵盖了突发事件的事前预防、事发应对、事中处置和善后处理等过程，而应急决策是应急管理的核心环节。有效的应急管理是由一系列科学及时的应急决策以及决策的良好实施构成的，只有及时有效的应急决策及其实施，才能保证应急管理对突发事件的有效应对、控制和处理。紫坪铺水利枢纽工程震后的应急决策包括组织员工疏散和启动应急响应两部分。

1. 组织员工疏散

地震发生时，公司员工 100 余人正在营地办公室、电站和大坝等地开展生产、检修等工作。地震发生后，为确保员工的生命安全，最大限度的减少地震所造成的人员伤亡，公司第一时间组织员工撤出营地办公区域，组织生产人员从生产区域、检修区域撤离到安全开阔的场地，并清点核查人员。

经核实，员工轻伤 7 人，无人遇难、失踪。员工本人家在灾区或父母家在灾区的共 54 户，家属无伤亡、失踪，但住房财产遭到程度不同的毁损和破坏。

2. 启动应急响应

地震后的快速反应、果断决策、有利指挥和坚决执行，是抢险救灾各项工作顺利开展的前提和保证。地震发生的1h内，在安排好电站通过机组空载恢复供水后，公司总经理在坝顶右岸平台紧急组织召开会议，组建公司抗震救灾指挥部，启动Ⅰ级应急响应，迅速组建工程震损排查、大坝监测、闸门修复、生产恢复、灾情统计、员工救援六个工作组。确定了“排查险情、抢修设备、加强大坝监测、确保大坝安全”的抢险自救工作目标。在坝区交通、通信中断的情况下，安排专人徒步赶往距坝区最近的都江堰市向水利部、四川省委、省政府和四川省水利厅报告灾情。

3.3　震后应急处置

当突发公共事件发生后，针对其性质、特点和危害程度，调动各种应急资源和社会力量，开展应急处置。应急处置是应急管理的核心环节，它决定着应急管理能否有效地遏制突发事件，最大限度地减轻突发事件的影响，降低社会公众生命、健康与财产所遭受损失的程度。

由于地震等自然灾害的突发性、复杂性和严重性，使得应急处置工作的特点突出表现为时效性强、协调性强、专业性强，社会要求高，是一项技术含量很高的应急管理工作。汶川“5·12”地震发生后，公司迅速成立抗震救灾指挥部，启动应急响应，立即进行工作部署，迅速理清工作思路，确定应急工作方向，公司上下分工合作各司其职，统一指挥统筹协调，采取了有领导、有组织、有计划、协调一致的紧急行动。

3.3.1　电站机组黑启动和恢复发电

工程遭受汶川“5·12”地震后，电站机组停机、线路失压、厂用电消失，电站建筑物及设备受到不同程度的破坏和影响。电站面临着恢复供水和发电的紧急响应和设备设施抢险、抢修等一系列问题。而机组能否“黑启动”成功事关电站防灾减灾成效，也意味着抢险、抢修所需的动力电源是否有保障。恢复发电对紫坪铺电站来讲更意味着解除供水中断或不足的压力，也能有效降低枢纽工程泄洪建筑物长时间运行的安全风险。

3.3.1.1 震前设备运行方式

2008 年，汶川“5·12”地震发生前，电站所有机电设备运行正常，500kV 送出线路紫景线（紫坪铺电站－成都彭州丹景变电站）运行正常。1 号机组、2 号机组在发电状态，总发电量 260MW。3 号机组热备用状态，4 号机组冷备用状态（C 修试验过程中恢复至冷备用态），库水位高程为 828.00m。10kV 厂用电Ⅰ、Ⅱ分段运行方式，外来电源白枢线备用状态。坝区厂用电正常运行方式，外来电源白尖线备用状态，保安电源（柴油发电机）冷备用状态。

3.3.1.2 震后设备运行状态

地震发生后，1 号、2 号机组跳闸共甩负荷 260MW。1 号机组甩负荷 130MW 后，过速 145%N_e动作，导致其紧急事故停机，进水口快速闸门落门；2 号机组甩负荷 130MW，机组甩负荷由发电态转为空转态，运行值班人员紧急撤离中控室前，实施了该机组的远方停机。3 号、4 号机组备用状态；500kV 线路开关跳闸，紫景线失压；外来电源失电，各系统发出报警警报和故障信息。

3.3.1.3 震后电站应急响应

地震发生时，现场中控室值班人员 2 人，“ON CALL”人员 3 人。其他电站管理人员及检修人员在营地（距厂房 2km）午休后正准备乘车前往厂房，由于地处开阔区域，人员及车辆均未受到伤害。主震过后，根据应急预案和《电站突发事件应急处置方案》要求，在公司的统一组织指挥调度下，确认进厂公路边坡未发生垮塌和受损后，第一时间组织运行及检修人员跑步进入电站生产区。期间紧急进行工作部署，将人员分别组成现场抢险指挥小组、运行发电应急小组、检修维护应急小组、后勤保障应急小组。抢险指挥小组要求各应急小组在尽可能确保人身安全的前提下，按照《电站突发事件应急处置方案》中规定的职责任分工，每两人一组，分时段、分批次对生产区域内的设备和环境进行全面的检查，摸清全厂设备受损情况，为恢复供水发电、应急抢修提供决策依据。

3.3.1.4 震后险情报送

主震发生时，枢纽区剧烈抖动，强震波过后，供水中断、发电中断、通信中断、外部交通中断。尾水平台青石栏杆、上坝马道金属栏杆大部分损毁，厂房部分填充墙体出现裂纹，主副厂房连廊地面及副厂房门厅梯步等部位出现沉降 20~40cm，电站中控室吊顶装饰板及灯具大面积掉落，中控室内的监控系统操作员站、通信系统、机组振摆监测系统、工业电视系统的显示屏全部被甩至地面。电站与外界的通信全部中断，无法进行有效联络。电站抢险指挥小组将应急响应、抢险安排和初步排查掌握的震损破坏情况第一时间报告了公司抗震救灾指挥部。

3.3.1.5 应急抢险措施

1. 供水中断应急抢险实施

紫坪铺水利枢纽工程承担着都江堰灌区和成都市 2000 多万人供水任务，通过机组发电向下游供水。地震造成紫坪铺水力发电站厂用电中断、机组全停，且失去外来电源。如果不能及时恢复供水，将会导致岷江断流，都江堰市 30min 后将失去水源，2h 后成都市取水将中断，后果不堪设想。在各应急小组初步检查电站的主、副厂房、机电设备的震损情况后，抢险指挥小组果断决策，决定立即实施《下游供水中断应急处置方案》，在强震发生后的10min内，2号~4号机组相继开启至空载态，以90m^3/s的流量下泄，避免供水中断的严重后果，基本满足下游成都市用水需求。

（1）机组开启至空转必要条件如下：

1）机组调速器系统必须有可以开机和停机足够的操作油量和压力。

2）机组顶盖漏水情况良好。

3）机组调速器电气柜直流供电正常，采集数据转速、开度等正常，操作界面正常。

4）机组技术供水水源正常。

5）机组LCU、机组PLC正常，水机保护投入正常。

6）做好操作过程中事故预判，随时做好紧急操作的准备。

（2）机组开启至空转实施过程如下：

1）14:35，运行发电应急组人员冒着余震再次对3号和4号转动部件进行快速检查，确认两台机组具备特殊情况下的开机条件。

2）经过再次检查确认，果断决定决定利用开机空转方式向下游供水，同时黑启动机组保厂用电工作准备。

3）抢险现场由5人负责执应急处置，其中1人负责指挥协调，其余4人分成两组进行操作。

4）因1号机组已事故落门，故放弃了1号机组的恢复。

5）14:40，第一操作组迅速纯手动开启2号~4号机组至空转状态；第二操作组同时开启机组技术供水。

6）14:45，第二操作组对2号~4号机组空转运行进行全面检查，水车室顶盖漏水正常，渗漏集水井水位正常。

7）2 号 ~4 号机组空转运行，为岷江下游供水约 90m^3/s，确保了岷江下游基本供水需求。

2. 黑启动保厂用电预案实施

水电站作为四川电网“黑启动”电源点，有完善的黑启动应急预案，每年组织开展机组黑启动性能试验并定期进行操作演练。本次黑启动的背景与日常试验及演练的背景大不相同，需要考虑的因素非常多，决策过程需要设备状态信息支撑，然而遭受到地震破坏的设备是否具备黑启动条件，操作人员在余震不断的操作环境，心理影响对操作和设备状况判断是否准确等问题，在诸多不利因素下本次黑启动机组在国内外均属首次，取得了一定的经验。启动应急处置方案后，在 88min 内，4 号机组黑启动成功，恢复了全厂厂用电，为抗震自救提供了电源保证。

黑启动（Black Start）是指大面积停电后的系统自恢复，即在整个系统因故障停运后，系统全部停电（不排除孤立小电网仍维持运行），处于全“黑”状态，不依赖别的电网帮助，通过系统中具有自启动能力的发电机组启动，带动无自启动能力的发电机组，逐渐扩大系统恢复范围，最终实现整个系统的恢复。

地震发生后，紫坪铺水电站全厂交流电源消失，需尽快恢复供电才能消除水淹厂房、恢复下游供水、并为抗震救灾提供电力保障。黑启动的关键是电源点的启动，水轮发电机组与火电、核电机组相比，具有辅助设备简单、厂用电少，启动速度快等优点，因此国家电网四川省电力公司也把紫坪铺水电站作为黑启动电源的首选。水电站的黑启动是指在无厂用交流电的情况下，仅仅利用电站储存的两种能量——直流系统蓄电池储存的电能量和液压系统储存的液压能量。完成机组自启动，对内恢复厂用电，对外配合电网调度恢复电网运行。机组具有黑启动功能不仅是电站在全厂失电情况下安全生产自救的必要措施，也是电网发展的需要。

（1）黑启动必要条件如下：

1）220V 直流系统电压正常，机组各设备操作电源、保护电源和信号电源供电正常。

2）公用系统高、低压气系统气压正常。

3）技术供水水源正常。

4）机组满足开机条件。

5）机组油压装置压力正常，调速系统工作正常。

6）机组励磁系统正常，机组起励电源正常。

7）机端 TV 投入正常，机组保护装置和故障录波装置运行正常，保护投入正确。机组所带厂高变保护投入正确。

8）机组 LCU 工作正常，机组状态显示正确，机组 PLC 水机保护工作正常。

9）机组制动系统工作正常，机组气剪销和制动气源正常，机组测温和测速装置工作正常。

10）发电机中性点接地刀闸在合，接地变投入正常。

11）机组出口隔离开关在合，机组出口断路器 GCB 操作压力及 SF_6 气压正常。

12）主变压器在备用状态，具备送电投运条件，高压侧隔离开关在分（做好防止误合的措施），厂高变低压侧断路器在分闸。

13）机组技术供水系统及技术供水总管水压正常，机组顶盖水位正常，主轴密封水水源压力正常。

（2）黑启动实施过程如下：

1）机组的选择。由于 3 号、4 号机组在地震时处于停机状态，黑启动风险明显小于 1 号、2 号机组，因此将其作为黑启动机组的首选；4 号机组处于冷备用状态，如果用 4 号机组黑启动，必然要额外增加冷备用至热备用的操作项目，因此决定用 3 号机组作黑启动机组。

2）两名操作人员进入 GIS 开关站准备现地解锁拉开 3 号主变压器高压侧刀闸。由于地震使解锁钥匙掉入柜内，现场操作屏柜门打开后在操作面板上未发现解锁钥匙，遂立即安排运行人员回巡检室取解锁钥匙，但钥匙并未找到（钥匙在另一组操作人员钥匙盘上），最终决定手动拉开刀闸。但操作人员在操作中感觉操作机构异常（转动摇把时费力，其实际情况是刀闸操作机构正常，主要是因地震过度紧张造成）进而决定放弃操作刀闸，改用 4 号机组做黑启动机组。此时距 14:28 失电时间已达 1h。3 台机组调速器油压装置的油位、油压正缓慢下降，时间耽误越久对黑启动越不利。现场 5 名操作人员的操作压力加大，操作失败的风险陡增。

3）考虑到如果黑启动失败，紧急时可通过坝上泄洪备用电源（柴油发电机）向泄洪设施供电的同时向厂内黑启动机组提供动力电源。因此，运行发电应急小组一边继续黑启动操作，同时派两名人员到坝上恢复坝上柴油发电机，大约在 15:45，在做好与主厂房厂用电的隔离措施后，启动了坝上柴油发电机，恢复了坝上电源，为坝上泄洪闸门的开启提供了电源保障。

4）解开 4 号主变压器高压侧刀闸。此时解锁钥匙已找到，解锁后，电动（直流）拉开刀闸正常。

5）迅速退出相关开关动作联跳 GCB 连片，解开电调柜网频端子与 GCB 辅助接点。

6）由于4号机组在冷备用状态，需合上出口相关刀闸。在准备电动合上该刀闸时，由于其操作机构为交流电机，电动操作失败。遂准备手动合上该刀闸，但该刀闸手动操作杆位于GCB柜最下端且用螺栓固定，用扳手拧下固定螺栓后，取下了该手动操作杆（取该刀闸操作杆用了较长时间，大约15min），解锁该刀闸，手动摇至合闸位置。

7）解除4号机组出口开关断路器与出口某隔离开关间闭锁，手动合上断路器。

8）准备发变组递升加压，按“起励”按钮，将4号发变组电压升至10%*Ue*，检查发变组、励磁变、厂高变无异常后将机组电压升至50%*Ue*，检查无异后直接将电压升至全电压。

9）检查厂用电所有电源侧开关均在分闸位置，合上4号厂高变低压侧开关，恢复厂用电运行。通知坝上人员厂用电已恢复，要求停用坝上柴油发电机，10min后坝上柴油发电机停用，并将坝上电源倒至厂房供电，厂用电系统恢复为4号机组带电站厂用电的正常运行方式。

10）2008年5月12日16:05，全面检查厂用电系统，检查无异常后，保持4号机组带厂用电（含坝区防汛设施用电）孤网运行。全部操作用时为1h28min，操作人员5人（含1名组织协调人员）。

3. 震后电站应急响应效果评估

（1）岷江断流应急抢险效果评估。本次岷江断流应急处置是在地震突发事件下真正意义上的紧急应急响应，在启动机组空转过程中，有许多特殊情况都是事先在预案编制和演练过程中都有所考虑，所以整个岷江断流应急处置总体响应速度快，操作精准，效果明显，利用机组空转的流量为下游供水，这也是应急情况下，用时最少，风险最小的处置措施之一。通过共同努力，利用 2 号 ~4 号机组空转运行的 90m^3/s 流量，大大缓解了下游供水危机，减少了供水中断对成都市的严重影响。

（2）黑启动保厂用电预案实施效果评估。本次黑启动是在突发事件下真正意义上的黑启动，在启动过程中，有许多突发因素是事先在预案编制和演练过程中未曾考虑到的，这些因素还严重影响到了黑启动的顺利实施。有鉴于此，对此次恢复过程的有利因素、不利因素和操作时间长的原因分析如下。

1）黑启动的有利因素。在此次汶川“5 · 12”地震后的厂用电恢复过程中，电站人员能在特大自然灾害发生时迅速恢复机组空转运行、确保厂用电恢复，值得肯定以下经验：①现场值班人员能在特大自然灾害发生时立即将机组停运，保护了机组、主变压器等重要设备的安全；②运行人员及生产管理人员在第一时间赶到现场，整个恢复过程忙而不乱，为恢复厂用电起到了关键作用；③电站准备有保厂用电和黑启动预案并已演练多次，特别是黑启动试验，在国网四川省电力公司调度中心的安排下，由省电力试验研究院进行了专门的试验，进一步完善了预案，为此次黑启动打下了坚实的基础；④事故发生在白天，检修及管理人员均在现场，在人员和技术方面得到了保障；⑤电站机组、厂用变压器、直流系统等重要设备震损较轻，为黑启动提供了设备保证；⑥机组压油装置泄漏量小，能在较长时间内保持操作导叶所需的油压；⑦对讲机、手电筒等应急通信及照明工具准备充足。

2）黑启动的不利因素。①地震除造成系统解列、外来电源消失外，还引起通信全部中断，手机无法联络，导致无法进行有效的人员召集和生产指挥；②机组、主变压器、GIS 及出线场全部设备具体震损情况不明，仅凭外观检查判断设备好坏，无疑将增加操作风险；③震后强余震不断，设备工况进一步恶化，增加了启动风险，同时主厂房建筑物等有不同程度损伤，墙上灰渣不断掉落，操作人员的生命安全受到威胁；④地震后仅有两组1000Ah蓄电池能提供操作电源，而对于交流操作机构的设备只能依靠手动操作，但由于“五防”要求，必须解锁后才能操作，导致大大增加了操作时间。

3）黑启动操作时间分析。此次黑启动操作过程用时1h28min，远远超过了电站黑启动试验时的操作时间（7 min7s）。根据上面所列的有利因素和不利因素看，主要原因如下：①人员心理紧张是导致操作时间延长的最主要因素。此次发生的8级地震是电站所有人员从未经历的，地震后现场一片狼藉，而且在操作过程中余震不断，加之主厂房很多盘柜因失电发出刺耳的报警声，种种因素加剧了操作人员的紧张心理，且在短时间内难以平抑，进而导致准备操作工具不充分、操作时技术动作变形、无效操作增多等，降低了操作效率，延长了操作时间；②操作人员应急响应能力还需进一步提高。电站虽每年都进行反事故演习，但毕竟都是在模拟事故状态下演习，而且演习前已经做好了充分的准备，演习人员并不紧张。通过此次地震后的黑启动可以看出实战操作与演习天壤之别；③应急工器具准备上有待完善。从电站黑启动操作可以看出，要完成黑启动的全部操作，需要在操作前准备一系列应急与操作工器具，但电站明显在应急工器具的准备上不够充分，建议加紧配备应急操作工具包，以缩短突发情况下工器具的准备时间，为提高操作效率、快速恢复受损系统争取时间。

3.3.1.6 电力设备应急抢修及恢复发电

由于此次地震烈度超出紫坪铺水利枢纽工程设计标准，因此整个枢纽受损情况的严重程度一时无法判断，为解决泄洪洞长时间泄水给枢纽带来的不安全因素、缓解复杂地质状况震后不稳定因素带来的威胁，尽快启动电站机组发电十分必要。

震后电站对全部机电设备进行全面检查，对抢险抢修所需设备、设施、工器具、备品备件、相关材料梳理，安排专人针对清单核查库存，形成紧急物资清单，请求公司抗震指挥部协调落实，物资准备得到国家发展和改革委员会、水利部、四川省政府领导大力支持。及时安排各专业人员核对型号、参数，及时与设备厂家、安装单位、设计院等单位联系，取得全方位的支持和帮助。四川电力试验研究院、保定天威集团变压器有限公司、国家电网四川成都电业局、中国水电建设集团四川电力开发有限公司、中国华电集团公司四川宝珠寺水力发电站、中国电建集团成都堪测设计研究院有限公司、中国西电集团有限公司、中国水利水电第五工程局有限公司、南京南瑞自控有限公司等单位的专家都及时赶到现场协助电站抢修。此外黄河电力检修工程有限公司、白山发电站等单位也来电来函表示提供人力和物力的支持，可全力参与抢修。

电站积极与设备厂家和公司联系，设备抢修所需的备品配件及时到货，抢修需要的工器具、试验仪器的采购立即进行紧急采购。5 月 15 日输出线路抢修所需的 500kV 线路氧化锌避雷器、导线、配套金具和 500kV 电容式电压互感器和配套均压环送达现场。

1. 电气一次设备抢修

（1）500kV 出线场设备抢修。地震发生后，电站及时排查 500kV 出线场设备损坏情况，统计出受损设备型号及数量清单，配合外协单位查看现场，制定检查、恢复方案。5 月 14—17 日，公司与国家电网四川成都电业局及中国水电建设集团四川电力开发有限公司一起完成了出线场损坏设备的恢复安装，主要工作有：对 500kV 紫景线三相避雷器及电压互感器进行电气试验；对500kV紫景线出线设备（平台上设备）进行检查，并对螺栓进行紧固；拆除A、C相避雷器及相应设备连线、引下线；对待更换的A、C相避雷器（新设备）进行电气试验；更换A、C相避雷器；更换导线6根，分别为A相避雷器至出线架空线引下线、A相避雷器至电压互感器、A相避雷器至阻波器、A相阻波器至GIS出线套管、B相阻波器至GIS出线套管、B相避雷器至电压互感器；更换A相避雷器接地扁铁及在线监测仪；对三相电压互感器校正并对其底座增加槽钢进行加固；对平台上破碎的设备进行清扫并转运离场。

（2）500kV GIS设备抢修。紫坪铺电站500kV GIS为日本三菱公司产品，地震发生后，及时将GIS设备检查情况通知了广州广菱电机有限公司，要求日方技术人员尽快来现场配合检查。但日方明确回复不能到现场。在此情况下，公司积极联系国内大型高压开关生产商请求支援。5月16日下午，中国西电集团有限公司开关厂派出专家来到现场，参与设备检查分析、方案制定及设备检查全过程。电站专业人员连夜加班，对某隔离开关与该隔离联之间的固定主母线拉杆剪断的12颗定位螺栓（M16×300）进行更换，并重新调整母线水平。用SF_6气体故障分析仪对各气室进行测试，确认SF_6气体无异常。对各母线段导体直流电阻进行了测试，并参照设备投产直阻测试结果，确认导体连接正常。为验证设备100%可靠，按专家建议，2008年5月17日下午，对GIS系统设备零起升压试验检查，确认无异常。

（3）主变压器抢修。2008年5月13日，根据现场检查情况，需对主变压器绝缘油进行油色谱分析及油水分和击穿电压化验，14日对四台主变压器取油样并立即送成都四川试验研究院检验，发现除3号主变压器油中含有乙炔（0.5μL/L）外，各台主变压器油化验结果均正常。5月20日，再次对 4 台主变压器取油样送检，油中溶解气体与 5 月 14 日油样化验结果接近，其余正常。

2008 年 5 月 14 日，保定天威集团变压器有限公司专家到达现场，协助电站对主变压器进行检查；四川试验研究院对 1 号 ~3 号主变压器进行绕组变形测量试验（4 号主变压器因带电运行没有进行），试验结果表明各主变压器绕组无变形。

2008 年 5 月 15、16 日，电站与保定天威集团变压器有限公司技术人员、中国华电集团公司四川宝珠寺水力发电厂支援人员一起完成对 1 号 ~3 号主变压器的常规检查及直流电阻、绝缘电阻、直流泄漏量和绕组介损试验，从试验结果看，各主变压器暂未发现问题。但为了检查主变压器本体严重移位对低压侧套管是否产生影响，经与厂家研究，拆除封母橡胶套，检查低压侧盆式绝缘子，发现套管瓷瓶有一定的移位，但不影响正常运行。对低压侧封母垂直段支撑绝缘子拆出进行检查，确认其没有受到压损。2008 年 5 月 17 日下午，对 1 号 ~3 号主变压器分别进行了递升加压试验，确认无异常。

（4）其他一次设备。2008 年 5 月 17 日上午，完成对 4 台机组的励磁变、厂高变、接地变等一次设备部件进行了仔细检查，对所有螺栓全部重新紧固。

2. 电气二次设备抢修

地震发生后，电站二次专业技术人员冒着余震的危险，分组对所辖设备进行了初步排查和部分设备恢复。

（1）保护班对所辖设备进行了认真全面地检查，各系统运行基本正常，但发现 1 号线路保护屏内的 RCS-931AM 保护装置、2 号线路保护屏内的 RCS-902A 保护装置均动作出口，经过现场对录波图的分析，结合一次设备损坏情况，初步确定保护装置动作正确。

（2）控制班重点对各台机组励磁系统、调速系统、机组仪表制动柜、主变压器冷却系统、顶盖排水系统、压油控制系统、检修渗漏排水系统，高、低气机控制系统等设备进行了全面检查。地震时1号机组因线路保护动作甩负荷停机，由于调速系统故障在停机过程中引起机组145%过速，控制班人员到现场仔细检查故障原因，发现1号机组电调柜现地报A机、B机通道通信故障，经检查后发现由于1号机组调速器在地震中受震动过大，A机、B机通道通信线接头均被震松，造成A机、B机通信故障，电调柜由“自动”转“电手动”运行，造成机组过速事故停机。经重新紧固通信线后，该故障消除。

（3）监控班对各机组LCU、公用LCU、开关站LCU、闸门LCU设备进行初步检查，未发现异常；但闸门LCU设备由于屋顶天花板塌落，顶部通风口堵塞，专业立即进行了清理。对中控室、计算机主机房设备进行了检查，发现中控室两台操作员站显示器被震倒，OP2操作员站通信中断；监控主机房设备移位，显示器震倒。随后对机房内主机设备电源接线，主机至交换机设备网线，WEB机、ONCALL机、工程师站、COM1机、COM2机、COM3机的电源接线及网线接入情况等进行了仔细的检查，未发现异常。工业电视机房内机柜已经倒塌，系统瘫痪，由于担心工业电视受损部位有短路或接地现象，在恢复设备电源后可能会对设备和人员造成损害，专业人员立即断开工业电视全部输出开关。

5月13日起，电站各班组对所辖设备进行了全面的检查，对各回路端子重新进行紧固，对各二次设备进行了系统的电气检查试验。保护班检查了包括安装在风洞、水车室的振摆传感器在内的全部管辖设备。控制班对辅机和公用系统进行了彻底的隐患排查，短期内完成对控制屏内元器件、PLC

程序、控制回路及信号传感器的全面检查。监控班对各下位机的屏柜端子重新进行了紧固，对上位机上电恢复运行，重点对紫坪铺水情自动化监测系统成都中心站设备及通道等进行检查，确保紫坪铺水情自动化监测系统成都中心站设备处于正常状态。

3. 恢复送电

5 月 17 日，电站机电设备全面恢复。在紫坪铺水情自动化监测系统成都中心站对 1 号 ~3 号机组进行远方开机、机组升压、远方停机试验，对机组、主变压器带 GIS 设备递升加压试验。2008 年 5 月 17 日 19:10 联系调度线路冲击合闸一次成功；19:52，电站第一台机组成功并网发电；20:49、22:49，第二、第三台机组相继成功并网。

4. 震后设备运行保障

机组全面投产后工作重点：恢复正常的工作次序，确保设备安全稳定运行；并制定了多项措施以确保运行设备安全：

（1）要求电站全体人员坚守工作岗位，电站各项工作要按照运行管理、检修维护管理制度要求进行。

（2）鉴于余震不断，为确保人员的人身安全，运行值守值班方式暂时改为紫坪铺水情自动化监测系统成都中心站值班，以加强对机组的监视；做好远控中心工作备用电源的准备。

（3）加强对机械、电气一次设备的检查、试验，定期对主变压器油样、GIS 室各气室 SF_6 气体进行监测。

（4）加强设备巡回检查，及时消除缺陷，将隐患消灭在萌芽状态。

（5）地震造成坝区漂浮物、悬浮物增多，将对机组运行造成严重影响，要加强这方面的监视，需定期对机组技术供水系统滤水器等设备进行排污和清扫。

（6）各部门深入开展设备风险评估、隐患排查、缺陷处理等工作，做好事故预想，紧急应对突发事件。

3.3.2 流道应急恢复

2008年5月12日晚至13日，库区及上游来水区普降大雨，水位不断上涨。强震导致泄洪闸门无法开启，情况十分危急。13日凌晨，水利部工作组要求尽快开闸泄水，迅速降低水位，保证大坝安全。

1. 震前各泄洪设施闸门状态

（1）1号泄洪洞。为配合工作闸泵站大修，检修闸门、工作闸门均处于全关状态，工作门4500kN/1200kN液压启闭机泵站系统正在大修，油箱及阀组处于解体状态。

（2）2号泄洪洞。事故检修门处于全开状态，工作门处于全关状态。

（3）冲砂放空洞。地震时，事故检修门大修完毕正由坝顶2000kN双向门机起吊下放过程中， 检修门4000kN启闭机油缸因大修放置在坝顶平台上，工作门处于关闭状态。

（4）溢洪道。工作门处于全关状态

2. 开启冲砂放空洞 缓解水位上涨

2008年5月13日上午，在紫坪铺大坝现场联合指挥部以下简称“现场指挥部”的统一指挥下，公司紧急组织对泄洪洞等建筑设施震损情况进行检查，并组织抢险突击队抢修冲砂放空洞和泄洪排沙洞闸门启闭设施。

由公司和四川省水利厅技术专家组成的2个专家检查组，分别深入到坝顶以下130m处的1号、2号泄洪洞内进行检查。引水隧洞反弧段以下水深齐腰，冰冷刺骨，专家们穿着短裤用脚踩、用手摸，一点一点地感知洞体震损情况。前往冲砂放空洞工作闸室的道路因山体滑坡阻断，抢险队员沿着溢洪道外侧 100 多米高的陡峭山壁攀爬前行，从陡峭的山坡上蹚出一条应急通道。

根据专家检查组对监测、观察资料的分析评估意见，为保大坝万无一失，现场指挥部决定：集中力量打通泄水通道，控制水库水位，将水位从 830.00m 降至 820.00m；加密对大坝各个部位的监测；严密监测上游来水情况；抢修因地震受损的输电设备，尽快恢复机组发电。

2008 年 5 月 13 日上午，公司金结专业工程师分两路对冲砂放空洞和泄洪洞启闭设备进行检查及抢修。泄洪洞闸门及启闭设备震损严重，不具备紧急开启条件。冲砂放空洞检修门锁定于 873.00m 平台，工作门及启闭系统所处高程较低，破坏较轻，经过专业工程师检查、维修和调试后具备开启条件。省抗震救灾指挥部研究决定：为保证下游供水，确保下游人民生命财产安全，立即开启冲砂放空洞工作门泄水。14:18 冲砂放空洞工作门成功开启，下泄流量 280m^3/s，缓解了水位持续上涨的压力，提振了全体人员抢险救灾的信心。

3. 开启 2 号泄洪洞，实现水位可控

震后突发暴雨，导致入库流量迅速达到 600m^3/s。机组下泄的流量仅有 90m^3/s，加上抢修开启的冲砂放空洞，合计下泄量也只有 370m^3/s，远小于入库流量。震后 24h，库水位由 828.66m 上涨到 830.00m，大坝险情不断加剧。如果这种状况持续，将面临溃坝的风险，对整个成都平原将是灭顶之灾。抗震救灾指挥部向公司下达了最后命令：不惜一切代价，抢修泄洪洞闸门，务必于 13 日下午 17:30 开启闸门，否则将采取非常措施泄流保坝。

由于设备供应商、抢修队伍和配件未到现场，经反复分析研究，决定依靠公司现场人员抢修2号泄洪洞工作闸门，组织实施解除远控、取消保护、直接启动油泵电机开启闸门的方案，突击抢修2号泄洪洞工作门闸控系统。经过紧急安排部署，抢险队分成三个组：第一组在闸顶885.00m平台抢修；第二组负责配件和工具的传递；第三组下爬到60m深处的825.00m平台抢修。冒着余震和随时掉落的砖块，抢险队员们将震倒的盘柜复位，检查模块接线，核对连接电缆，检测控制回路，进行模拟控制。经过连续10h的顽强拼搏，2号泄洪洞工作闸门在13日17:28顺利开启时，距离现场指挥部确定的最后时限仅剩1.5min。随着2号泄洪洞工作闸门的成功开启，水库总泄量达到850m^3/s，大于入库流量，水库水位开始回落，水位上涨的压力逐步减轻，大坝安全风险得到控制。

5月14日，紫坪铺大坝现场指挥部召开专家会进行会商，会商结论为紫坪铺水利枢纽工程大坝整体稳定、安全，并及时报告四川省委、四川省政府，并在《四川日报》、四川电视台、四川人民广播电台等媒体进行了公告。

4. 开启1号泄洪洞，解除大坝安全风险

1号、2号泄洪洞是紫坪铺水利枢纽工程主要的泄洪设施，泄洪洞洞身地段岩体层间剪切破碎带及软弱岩带发育，岩体破碎，地质条件复杂，设计两条泄洪洞，互为备用。地震发生时岷江已进入汛期，根据水利部门汛情趋势预测，2008年汛期岷江可能出现中等偏高洪水，局部可能发生大洪水，2号泄洪洞将面临长时间、频繁使用的不利状况，无法保证洞室及时检修。为确保大坝万无一失，迫切需要尽快打开1号泄洪洞闸门，保证1号泄洪洞能过水泄流。

1号泄洪洞启闭设施毁坏严重，经公司评估，预计在15d内打开闸门。水利部现场指挥部要求5d内必须提开闸门。命令如山，公司抢修人员在震损的泄洪洞进水塔闸室里，冒着余震不断、砖墙不断掉块的危险，利用千斤顶顶起了检修门2×3600kN启闭机倾倒的卷筒，更换了卷扬机承轴及支座，校正了启闭设施扭曲变形的部位，于5月20日12:00，成功打开1号泄洪洞泄水。至此，经过八昼夜的全力抢修，紫坪铺水利枢纽工程所有泄洪设施全部成功开启，电站恢复正常发电。汶川“5·12”地震给紫坪铺水利枢纽工程造成的安全风险解除！

3.3.3 抢通水上救援通道

震后通往汶川灾区的213国道交通中断，空运一时也难以实施，全国各地赶往汶川救援的大批人员、物资集结在紫坪铺大坝。2008年5月13日晚，现场指挥部要求公司全力协助救援部队开辟从紫坪铺水库通往汶川灾区的水上通道。公司连夜紧急组织人员、设备清理左岸公路上的塌方和危石，打通坝前左岸压重体的场内公路，协助救援部队在压重体上修建临时码头，开辟紫坪铺水库坝前通往汶川震中灾区的水上生命通道。同时，严密监测水雨情，科学制订水库调度计划，精细调度，将库水位维持在830.00m左右，以保障水上生命线的安全畅通。至5月17日下午库区213国道抢通，其间通过紫坪铺水库累计向汶川方向运送抢险、医务人员2万余人，抢运药品物资50余吨、大型机械设备70余台（套），运出伤员和受灾群众2万余人。

3.3.4 水情系统应急修复

汶川“5·12”地震发生后，公司高度重视水情测预报系统的安全稳定运行和水库调度工作的正常开展，在第一时间启动紫坪铺水情自动化监测系统成都中心站，恢复水情测预报工作；对水情系统的震损情况进行统计，根据系统震损程度和恢复条件，积极组织技术人员全力投入抢修和恢复建设。经全力抢修，5 月 13 日 6:00，紫坪铺水情自动化监测系统成都中心站系统恢复正常工作，能及时收集流域雨水情信息，预报入库流量，监测坝前水位，随时向抗震救灾指挥部提供实时的流域降雨、入库洪水和坝前水位信息，为指导抗震救灾工作提供准确、及时的水雨情信息，确保紫坪铺水利枢纽工程的安全和泄洪、供水、救灾的安全。5 月 17 日，恢复了紫坪铺水情自动化监测系统紫坪铺中心站。水情系统承建单位水利部南京水利水文自动化研究所十分关注震后系统的运行情况，先后派出三批应急抢险工作组前往紫坪铺现场了解水情系统受损情况，进行应急抢修、采取坝前水位临时监测措施。5 月 25 日，为保证度汛安全，公司启动水情自动测预报系统震后应急抢险工作，首先安排对近坝区 7 个水雨情遥测站和两个中心站进行抢修，上游流域交通大部分恢复后，又进行汶川以上 13 个水雨情遥测站的应急抢修，并对震中汶川至紫坪铺区间 8 个损毁的遥测站进行现场勘察和恢复重建评估。经过 20d 的艰苦跋涉和抢修，系统 80% 以上遥测站点基本恢复工作，接近 20% 遥测站因位于震中损毁严重，受交通和当地恢复重建影响，短时间恢复较为困难，特别是皂角湾、黑土坡、耿达 3 个入库站受损严重，垮塌的山体阻断了交通，部分河床被埋，恢复难度较大。

3.3.5 应急打捞清理漂浮物和油污

紫坪铺水库是都江堰灌区和成都市的水源工程。汶川“5·12”地震后，岷江上游因地震毁坏的建筑物、林木植物、油污及动物尸体等随水流进入到紫坪铺水库，聚集在坝前。坝前水面一度出现了超过 6 万 m^2 的漂浮物带，严重影响到水库水质和下游用水安全。按照四川省“5·12”抗震救灾指挥部打捞紫坪铺水库漂浮物及浮油的要求，5 月 21 日—6 月 6 日，公司和成都市水务局、临时驻坝前某工兵团协作开展了水库漂浮物和浮油打捞工作，累计打捞漂浮物 5400m^3，使用吸油毡、吸油绳 900kg，并按环保、卫生要求进行了处理，使紫坪铺库区还原了清洁，石油类指标稳定达标，确保了成都市及其下游广大人民群众饮用水安全。

紫坪铺水利枢纽工程汶川“5 · 12”地震应急抢险流程如图 3-3 所示。

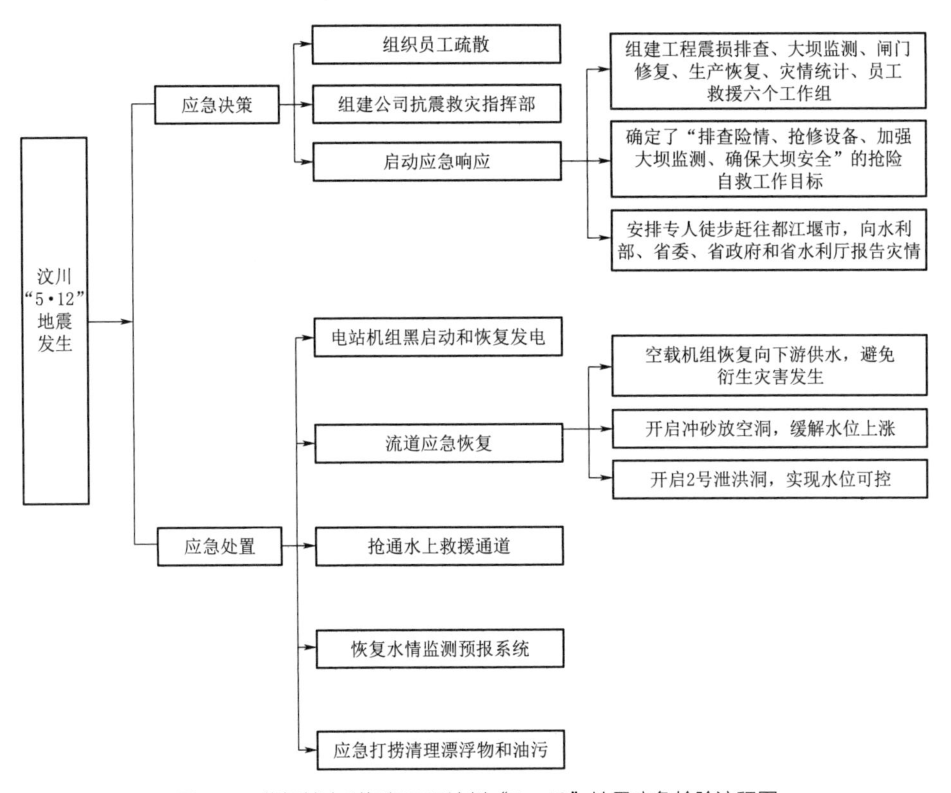

图 3-3　紫坪铺水利枢纽工程汶川“5 · 12”地震应急抢险流程图

3.4　小结

在遭遇大地震后应急响应及时、应急决策正确果断、应对措施得当，是工程得以迅速恢复供水、发电，为地区抗震救灾和恢复生产发挥巨大作用的重要原因，在震后应急抢险中取得的宝贵经验，可为类似工程应急管理工作提供借鉴。

（1）应急决策是复杂条件下的多目标决策，决策反应时间短。针对工程而言，在遭遇超设防烈度的地震灾害时，决策者首先考虑的是组织现场生产运行人员安全转移，尽量减少人员伤亡；其次是保证岷江不断流，维持下游受灾群众的正常生活、生产供水；之后抓住影响工程安全的关键因素开展抢险，避免了由于溃坝、水淹厂房等造成的重大次生灾害。

（2）建立有效的应急管理体系，完善各类应急预案是应急救援实施的可靠保障。公司在工程投运初期即编制了《保证下游供水预案》《黑启动保厂用电预案》等专项应急预案，每年开展相应的演练，是震后能在短时间内快速恢复供水和黑启动机组供电的重要前提。

（3）在电网解列的极端情况下，黑启动机组恢复厂用电意义重大。汶川“5·12”地震后，四川电网受损极为严重，电站外来电源全部中断。同时电站机组停机，厂用电中断。启动黑启动应急预案后成功恢复厂用电，为泄洪闸门的开启创造了条件，避免了下游断流和水淹厂房事故的发生，保障了大坝安全和电站机电设备的安全，同时为抢险抢修提供了可靠的电源保障。

（4）地震之后，领导专家和人民群众普遍聚焦大坝安全，但对工程而言，布置在地质条件极差的右岸条形山脊中的高流速泄洪洞才是最大的风险点，必须尽快恢复发电过流，来降低泄洪洞长时间泄流带来的安全风险。在电站设备抢修中，现场指挥部紧急协调，举全国之力，调动一切可以调动的资源，省内外相关单位紧急调派专家对设备进行诊断，四川省电力公司调集同类型设备和电力抢险队伍紧急驰援，更换震损设备，抢修送出线路，电站于震后第 5 天在川西电网率先恢复送电。这不仅给震后的四川电网以强大的支撑，为灾区恢复重建提供了可靠的电力保障，还极大地减轻了枢纽的防洪压力，对于确保工程安全意义重大。

（5）在汶川“5 · 12”地震发生前没有类似应急处置的实例可以借鉴参考，公司虽然每年都开展应急演练，但都是在模拟状态下的演练，参演人员并不紧张。通过此次地震后的黑启动可以看出实战操作与演习天壤之别，在余震不断的情况下，由于周围环境杂乱，加上人员心理紧张，准备操作工具不充分、操作时技术动作变形、无效操作增多等，降低了操作效率，延长了操作时间。因此在企业应急管理中，还需要不断完善应急预案和现场处置方案，配备必要的应急工器具，加大对一线人员的培训力度，定期组织实战演练，提高应急处置能力和水平。

第4章　震后工程安全评价

紫坪铺水利枢纽工程于2001年3月29日正式开工，根据工程建设情况，四川省紫坪铺开发有限责任公司委托水利部水利水电规划设计总院于2004年5月—2005年3月开展了下闸蓄水安全鉴定及首台机组启动安全鉴定工作。主要结论是：

（1）紫坪铺水利枢纽是一座以灌溉和供水为主，兼有发电、防洪、环境保护、旅游等综合利用的大型水利工程，也是国家实施西部大开发的重点水利工程之一。拦河坝最大坝高156.00m，水库总库容11.12亿m^3。工程建成后，可提高都江堰灌区灌溉保证率，满足灌区近期2015年1134万亩农田的灌溉用水要求，远期还为毗河灌区提供水源；保证供给成都工业和生活用水流速为$50m^3/s$，枯水期成都市环境保护供水流速为$20m^3/s$；水电站初期装机容量570MW，多年平均发电量30.95亿kW·h，最终装机容量760MW，多年平均发电量34.17亿kW·h；经水库调节后可提高岷江中游及成都平原防洪标准，减轻其防洪压力。工程技术经济指标和建设条件优越，综合效益显著，对缓解都江堰灌区和成都市供水及四川电网供电的紧张状况，控制岷江上游洪水及促进四川省经济社会的可持续发展，具有十分重要的作用。

（2）紫坪铺水利枢纽工程是岷江上游最重要的水利骨干工程，工程区地形地质条件复杂，混凝土面板堆石坝、泄洪洞、冲砂放空洞、下游消能防冲等水工建筑物设计，以及高边坡和废旧煤洞等特殊地质问题处理均为国内不多见，其技术难度具有挑战性。

（3）根据紫坪铺水利枢纽工程地质条件、不良地质缺陷处理，以及主要建筑物的特殊运用条件等不利因素，应研究分级蓄水方案，控制库水位上升速度，保证大坝和高边坡等工程的安全。

（4）1号、2号泄洪洞作为常用的泄洪设施，运用频繁，在汛限水位850.00m以上运用时的流速均在35m^3/s以上，最大流速达45m^3/s，而且承担泄洪、排沙的双重任务，根据国内外工程实践，高流速泄洪洞在运行易出问题，尚需在运行中积累经验。建议对典型水位进行水力学原型观测试验，并在运行期加强巡视检查和安全监测，注意总结经验，并根据初期运用情况和出现的问题，及时研究长期安全泄洪运用的应急措施，确保枢纽工程安全运行。

（5）在反调节水库未建成之前，为满足“以灌溉、供水为主，兼顾发电、防洪、环境保护、旅游等综合利用”的要求，应尽快编制水库调度运用专题报告和制定水库调度运用规程，报主管机关批准，作为水库调度运用的法律依据。

（6）水库下闸初期蓄水运用，应加强水库蓄水过程和正常运用期的安全巡视检查和安全监测工作，定期对安全监测资料进行整理分析和研究，发现异常情况及时反馈，为枢纽工程运行安全提供可靠信息。

（7）紫坪铺水库水源地及周边地区尚存在部分工农业污染的潜在因素，建议尽早划定水源保护区范围，制定水源保护办法或条例，防止库水污染，以满足成都市供水及灌区城镇和农村人、蓄用水安全。

对安全鉴定报告提出的有关问题业主组织参建各方进行了积极响应，对重大技术问题及遗留问题得到了处理。2005年9月8—10日，水利部长江水利委员会、四川省水利厅主持了紫坪铺水利枢纽工程蓄水阶段验收，根据验收意见及工程建设情况，于2005年9月30日顺利下闸蓄水。紫坪铺水利枢纽工程于2006年12月全面建成，至2008年5月工程运行正常，其灌溉、供水、发电、防洪等综合效益能够很好地发挥，2006年、2007年汛后水库水位基本达到正常蓄水位，监测资料表明各建筑物运行性态良好。大坝等建筑物的运行工况良好。

2008年汶川“5·12”地震发生后，水利部成立了紫坪铺水利枢纽工程现场专家组，对大坝及面板变形、渗流监测和外观检查资料综合分析评价后认为：大坝整体稳定，混凝土面板所承担的防渗功能没有明显破坏。本着恢复大坝原设计功能的原则，按照原设计标准，编制完成了《紫坪铺水利枢纽工程震后大坝面板修复设计报告》，项目业主组织有关单位对影响蓄水和度汛的关键部位进行了应急修复处理；2009年3月，水利部水利水电规划设计总院组织专家对震后应急除险工程进行了安全评估，形成的《紫坪铺水利枢纽震后应急除险工程安全评估报告》认为：应急修复工程满足设计及规范要求，现状水位运行使用状况良好。

2008年6月，设计单位编制完成了《紫坪铺水利枢纽工程灾后重建规划报告》，于同年年末委托有关科研单位进行了面板堆石坝动力分析计算、冲砂放空洞边墙空蚀原因反馈减压试验研究、冲砂放空洞常压模型试验研究、1号、2号泄洪洞地震稳定性动力分析与强度校核、发电进水塔群地震稳定性动力分析与强度校核、厂房结构抗震复核分析等专题研究。2009年3月国家地震局地震预测研究所提出了《四川省岷江紫坪铺水利枢纽工程场地地震安全性评价复核报告》。由于工程区地震动参数发生较大变化，2009年6月，设计单位根据新的抗震标准对各主要建筑物进行了复核及动力分析工作，同时结合震损情况及类似高震区工程设计经验，提出恢复及加固设计方案，编制完成《紫坪铺水利枢纽工程灾后恢复重建初步设计报告(修订本)》。2009年9月，水利部水利水电规划设计总院开展了工程的震后安全鉴定工作，并形成《紫坪铺水利枢纽工程震后安全鉴定报告》。

4.1 震后应急除险工程安全评估

4.1.1 水库调度运行概况

紫坪铺水库运用是在确保工程枢纽运行安全的前提下，充分利用水库调节性能削峰、错峰，使下游青城桥断面防洪标准由十年一遇提高到百年一遇。通过科学调度，满足下游地区用水需要，合理安排配水和调水方案，尽量多发电。水库主汛期6—8月在汛限水位850.00m运行，9月水库开始回蓄，正常蓄水位为877.00m，12月至次年5月为供水期，按下游用水需求和电网用电需求，水位逐步消落至死水位817.00m。

枢纽工程于2005年9月30日下闸蓄水，运行3年多来，发挥了向下游供水、发电、抗旱救灾、应急调水等方面的重要作用。截至2008年年底已累计向下游供水366亿m^3，发电79.39亿kW·h。紫坪铺水库已成为全国特大型灌区都江堰灌区和成都市最重要的调节水源，电站已经成为成都市负荷中心最重要的支撑电源。

水库投入运用以来，2006—2008年年最大入库洪峰流量的量级为1210~1960m^3/s，小于多年平均洪峰流量均值2470m^3/s。水库最高水位875.56m出现在2006年10月。2008年5月12日地震发生后，坝址以上20余千米的右岸百花桥震毁，百花镇至映秀镇(约3km)的通行改为老213国道。受公路高程控制，2008年汛后水库最高蓄水位限制在860.00m运行。2006—2008年水库各月运行最高水位见表4-1。

表 4-1　　2006—2008 年水库各月运行最高水位　　单位：m

年份	月份					
	1	2	3	4	5	6
2006	831.70	827.27	826.41	823.78	835.60	840.66
2007	862.48	851.42	850.52	840.38	836.63	855.72
2008	862.57	848.20	841.02	835.62	832.36	820.75
年份	月份					
	7	8	9	10	11	12
2006	854.12	854.84	845.84	875.56	874.47	872.62
2007	856.89	856.05	867.07	865.91	871.94	873.47
2008	834.96	845.16	853.70	859.93	859.97	858.08

4.1.2 震后的运用情况

地震发生后，根据抗震抢险指挥部要求和震后泄洪设施抢险恢复使用情况，在 830.00m 水位附近，有关工程运用情况如下：

为满足下游用水要求，电站于 5 月 12、13 日空载运行 ,5 月 13 日冲砂放空洞投入放水运用；17 日以后 4 台机组陆续投入发电运行；2 号泄洪洞分别于 5 月 13 日和 5 月 20 日参与运用；溢洪道具备运用条件。

震后及时对大坝、冲砂放空洞、泄洪洞、电站等震损震害工程进行了应急除险调查与处理，发电运行后冲砂放空洞、泄洪洞未投入泄水运用，经电站泄流供水，水库最高蓄水位 (2008 年 11 月 10 日) 为 859.97m。

4.1.3 2009 年水库度汛安排

2009 年参与度汛的设施有电站 4 台机组、冲砂放空洞、1 号泄洪洞、2 号泄洪洞和溢洪道。建设单位提出的调度原则为：

（1）主汛期水库基本维持汛期限制水位 850.00m 运行；根据水情、洪水预报，在洪水来临前，通过电站四台机组满负荷运行，水库提前预泄。

（2）洪水流量大于 1100m^3/s 时冲砂放空洞全开，并开启一孔泄洪洞控制总下泄流量不超过 2393m^3/s 进行泄洪；泄洪洞尽量做到缓慢开启，下泄流量根据下游河道的适应情况逐渐增加。当水库水位超过防洪高水位时，已开启的泄洪洞全开，不控制下泄流量。当水库水位超过 870.00m 时，开启溢洪道闸门，同时控制总泄量不超过已出现的洪峰流量，直至溢洪道闸门全开自由泄流。

（3）洪峰过坝后，所有泄洪建筑物保持原溢流状态，直到库水位降至 870.00m 时，关闭溢洪道闸门；当洪水流量小于 1100m^3/s 时，先关闭已开启的泄洪洞，然后再关闭冲砂放空洞。库水位降至 850.00m 时，通过电站泄流，维持库水位在 850.00m。

上述调度原则与初步设计的调度原则基本一致，水库设计洪水位和校核洪水位与初步设计的数值相同。2007 年 9 月四川水利水电勘测设计研究院有限公司编制了《四川岷江紫坪铺水利枢纽工程运行调度专题报告》,2008 年 4 月水利部水利水电规划设计总院召开了专题审查会，目前设计单位正在对该报告进行修改完善，在改后的报告未批之的，紫坪铺水库可按原调度方式运行。

4.1.4 安全评价与建议

（1）紫坪铺工程于 2005 年 9 月下蓄水，运行 3 年多来，已在区域经济社会发展中发挥重要作用。尽管 2006—2008 年来水量及年最大洪峰流量(1210~1960m^3/s) 小于多年平均值，但至 2008 年年底业已累计向下游供水 366 亿 m^3，发电 7939 亿 kW · h。紫坪铺水库已成为都江堰灌区和成都市最重要的调节和供水水源，电站已成为成都市负荷中心最重要的支撑电源。

（2）2008 年发生汶川“5 · 12”地震后，除开敞式溢洪道未开启运用外，其他泄洪设施均在应急抢险期间启用。在对电站、大坝、冲砂放空洞、泄洪洞等震损震害工程进行应急除险过程中，水库通过电站放水满足了下游需水要求。由于坝址以上 20 余千米处的右岸百花桥震毁，百花镇至映秀镇(约 3km) 的通行改由老 213 国道，受公路高程控制，2008 年汛期后，水库实际运用最高蓄水位至 859.97m。

（3）2009 年度汛调度原则与控制指标与初步设计阶段基本一致，主汛期基本维持在汛期限制水位 (高程 850.00m) 运行。水库千年一遇的设计洪水位和可能最大洪水的校核洪水位与初步设计的数值相同，汛期限制水位不影响百花镇至映秀镇利用老 213 国道的交通条件。2007 年 9 月四川水利水电勘测设计研究院有限公司编制了《四川岷江紫坪铺水利枢纽工程运行调度专题报告》，2008 年 4 月水利部水利水电规划设计总院召开了专题审查会，目前设计单位正在对该报告进行修改完善。在修改报告未批复之前，水库可按原调度原则与方案运行。

（4）都江堰经映秀镇至汶川的高等级公路计划于 2009 年 5 月 12 日通车，百花大桥未修复前 (高程 860.00m)，百花镇至映秀镇的交通可绕道都江堰后再通过高等级公路至映秀镇，多绕道距离约 40~50km。若 2009 年汛后百花镇至映秀镇交通仍利用老 213 国道，则水库蓄水位受限于高程 860.00m，与正常蓄水位 87.00m 相比较，水库减少调节库容约 283 亿 m^3，测算少发电量约 3 亿 kW · h 建议建设单位与有关部门协调百花镇至映秀镇的交通事宜，以解决 2009 年汛后水库蓄水位受限问题，以发挥水库工程应有效益。

（5）鉴于 1 号、2 号泄洪洞处于高速水流状态，正常水位下最大流速为 45m/s，两洞均穿过软弱的 F_3 大断层，其所在条形山脊的工程地质条件较为复杂。汶川“5·12”地震后虽进行了初步检测和维修，但尚未进行全面检测和安全复核。从工程调度运用安全角度，建议尽量减少使用频次。一般来水时尽量利用机组泄水，遇大洪水时再启用泄洪洞泄水，使用后及时对洞身检查和维修。

4.2 地震对工程地质条件的影响

4.2.1 地震地质环境与地震动参数

工程区位于四川盆地西北侧高原向盆地的过渡区。区内总体地势西北高东南低，相对高差 1000~3000m，属中低山地貌区。该区跨松潘－甘孜造山带和扬子准地台两个一级大地构造单元，属于龙门山－大巴山台缘凹陷区，西邻松潘－甘孜地槽褶皱系，北接秦岭地槽褶皱系。龙门山构造带（又称龙门山断裂带、龙门山地震带）由一系列北东向断裂构造组成，为影响深度已达上地幔的岩石圈级别的构造带，是本区大地构造、沉积环境、地貌景观、地震活动的控制性构造，致使区内地震地质背景较为复杂。

坝址区位于龙门山断裂带内的中央断裂（北川－映秀断裂）与前山断裂（安县－灌县断裂）之间。1989 年国家地震部门对工程区地震基本烈度的复核结论为：区内 50 年超越概率 10% 的地震动峰值加速度为 1gal，地震基本烈度为Ⅶ度。根据《中国地震动参数区划图》(GB 18306—2001)，区内地震动峰值加速度为 0.10×10^3gal，亦相当于地震基本烈度Ⅶ度。

震后，国家地震部门于 2008 年 6 月颁布了《中国地震动参数区划图》(GB 18306—2001) 国家标准第 1 号修改单《四川、甘肃、陕西部分地区地震动峰值加速度区划图》，工程区地震动峰值加速度为 0.20×10^3gal，相当于地震基本烈度Ⅷ度。

2009 年 3 月，中国地震局地震预测研究所对工程区地震危险性评价复核结论为：50 年超越概率 10% 基岩水平动峰值加速度为 185gal，地震基本烈度为Ⅷ度；基准期百年超越概率 2% 地震动峰值加速度为 392gal。该结论是本工程下阶段震损除险加固的基本技术依据。

4.2.2　区域构造稳定条件与地震破坏影响评价

龙门山断裂带分为北、中、南三段，中段长约 220km，活动性最强，是龙门山第四纪变形隆起最强烈的段落，即汶川“5 · 12”地震地表破裂的段落，未来百年内可能产生的最大地震仍为 8 级；南段活动性次之，最大潜在地震定为 7.5 级；北段地震活动性相对较弱，最大潜在地震为 7 级。坝址区位于龙门山断裂带的中南段，汶川“5 · 12”地震对坝址区的影响烈度达到Ⅸ度，属于区域构造稳定条件差的地区。

汶川“5 · 12”地震震中距坝址区为 17.7km(根据《地震危险性评价复核报告》，震中位于坝址西南 20km)，地震导致沿中央断裂产生了 220km 的地表破裂带 (坝址区位于该破裂带南东侧，距破裂带垂直水平直线距离约 55km)，沿龙门山前山断裂产生了 70km 的地表破裂带 (坝址区位于该破裂带南西外延线上，水平直线距离约 15km)。但坝址区 (周围 5km) 发育的 F_2、F_2、F_3、F_4 等断层在本次强震中均未产生活动迹象，仍然维持 1989 年的评价结论，即坝址区次级断层均为非活动性断层，这是符合实际的。

基于以上地震活动及区域构造稳定条件，本工程大坝及附属工程并未直接建于活动性断层之上，地震活动对工程的破坏性影响为波及型而不是直接破坏型；龙门山断裂为走向北东倾北西的逆掩断裂，坝址区位于活动性最强的中央断裂之下盘和活动性次之的前山断裂之上盘，即位于汶川“5·12”地震的两条地震破裂带之间，且距前山断裂的破裂带南西端点尚有15km以远，因此可以认为地震对本工程的影响主要来自中央断裂。汶川地震对本工程建筑物的震损破坏主要表现在地面凸出式建筑物。大坝在两岸山体的约束下，仍处于整体安全状态。

根据地震波对建筑物的破坏原理，沿地表传播的面波的破坏性最为严重，埋置于地下一定深度的地下工程受面波的影响较小，震损程度较为有限。

4.2.3 工程地质条件的影响评价

区内地层除早古生界普遍缺失外，其余地层皆有分布，工程区主要为碎屑岩区，岩性为海相碳酸盐岩和湖沼相砂岩、页岩等。

1. 大坝坝基

坝基岩性为三叠系厚层状坚硬中细砂岩、粉砂岩，以及部分煤质页岩不等厚互层，工程地质条件满足堆石坝建坝要求，坝基处于围压状态，无临空空间，地震对坝基岩体质量的影响很小。河床坝基保留了长约300m、宽140~200m、厚8~14m的漂卵岩石覆盖层，主要由颗粒较粗大的含漂卵砾石层和块（漂）碎石层组成，检测点相对密度$Dr>0.8$，地震对此类岩土体和坝体具有振动密实作用，力学强度有所提高。地震后的坝后量水堰、边坡排水洞、水位长观孔等渗流观测成果表明，大坝帷幕防渗系统未受到震损破坏，运行正常。

据以上分析，坝基工程地质条件未因地震而产生不良改变，未发现影响工程安全的重大工程地质问题。

2. 泄洪洞及引水发电洞

泄洪洞及引水发电洞位于右岸，横穿金砂坝向斜核部及两翼，隧洞轴线与区域属于折水平主应力方向基本一致，与岩层走向近于垂直，有利于围岩稳定。隧洞区岩性为中细砂岩、泥质粉砂岩和煤质页岩组成，具软硬相间性质以Ⅲ类、Ⅳ类围岩为主，施工建设时已按岩体类别进行了工程处理。鉴于地震对地下工程的影响有限，虽然震后检查泄洪洞部分洞段存在底板、边墙裂缝等震损现象，但属于地震纵波剪切影响，洞室围岩与衬砌结构业已组成整体受力结构，监测资料表明洞室围岩处于稳定状态。

2 条泄洪洞在尾部段通过 F_3 断层带区沿结构缝产生的错台现象问题，分析认为属于顺断层走向的轻微变形性质，建议进一步观测分析，研究修复补强加固措施。

3. 工程边坡

枢纽区溢洪道边坡为斜向坡（部分段为向斜核部倾伏顺向坡），左岸坝肩为横向坡，各隧洞进出口边坡为金砂坝向斜两翼反向坡，均为岩质边坡，岩性与前述坝基、洞室相同。从边坡地质结构来看，稳定性较好。此类工程开挖支护边坡地震后均未发生垮塌现象，仅局部产生裂缝。监测资料表明，坡体在地震前后虽有一定变形，但变形量小，坡高较大部位变形量稍大，符合边坡岩体在地震作用下向临空面位移的基本规律，但经锚索加固处理后的岩质边坡整体性好，处于稳定状态。

枢纽区未经工程处理的自然边坡或开挖边坡，地震中发生了多处崩塌滑移失稳，属于浅表层风化松动岩体、斜向坡楔形块体或坡积体的浅层崩塌滑塌性质，地震后对已失稳边坡和影响工程安全的不稳定边坡进行了应急处理，效果良好。

4. 左岸坝前堆积体稳定

左岸坝前堆积体总量达 3500 万 ~4500 万 m^3，平面分布约 1.0km^2，前沿直达岷江边，前沿窄，向山内变宽，地貌上为圈椅形状，一般坡度为 20°~30°。堆积体物质成分为后缘山体碳酸盐基岩座落体及块碎石，其稳定性直接关系到工程的安全运行，为此前期进行了大量勘察研究工作，并在堆积体前沿实施了压重等工程措施。历经汶川“5·12”地震考验后，该堆积体具有震密效果，整体仍然处于稳定状态，仅局部陡坎区和公路边坡有小型塌滑或地表变形下挫，前沿在深部出现沿基覆界面有 30mm 以上的微小错动变形，属于振动蠕变性质，处于整体稳定状态。

4.2.4 评价意见与建议

评价意见与建议如下：

（1）区内地震地质背景较为复杂，主要发震构造为龙门山中央断裂，对工程的影响为地震波及型。根据 2009 年 3 月中国地震局提出的地震危险性评价复核结论，枢纽区 50 年超越概率 10% 基岩水平动峰值加速度为 185gal，地震基本烈度为 8 度；基准期 100 年超越概率 2% 地震动峰值加速度为 392gal；可作为工程安全复核的依据。

（2）汶川“5·12”地震基本上未改变坝址区工程地质条件，坝基、厂基、洞室围岩、处理后的各类工程边坡基本处于稳定状态；防渗帷幕系统未遭受地震破坏；左岸坝前堆积体处于整体稳定状态。未处理的自然边坡、库区部分岸坡、堆积体局部欠稳定区有失稳现象，但属于浅表层破坏性质，建议加强监测，必要时采取工程处理措施。

4.3　位移监测与应急除险工程评价

4.3.1　位移监测与形变

位移监测与形变如下:

（1）地震对大坝部分监测设施造成一定程度的损坏，震后经过修复和增补，恢复正常观测。已积累的资料可靠，可以作为大坝震后应急除险安全评估的依据。

（2）地震对大坝各类监测量均产生不同程度影响。震后（2008 年 5 月 17 日监测）防浪墙顶中部最大沉降 744.3mm（Y7），向下游最大水平位移 199mm（Y8）；坝体内部高程 850.00m（5 月 14 日）V25 测点最大沉降 814.9mm，内部水平位移 350mm；面板周边缝部分仪器测值变化在 6mm 以内；坝基渗压水位增加 1.5m 左右，绕坝渗流及坝体坝基渗流量没有产生明显影响；截至 2008 年年底震后累计沉降最大值为 857.05mm（V25 测点，高程 850.00m）。大坝总体渗流在震后初期有所波动，与同水位震前相比总量没有明显变化，量水堰渗流量仍与库水位明显相关，大坝面板及水下挤压破坏段修复工程完成后，经蓄水检验，相应水位总流量又有所降低，亦表明修复工程较为有效。整体而言震后大坝各类监测量值基本稳定，没有明显趋势性变化。相对于 4 月，大坝水平合位移震后变化矢量示意图如图 4-1 所示。

（3）地震对泄洪洞、引水发电洞、溢洪道及厂房等建筑物各类监测量均产生不同程度的影响，但震后除位移计资料波动较大之外，其余各类监测量变化基本稳定；地震对冲砂放空洞影响较大，且不同部位受的影响也不尽相同，对两端进出口段影响偏大。地震前后混凝土产生拉应变最大值达 582με，而且震后各监测量有明显增大趋势，需进一步加强监测及时分析。

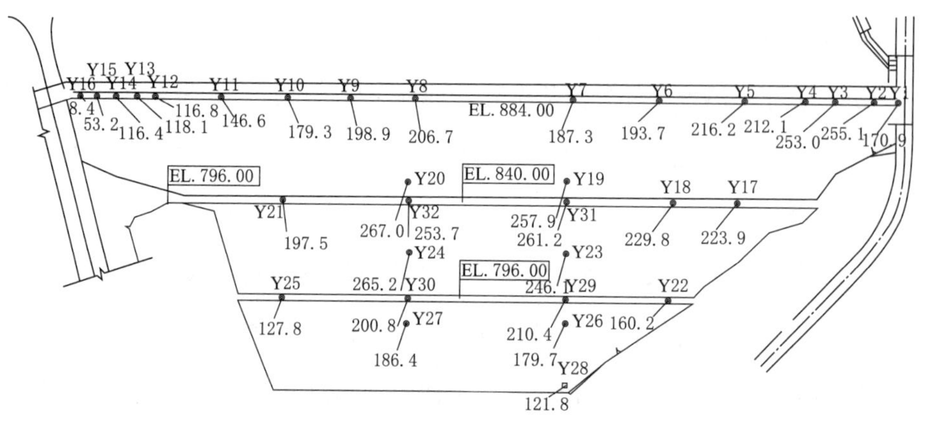

图 4-1　大坝水平合位移震后变化矢量示意图

（4）地震对边坡变形产生一定影响，溢洪道下段边坡高程 954.00m 以上的坡体变形超过 25mm、泄洪洞边坡高程 886.00m 处坡体变形超过 20mm。余震对边坡基本无影响。目前各工程边坡监测资料总体数据趋于平稳，边坡整体上是趋于稳定的。

（5）地震对坝前堆积体位移产生明显影响，各测孔位移最大值均发生于孔口或孔口附近，位移增量一般为 55~100mm，局部可达到 206mm，震后在基覆界面附近产生明显错动面，位移增量最大值为 60~70mm。震后堆积体位移未再发生明显突变，目前堆积体仍处于整体稳定状态。

4.3.2　工程处理方案评价

1. 面板脱空处理

根据震后面板脱空检查情况，对脱空区采用水泥粉煤灰稳定浆液进行灌浆处理的方案可行，灌浆为自流重力充填灌浆，采用的浆液配比、孔排距设计基本合理。

混凝土面板脱空处理工程因无行业技术规范或标准，参照已有工程经验，采取水泥、粉煤灰自流无压灌浆处理，其施工参数尚可探讨：每块混凝土面板灌浆孔自高程 845.00m 向上共 10 排，每排 4 孔，灌浆孔的间排距为 3~4m，每个灌浆孔负担约 10m^2 的灌面，在无压自流的情况下间排距似显偏大，如能将间排距适当减小，效果可能更好；无压自流灌浆方式是否最为有效，如能采取自流微压灌浆方式，视混凝土面板为压重，灌浆压力以不使混凝土面板抬动为控制，可使灌面的充盈度有一定提高。微压参数的控制与调整须经现场试验确定。

2. 错台修复

对面板错台部位进行混凝土凿除、割除变形钢筋，用新钢筋恢复到原配筋型式，再补浇原标号面板混凝土的补强方案基本合适。鉴于新老混凝土接合是混凝土加固工程中经常遇到的难题，结合不好将影响混凝土结构的整体性，特别是外界环境经常变化部位，如水位变化区的面板，可能会由于新老混凝土接合不好而重新开裂。

3. 面板垂直缝、裂缝处理

面板垂直缝和裂缝处理方案、原则及采用的处理措施基本合适。对面板垂直向裂缝延伸至水下部分采用水下凿槽、回填自密实水下快速固化混凝土的处理方案可行。根据监理报告的质量监测评价意见，其水下混凝土抗压强度大于混凝土面板设计强度。鉴于自密实混凝土为新型水下修补混凝土材料，其耐久性尚未经过工程长期考验，建议加强监测。水下混凝土震损修复采用 PBM 混凝土，目前尚无行业施工规程或规范，施工工艺参照类似的水利水电工程的实践经验，已取得预期的处理效果，施工方法可行。

4.1号、2号泄洪洞和冲砂放空洞修复

根据1号、2号泄洪洞及冲砂放空洞震损情况检查，进口启闭机房损坏严重已不能使用，需拆除重建。洞身段震损主要是部分结构缝、变形缝破坏，止水渗水和局部环氧砂浆损坏，采用的均是局部挖除、清理后回填NE~Ⅱ环氧砂浆修补。没有进行大范围监测和对围岩、一期支护和衬砌进行稳定性评价，只是提出了“初步判断部分洞段的内部结构及周边围岩造成破坏”。作为工程的主要泄洪建筑物和保证大坝安全的重要设施，对两条泄洪洞的安全评价和加固处理应尽快实施。隧洞的安全是由支护、衬砌和围岩共同来保证的，围岩的稳定是基础，1号、2号泄洪洞围岩为砂页岩地层，穿过50~80m宽的F_3断层破碎带，2号泄洪洞还穿过L_9层间剪切破碎带、岩体稳定性差、属Ⅴ类围岩，地震后F_3断层在洞身通过处除结构缝有错台外，地表未见变形破坏现象。一般围岩强度取决于单块岩体间的摩擦力，受地震波影响，岩体松动，围岩强度会降低，但岩体的初始状态没有改变，不会出现围岩处在单轴和两轴的状态，应基本维持在稳定的三轴状态，所以加固的重点是阻止围岩松动、限制围岩变形、加强表面防护。无压洞段如拆除重新衬护将破坏一衬、二衬的结构型式，改变了原围岩、支护和衬砌的稳定状态，势必造成应力重分布，效果不一定理想，很可能会恶化围岩初始的结构稳定性。参考国内外有关地下工程遭受地震后的损坏调查，多是反映地下结构的破坏（尤其是隧洞、管道）主要是围岩变形，只要采用一定的工程措施，控制围岩变形就能保证围岩的稳定性。因此，报告对“初步判断部分洞段的内部结构及周边围岩造成破坏”的提法论据不充分。

另外，工程虽距震中较近，地震波由右岸沿坝轴线方向传向左岸。右岸由软硬相间的砂页岩含煤地层组成，有多条发育错动带和F_3断层，地震波传递消耗了一定的能量，对两条泄洪洞围岩的影响是有限的。从地震后坝后量水堰、引水洞出口边坡排水洞和左岸山体排水洞渗流监测孔监测成果看，地震没有引起坝体及右岸山体渗流场的明显变化也证明了这一点。

5. 边坡及左岸坝前堆积体

震后泄洪洞、溢洪道、发电引水洞进出口边坡、左坝肩等开挖支护范围内均未出现垮塌，仅局部出现裂缝，边坡变形及锚索应力影响范围、变化值均在允许范围内。对泄洪洞进出口等 8 处开挖支护边坡外局部垮塌段中的 1 号泄洪洞进出口边坡已进行了整治；坝下彩虹桥头边坡进行了防护是合适的。

左岸坝前堆积体前缘 9 号公路外侧有明显裂缝，存在浅层滑移迹象；堆积体深部存在沿基岩界面变形，灯盏坪前缘浅部出现明显连通裂缝，雨水入渗可能塌滑，裂后堆积体的稳定性降低，建议加强观测。

6. 混凝土结构修复

原材料检验合格，实施过程中混凝土及砂浆的施工配合比，采取了有效的质量控制。已经完成的修复处理工程均由监理工程师进行全过程监理，施工质量符合设计要求。

4.3.3　小结

工程现状和本次提供工程基本数据表明，震后抢险阶段对工程安全状态的判据和评价是正确的，及时开展的震损调查和有针对性的批复应急除险处理项目是合理的。根据阶段性安全监测报告，虽余震时有发生，大坝和库坝区高边坡等监测量值基本稳定，大坝总体渗流与库水位具相关性并在合理范围，防渗面板修复工程完成后，经历过 2008 年汛期蓄水（859.97m）检验，同水位条件大坝渗流量又有所降低，亦表明修复处理工程是有效的。总体上，大坝处于稳定安全状态，修复后的面板防渗结构基本恢复震前水平。

评价结论为2009年水库按原调度原则与方式运用是合适的。从汛期工程调度运用安全角度，建议尽快开展1号、2号泄洪洞全面安全检查，发现问题及时采取加固措施；并尽量减少其使用频次，一般来水通过机组泄流。

4.4 震后工程抗震复核

由于工程区地震动参数发生较大变化，四川省水利水电勘测设计研究院有限公司根据新的抗震标准对各主要建筑物进行了复核及动力分析工作。

4.4.1 大坝

原蓄水安全鉴定坝料参数选取是根据技施设计阶段的试验资料进行坝坡稳定计算，震后复核是根据实际用料和填筑情况，通过试验分析提出的计算参数，试验复核结果表明，施工期实际填筑料的力学参数均高于原设计指标。通过坝坡稳定复核计算表明，采用技施设计阶段设计坝料参数时，设计地震条件下坝坡稳定安全系数小于相关标准值，采用施工坝料实际填筑料的力学参数时，设计地震条件下坝坡稳定安全系数满足相关标准要求。

通过有限元分析复核表明：在新核定的地震工况下，满足“校核地震下不溃坝”的抗震安全性要求。在校核地震作用下，大坝上下游坝坡抗震稳定安全系数时程曲线最小值小于1，坝顶附近坡面出现单元抗震安全系数小于1的区域，存在地震作用下坝顶附近坡面局部动力剪切破坏和出现浅层局部瞬间滑移的可能性。坝顶累计最大沉降1.02m，坝顶及防浪墙高程不满足设计要求。

4.4.2 溢洪道、冲砂放空洞和泄洪洞

泄流能力及水力学性态满足设计要求；各段稳定应力满足要求；

进口扩散段左右挡墙墙踵结构配筋的抗剪及抗弯安全系数未能达到规范要求。

冲砂放空洞泄流能力及水力学性态满足设计要求；洞室衬砌结构的受力与结构稳定性状况总体良好，仅穿越 F_3 断层段混凝土衬砌结构有局部震损。

1 号、2 号泄洪洞泄流能力及水力学性态满足设计要求。1 号、2 号泄洪洞进水塔在汶川“5 · 12”地震荷载、100 年超越概率 2% 及 50 年超越概率 5% 地震荷载作用下，塔身与底板交界附近区域及排架局部区域均可能产生瞬态拉裂缝，但不影响塔体的整体稳定性。塔体在地震荷载（包括 100 年超越概率 2% 及 50 年超越概率 5%）作用下，塔背及塔底法向应力均低于小于基础Ⅲ类围岩抗压强度 40MPa。

根据监测资料洞室衬砌结构的受力与结构稳定性状况总体良好，部分地段及处于 F_3 断层地段，造成内部结构及围岩局部受损，须加固及修复。

4.4.3　引水发电系统

在设计及汶川“5 · 12”地震荷载作用下，进水塔高程 855.00m 塔背与回填混凝土交界处可能产生局部瞬态拉裂缝，上游侧个别联系梁可能会出现裂缝，但不影响塔体的整体稳定性。

在地震工况下复核进水塔相应位置的原配筋面积，上游侧联系梁配筋基本合适，而塔背与塔侧高程 855.00m 处出现应力集中，配筋面积不够，考虑实施难易程度进行补强处理。根据监测资料表明洞室衬砌及压力管道的受力与结构稳定性状况总体良好，观察有局部渗水现象。厂房主排架动静力分析地震工况处于安全，厂房整体结构能够满足抗震安全性要求。在遭受地震灾害情况下，仅存在不影响运行的局部微小开裂。

4.4.4 枢纽高边坡及坝前左岸堆积体

根据观测资料，枢纽区已处理过的边坡经历超标准地震后，边坡处于稳定状态，需加强观测；新增地震局部垮塌边坡进行加固处理。坝前左岸堆积体在原设计地震荷载作用下，安全系数满足相关标准要求，经复核采用原设计参数在新的设计地震荷载作用下，安全系数不满足相关标准要求；根据监测资料表明，地震后边坡处于稳定状态。

4.4.5 金属结构与机电设备

地震发生后，枢纽金属结构设备均有不同程度的震损，受损的金属结构设备须进行修复或更换处理。

机电设备中震损严重的设备均已更换，震损轻微的带病运行设备，应采取相应的永久整改措施。

4.5 震后安全鉴定

4.5.1 概述

汶川“5·12”地震后，紫坪铺水利枢纽工程经历了震损震害调查与应急处理、大坝防渗结构修复与安全评估、灾后各专项研究与恢复重建设计等阶段。2009年9月水利部水利水电规划设计总院对工程震后安全鉴定认为：混凝土面板堆石坝处于整体稳定和现状条件安全运用状态；已修复大坝防渗结构基本满足现行规范要求；开敞式溢洪道经局部处理具备正常使用的功能；各进水口高边坡、厂区与溢洪道高边坡、左坝肩边坡锚固区是稳定安全的；坝前左岸堆积体现状整体稳定；隐蔽工程各隧洞围岩受地震影响较小，仍处于稳定状态；发电主厂房结构整体安全，经局部维修可恢复原有设计功能。

恢复重建项目主要是枢纽较高部位地面建筑物。

（1）经分析评价枢纽主要建筑物震后问题处理按修复加固设计考虑，其设计原则是：实施后应满足抗震稳定安全要求；加固措施尽量不改变原有结构型式；建筑物抗震稳定性分析应重视工程业经超标准抗震安全检验成果，合理选择和确定各类基本参数；修复加固设计方案应便于施工、施工安全和度汛等。

（2）恢复重建主要项目内容包括：校核洪水位工况下坝顶上部结构复建与方案设计；大坝下游坡体抗震稳定复核与安全加固；经勘查检测需对 1 号、2 号泄洪洞结构隐患采取相应处理措施，进一步提高衬砌耐久性和增强与围岩整体性；应按设计标准和水力学条件修复泄洪放空洞尾部震害与缺陷；拆除重建坝上闸井控制楼；各类震损震害金属结构按永久使用要求恢复重建；对部分机电设备、检测设备进行更新改造，恢复工程外部永久监测网点，复核水库特征值和工程控制点高程等。

以上震后恢复重建和加固项目尚未影响限制水位下的工程运用，实施过程中，尤其是泄洪发电建筑物加固修复，应考虑工程度汛时段及下游灌溉与城市供水要求。震后工程尚未经历高水位检验，尚处于恢复重建前的过渡期，应继续加强监测，及时掌握施工期和后续正常蓄水期各建筑物运行动态，如发现问题及时解决。

震后工程安全鉴定工作以现场调查、评估与监测资料、工程运行报告、各类专项研究和设计复核成果为基本素材开展的，并检查了蓄水安全鉴定遗留问题的落实情况。鉴定工作以新的地震安全评估结论和现行规范为标准，以恢复原设计功能为原则，并对震后恢复重建初步设计提出了相关技术要求。

4.5.2 水库调度

（1）2004 年，蓄水安全鉴定期间对紫坪铺水利枢纽工程防洪能力进行了复核，防洪标准符合现行国家和行业有关标准，工程建成后的防洪能力达到了设计要求。汶川“5·12”地震发生后，坝体发生较明显的震动下陷。在防浪墙和坝顶加高前，大坝可达到超过万年一遇洪水 875.90m 的防洪标准，但达不到初步设计阶段和蓄水安全鉴定确定的可能最大洪水的校核标准。

（2）2005 年 9 月，水库下闸蓄水。截至 2008 年 5 月 12 日地震前，水库基本按照初步设计拟定的调度方式运用。地震发生后，坝址上游 20km 以外的右岸百花桥震毁，百花镇至映秀镇（约 3km）的通行改由老 213 国道，受公路高程控制，2008 年汛期后水库最高蓄水位限制在 860.00m 运用，水库减少调节库容 2.83 亿 m^3，减少年发电量约 3 亿 kW · h。

由岷江右岸至左岸的新百花大桥（计划 2009 年 11 月建成）、映秀镇岷江左岸至右岸的映秀大桥（计划 2009 年 10 月建成）通车后，因此 2009 年 11 月上述两座大桥通车后，水库水位才可蓄至 860.00m 以上。

4.5.3 工程区主要问题

1 号、2 号泄洪洞存在震损结构缝、边顶和底板有变形缝开裂、冲砂放空洞尾部段结构缝有错台现象等震损问题，属于轻微振动变形性质，对已震损洞段衬砌结构采取修复补强加固措施，对 F_3 通过泄洪洞段部位围岩情况进行勘查与监测是必要的。

工程区未经工程处理的自然边坡、库区部分岸坡、坝前左岸堆积体局部欠稳定区等，存在潜在失稳可能性，但属于浅表层失稳性质，一般对工程安全运行影响不大。对于紧邻工程建筑物区的可能不稳定边坡，对工程安全运行有影响的，建议考虑相应的工程措施，对坝前左岸堆积体按现状条件进行反馈分析，以指导工程设计。

4.5.4　混凝土面板堆石坝

（1）经过震后的震损情况调查和震后 15 个月工程安全监测，紫坪铺水利枢纽工程大坝震损情况已基本查清，未发现新的震损情况。蓄水安全鉴定期间遗留的问题已经得到了处理，未发现因遗留问题带来的震害。

（2）面板等防渗系统的应急处理已经完成，2008 年汛后已恢复蓄水，最高水位达 859.97m，2009 年 3 月通过了安全评估，目前运行状态正常，表明震后采取的应急处理措施是合理有效的，在现状水位工况下已恢复原有功能，但修复后的防渗结构尚未经历高水位检验，在后续运行中应加强监测。

（3）根据震后地震部门的复核结果，应按 50 年超越概率 10% 的基岩水平动峰值加速度 185gal，地震基本烈度为Ⅷ度，对大坝进行安全复核；按 100 年超越概率 2% 的动峰值加速度为 392gal 进行加固设计。经动力计算分析复核，震后大坝整体稳定可以满足抗震安全性要求。各项监测成果也表明大坝经受住了超设计标准的地震的考验，经对面板防渗结构震害和坝体震损修复，大坝可以满足长期安全运行要求。

为进一步保证坝体的抗震安全性，在修复坝体震损部位的同时，适当加强抗震措施是必要的，重点应对下游坝坡靠近坝顶部位等受地震影响较大的部位采取适当抗震措施。具体措施应在恢复重建设计中，结合现场施工条件进行技术经济比较。

（4）受地震下陷和初期蓄水运用影响，初步测算坝顶防浪墙顶高程比原设计降低 1.02m。按校核洪水标准复核，表明坝顶超高不足，应予恢复。

应在恢复重建实施前尽快恢复坝址区变形监测基准网，复核坝顶高程等控制点，并尽量恢复坝体安全监测系统，根据具体情况补设必要的监测项目，在今后正常蓄水位运行期应注意加强对坝体与坝肩接触面、面板接缝及周边缝等隐蔽部位的监测，发现问题及时处理。

（5）对坝体稳定、动力反应以及地震残余变形分析所采用的计算参数做进一步分析、论证，同时结合坝顶和坝坡的修复，对坝顶和下游坝坡进行现场工程测量，对下游较高部位坡体取样进行物理试验复核，为坝体稳定的定量分析提供可靠的依据。

4.5.5 溢洪道

（1）岸坡开敞式溢洪道尚未投入使用。经安全复核认为溢洪道布置和结构设计总体合适的。根据水力计算和水工模型试验结果，溢洪道的泄流能力满足设计要求，泄槽流态较好，边墙顶部有足够的安全超高，在宣泄设计洪水和校核洪水工况下，出口挑流的冲坑形态、深度和影响范围估计不会对F3断层带造成冲刷，不致影响挑流鼻坎的稳定安全。小流量泄洪有贴壁流现象可能会对挑流鼻坎地基产生淘刷，设计已采取了防护措施，运行中可根据实际发生的冲坑形态加强监测，必要时进行加固处理。

（2）进口扩散段左右边墙经地震工况复核，其稳定、应力满足要求，但其墙踵结构的抗剪及抗弯安全系数未能达到规范要求，对墙踵进行加厚处理是必要的。

对于高程857.00m平台出现裂缝的板块进行处理，小范围内可局部修补，若范围较大，则进行更换。同时加强高程857.00m平台前缘边坡以及右边墙侧边坡（厂房进水口侧）的监测。

（3）控制段通过对原设计复核，建筑物安全系数及基础应力均满足要求，根据 2009 年 1—4 月控制段的监测记录及分析，溢洪道闸室段处于稳定状态。建议在后续监测中，重点对比汶川“5 · 12”地震期间的监测数据以及水库在高水位条件下运行状态下的分析。

（4）泄槽段经复核计算及监测资料显示，泄槽段结构除桩号 0+028.00~0+058.00 段在闸门挡水 + 地震工况下基础承载能力不足外，其余处于稳定状态。建议对地基承载力及计算工况进一步复核，如承载力仍不满足要求，采用固结灌浆进行地基补强。

（5）建议落实溢洪道控制段右边墙两条裂缝的处理情况及监测情况。

4.5.6 1 号、2 号泄洪洞

（1）根据水力计算及水工模型试验验证，泄洪洞泄流能力两者相差最大不超过 2%，泄流能力的复核计算是合理的。在宣泄最大流量时，洞身有足够的净空余幅，符合规范不小于 15% 的要求。

（2）根据 1 : 28 的大比例常压模型试验、1 : 35 的减压箱模型试验，技施设计对两洞的非结合段（龙抬头段）进口体型、竖曲线方程、断面型式、掺气减蚀槽坎的位置及尺寸等进行了优化，试验表明其过流能力及高速水流抗空化能力均能满足设计要求。

（3）根据进水塔动静力分析，在汶川“5 · 12”地震荷载和设计地震荷载作用下，进水塔整体抗滑和抗倾覆是稳定的。在高程 845.00m 塔背与回填混凝土交界处可能产生局部瞬态拉裂缝，但不影响塔体的整体稳定性。在塔侧加高回填混凝土对提高塔的抗震稳定性是有利的。

（4）泄洪洞洞身原地震设计烈度为 7 度，未进行抗震计算。汶川“5 · 12”地震后，2 洞启闭机室受损，塔身局部裂缝，洞内龙抬头段结构缝损坏多处，底板至顶拱均有裂缝，周边缝混凝土均有不同程度的破坏，

止水外露并伴有渗漏水现象。由于2号泄洪洞围岩为砂页岩，中下段穿过50.0~80.0m的F_3断层带，2号洞还穿过L_9层间剪切带，原岩体局部稳定性较差，但围岩整体是稳定的。根据2009年4月的监测资料的测值变化趋势，本次加固从洞室衬砌结构的受力与结构稳定性状况看，以固结灌浆和回填灌浆增强衬砌围岩整体性和提高复合抗力，表面采用环氧封堵保护的工程处理措施是合适的。应按新的地震动参数和相关技术标准，验算建筑物和围岩的抗震强度和稳定性。从抗震稳定性初步分析成果来看，2号泄洪洞F_3断层带底板，顶拱内侧局部洞段衬砌混凝土配筋不足，因施工期塌方影响减小了衬砌混凝土厚度洞段，配筋不足问题更为明显。建议对这些洞段进一步复核限裂裂缝宽度，并通过三维有限元仿真分析，研究计入一衬作为复合结构可能性和条件，验算配筋量，必要时提出加固措施。

（5）两条泄洪洞的基本地质条件相近，均穿过沙金坝向斜和F_3断层，由于围岩夹煤质页岩，且穿过F_3断层、层间剪切带，成洞地质条件较差，已发现的煤洞虽经处理，但隧洞围岩附近很可能还存在未被发现的煤洞，是隧洞长期运用安全的一大隐患，建议今后应加强监测工作，以便及时发现问题，及时采取措施进行处理。

（6）泄洪洞是由导流洞改建而成的压力式短进口、明流泄洪洞，其特点是运用水头高（超过130.00m），流速大（45m/s），水流空化系数小（0.15~0.20），工程地质条件差，作为枢纽主要泄洪设施运用频繁，且承担泄洪兼排沙的双重任务；设计采用的C50硅粉混凝土硅粉含量及强度均偏低；根据工程经验，一般设计时控制模型无空化，以达到原型无空蚀的要求，由于泄洪洞在经常运用水位下[850.00m（汛限水位）~861.60m（洪水位）]模型在进口段及第3道坎水流冲击区观测有空化发生，因此需要在运行中，进一步观察监测，要精心维护和管理，勤于检查，发现问题及时处理。

（7）1 号、2 号泄洪洞导流期间经过 2 年多运用，水流中较长时间挟带较大推移质，造成洞底板及边墙根部普遍磨损严重，除原浇筑的 C50 硅粉混凝土表面砂浆层全部冲蚀掉外，出现多处 1~2cm 的冲蚀坎，且发现多处破坏性冲坑，为提高泄洪洞的抗冲蚀和抗磨能力，并结合对 1 号导流洞施工导流期间被冲蚀破坏部分的修复处理，对其最高水位线以下的两侧边墙和底板曾进行过环氧砂浆抹面加固，但环氧砂浆抹面较薄，估计在运行中随着气温周期性变化，环氧砂浆抹面将可能拉裂，产生裂缝或脱落，建议加强监测和检查，发现问题及时采取处理措施。

4.5.7 冲砂放空洞

（1）根据水力计算及水力学模型试验验证，冲砂放空洞泄流能力满足设计要求，工作门后无压洞的水面线、掺气水深、流速、净空余幅及水流空穴数均按规范推荐的方法与计算公式进行计算，结果表明，在各级库水位下最小净空余幅远大于规范规定值，是安全的。原洞身衬砌设计按限裂要求进行配筋，满足规范要求，根据震后监测成果，洞室衬砌结构的受力与结构稳定性状况良好。应按新的抗震标准，复核和验算建筑物和围岩的抗震强度和稳定性。

（2）冲砂放空洞的设计运行方式为全开全关，但实际运行中存在局部开启的情况，中国水电科学研究院水力学所对冲砂放空洞进行过原型过流试验，认为原竣工体在库水位 865.35m 时存在：①不同弧门开度随着开度减小边墙侧空腔水流歇气能力降低；②不同开度最大负压值时，体型存在发生空化水流隐患；③不同开度弧门闸室及下游边墙扩散段掺气浓度降低，侧后腔清水带掺气不足等问题。在推荐突扩突跌掺气坎后加设梯形突扩式掺气坎方案后，能够增强水流掺气效果，较好解决了原竣工体型掺气不足的问题，各种运行工况水流较平稳，压力分布较合理，能够基本满足冲砂放空洞的运行要求。

（3）震后冲砂放空洞工作闸门室下游侧墙局部混凝土脱落，结构缝、周边缝出现错台，施工缝启闭机室受损，工作闸门室边墙有水渗水，洞身局部有渗水等险情。设计采用工作闸门室后 25.0m 洞段拆除重建，其他损坏段进行修补是合适的。

4.5.8 引水发电工程

（1）进水口为独立岸塔式布置，根据现行技术标准，对非壅水建筑物，设计地震加速度代表值的概率水准，应取基准期 50 年内超越概率 5%，可按 50 年超越概率 2% 进行复核分析。采用的动力法计算进水塔地震作用效应时，应以地震安评复核成果时程线为主。由于进水塔内外水压力在塔体的地震作用中占有重要比例，故应考虑塔体和内外水体的相互作用。应补充分析塔内外水压力计算和模型中地基延伸范围和深度。

（2）鉴于进水塔背后和两侧混凝土已回填至高程 857.00m，计算应按实际回填高程复核。岸塔式进水口正向承受荷载，背靠岸坡岩体，靠自重和岸坡岩体支撑维持稳定，即是镶嵌在 L 形地基上的承压结构，只要基底应力在岩体允许应力范围之内，岸坡岩体稳定，塔体就不致发生整体失稳。

施工期进水塔地基下层间剪切破碎带采用回填混凝土塞处理，对层间剪切破碎及其影响带采用深孔高压固结灌浆加固，基底其他部位采用一般固结灌浆加固，对进水塔附近的不稳定滑坡体亦已完全挖除，基础处理措施是合适的。震后调查和复核计算成果都表明，进水塔整体稳定。

（3）为进一步提高进水塔塔身抗震能力，对塔身左右两侧以及塔背后用 C15 混凝土回填至高程 857.00m，对提高进水塔的嵌固能力和塔体的抗震性能有明显的作用。本次抗震复核，进水塔高程 855.00m 塔背与回填混凝土交界处局部应力集中，配筋面积不够。考虑到塔身左右两侧以及塔背后混凝土已回填至高程 857.00m，塔身稳定性加强，同时考虑到对塔身混凝土配筋补强处理难以实施，故对塔身局部应力集中，配筋不足，可以不进行处理。

（4）厂房结构动、静力分析计算参数、计算工况及荷载组合符合相关标准规定。由于边机组段有山墙的作用，属于非对称结构，扭转作用效应可能会比较突出，故除中间机组段外，增加边机组段的抗震分析是必要的，选取 3 号的典型计算单元是适宜的。

（5）厂房抗震分析采用反应谱法和动力时程法计算，两种分析计算的应力水平非常接近。通过对厂房整体结构的地震动力响应分析，对厂房结构的抗震性能有了比较全面深入的认识。对于厂房安全影响相对较为突出的问题是排架柱间中部高程连系梁的轴力和弯矩较为突出，为水电站厂房抗震设计积累了经验，可供其他工程参考借鉴。

（6）在Ⅷ度地震作用下，主厂房上部结构的动力变形比较明显。虽然汶川“5 · 12”地震强度远大于原设计，地震对厂房结构产生了明显的动力响应，但由于厂房结构布置合理、原设计安全裕度较高，因此主厂房承重结构震后未发生明显的破坏和损伤。震后调查和复核计算成果也表明，主厂房承重结构具有足够的刚度和强度，抗震安全性满足电站运行要求，对主厂房承重结构可以不进行加固处理。

（7）地震后电站尾水渠淤积较严重，为了不影响电站出力，对尾水渠至紫下桥一段进行清理处理是必要的。

4.5.9 枢纽高边坡和左岸坝前堆积体处理

（1）从枢纽各部位边坡的现状情况看，经历过超标准地震后，已处理过的边坡现状仍处于稳定状态。原边坡处理范围以外的边坡在地震中遭受不同程度的局部破坏现象，对于直接影响工程运行安全的边坡采取处理措施是必要的。

（2）枢纽区高边坡静、动力稳定计算复核尚未进行。由于影响边坡稳定的因素较为复杂，计算模拟存在一些局限性，设计单位应补充分析影响边坡稳定的因素，按现行技术标准要求和抗震标准对边坡进行稳定计算复核。

（3）按新的抗震设计标准，左岸坝前堆积体抗滑稳定初步分析计算尚不满足规范安全系数要求，应结合堆积体现状和监测资料，对稳定计算及参数做进一步复核，合理论证采取工程措施的必要性。

（4）为保证工程运行安全，修复和适当增加部分边坡监测设施是必要的，恢复重建设计中应予考虑。

4.5.10 金属结构

（1）自水库下闸蓄水至地震发生前，金属结构设备运行正常，满足工程安全调度运用的要求。地震发生后，金属结构设备不同程度受到了损害，大部分金属结构设备震后不能投入运行。经过抢险修复，使主要金属结构设备能够在短时间内临时投入使用，保证了工程安全和抗震抢险任务的完成，处理措施是及时和恰当的。

（2）根据安全检测、复核计算及运行管理单位检测，地震对金属结构设备闸门、启闭机及门槽埋件主体结构未造成较严重破坏。在提高抗震等级情况下进行复核计算，除个电站尾水门机稳定性不满足要求外，其余金属结构设备主体结构的强度、刚度和稳定性均满足要求。

（3）由于地震造成的危害是全方位的，包括电气控制设备、启闭机零部件、闸门侧导向装置损坏等，均对设备的安全运用产生较大影响。本工程金属结构设备水头高、孔口尺寸大、过闸流速高，设备运行的安全可靠度要求高，因此需要全面进行恢复重建工作，以确保工程的安全运用。

（4）金属结构设备恢复重建内容包括处理对工程安全运用造成影响的缺陷，维修修复震损的闸门、启闭机及电气控制设备，更换损坏的零部件、电气元件，对震后安全检测和复核计算发现的缺陷进行完善处理，对地震中损坏严重、修复困难的金属结构设备进行更换等。

（5）震后发现冲砂放空洞弧形工作闸门在开度 1.0~2.5m 范围内振动严重，应组织相关单位进行分析研究，尽早处理。2 号泄洪洞工作闸门底槛门槽衬护焊缝发生气蚀破坏，要及时进行处理，防止气蚀破坏扩大。

（6）在条件具备时，尽早完成 1 号、2 号泄洪洞工作闸门水力学原型观测试验工作，用以指导工程的调度运用。

（7）当具备设计工况的运行条件时，对金属结构设备进行必要的检测和试验，为工程安全运行提供充分的依据。

4.5.11　机电设备工程

1. 水机鉴定意见

（1）经模型验收试验，水轮机模型水轮机效率较高，空化性能较好，压力脉动值除部分工况超过合同值达到 10% 外，大部分工况在 6%~8% 以内，在同类型机组中，压力脉动特性也较好。转轮叶片采用钢板模压成型工艺，可避免铸件叶片材质不均匀产生裂纹问题。第 1 台机组从 2005 年 10 月低水位发电、4 台机组 2006 年 10 月全部投产运行到 2008 年 5 月安全运行多年。水轮机稳定性能较好，转轮叶片没有发现明显裂纹和空蚀现象。震前，运行单位通过对真机的稳定性试验及长期运行观察，初步摸清了机组的稳定运行区域，机组装设的 TN8000 状态检测故障诊断系统也给出了机组优化运行工况图，为制定机组避震调度运行方案提供了依据。震后，除 3 号机组水导摆度比震前略有增大（震前 0.3mm 左右，震后 0.3~0.4mm 略超出规定值 0.35mm）外，4 台机组运行均未有异常现象，机组本体没有受到大地震的损害。

（2）调速器配备双可编程控制器、双比例阀电液转换器、交、直流双电源、残压和齿盘双测速等双套冗余控制系统，还设有 TURAB 纯机械液压过速保护装置、事故配压阀、快速闸门事故和紧急关机保护设备等，调速设备配置齐全。地震发生时，1 号机组调速器 A、B 机通信线发生松动拒动切换到电手模式，在该模式下，导叶保持事故前开度，导致机组甩负荷后过速，进水口快速闸门紧急关机。鉴于此，应对调速器的电器插接板及电缆接头进行加固，并对导致调速器跳过事故关机而进入进水口快速闸门紧急关机程序进行进一步分析。

（3）经初步设计及复核计算，调节保证计算满足规范要求。

（4）桥式起重机起升机构和行走机构均为变频调速，设有荷载指示和高度指示安全装置。桥机已通过起吊 4 台发电机转子吊装的考验，目前运行情况良好。震后出现的轨道变形和局部元件损坏，运行单位进行了委托维护和修理。

（5）地震发生后，运行单位对机组引水、尾水系统盘型排水阀门、顶盖平压管伸缩接头，技术供水、排水系统进出口第一个阀门，压缩空气系统安全阀门等相关设备进行了安全检查，未发现损坏，运行正常。检修、渗漏排水泵的启停次数没有明显增多，水机设备埋管等隐蔽工程未受到明显损坏，运行正常。

（6）水力机械设备设计、制造满足电站设计要求、安装质量符合设计及安装标准要求，经多年运行及汶川特大级地震考验，未发现设备设计、制造及安装有较大质量问题，水力机械设备是安全可靠的。

对灾后设计的水力机械项目抓紧时间进行修复、更换，以保证电站的安全运行。

2. 电气一次鉴定意见

（1）电站接入系统采用 500kV 电压 1 回出线，主接线发电机 - 变压器采用发变组单元，高压侧采用联合接线。500kV 出线侧采用三角接线，满足电站的电力送出需要和枢纽供电系统的用电要求，具有较高的可靠性和运行灵活性。

（2）枢纽供电工程虽然供电范围广且负荷分散，但设计采用 10.5kV 与 0.4kV 两级电压供电，满足枢纽供电系统的用电要求；厂用电源除取自接在 4 台机组出口厂用变压器外，还有 2 回取自白沙 35kV 变电站作为备用电源；在坝上还设置 1 台 1250kW 柴油发电机组作为紧急备用电源；评价认为枢纽工程的供电系统是设计合理、安全可靠的。

（3）主要电气设备中的水轮发电机、主变压器容量、型式及 500kV 开关站设备的选择和布置合适，符合设计标准，满足华中电网和电站安全经济运行要求。

（4）防雷保护和全厂接地网的设计是合理的，符合现行有关规程的规定。

（5）原 500kV GIS 设备制造厂家日本三菱电机技术人员于 2009 年

4月22—23日到达现场，对500kV GIS设备进行全面检查，在出具的设备状况检查报告中认为，现场没有检测到局部放电现象；GIS设备没有任何异常；泄漏电流也没有超过标准值；SF_6气体压力也满足设计要求。评价认为现状的GIS可以满足正常运行要求，应按运行管理规定对设备进行周期性检查。

（6）枢纽工程的电气设备先进、质量可靠；安装符合规程规范要求，经4年多运行及汶川特大级地震考验，未发现设备制造及安装有较大质量问题，是安全可靠的。应处理的问题包括：对已购买且震后尚未更换的设备抓紧时间更换以保证电站的安全运行；对由于地震导致GIS设备部分母线支撑螺栓变形、隔离开关间隙超标等问题，在设备维修时予以更换和调整。

3. 电气二次

（1）电站按“无人值班、少人值守”的原则进行设计，采用以计算机监控系统为主，简易常规控制为辅的控制模式，电站计算机监控系统采用开放式分层分布结构，具有可靠性高，安全性好，自投运以来运行稳定。

（2）机组现地控制单元LCU可实现对水轮机、发电机、发电机出口断路器、调速器及压油装置、励磁系统设备、发电机保护装置、进水口事故快速闸门、机组技术供水系统有关阀门、封闭母线测温装置、进水口拦污栅差压等设备的监测和控制。机组LCU能自动完成机组顺序控制、同期并网以及运行工况的转换，按上位机操作指令开、停机，也能在现地手动开、停机。具有可靠性高，安全性好，自投运以来运行稳定。

（3）电站公用系统现地控制单元LCU对全厂技术供水、空压机、渗漏排水泵等公用设备监测和控制。控制基本实现了智能化控制，可靠性高，运行稳定。

（4）机组励磁系统采用静止式自并激可控硅三相整流励磁方式，励磁电源取自机端的励磁电源变压器，强励顶值倍数为2。机组励磁系统设计符合规范要求，投运以来运行正常。

（5）继电保护系统包括电站的发电机保护和主变压器保护、500kV断路器保护、500kV输电线路保护及厂用变保护等，保护装置在已发生的电气事故中动作可靠、迅速、准确。并设有电力系统故障录波装置，可对各种运行、故障工况进行记录和分析。

（6）电站直流系统设计满足规范和运行要求，震后经对电站直流系统改造，投入运行以来运行正常，满足安全运行要求。

（7）电站所采用的电气二次设备先进、质量可靠；安装符合规程规范要求，经4年多运行及汶川“5·12”地震考验，未发现设备制造及安装有较大质量问题，是安全可靠的。

（8）依据现行的有关标准及国家经贸委、国家电力监管委员会、国家电网公司和发电公司下发的有关要求及文件，按照“安全分区、网络专用、横向隔离、纵向认证”的原则，尽快完善紫坪铺水利枢纽计算机监控系统。

为了保证电气设备安全运行，对现有计算机监控系统设备进行升级换代，并增加必要的硬件设备；增设1套GIS设备在线监测装置；增加1套主变在线监测装置；增加1套二次系统安全防护装置等二次设备是必要的。

4. 通信鉴定意见

（1）电站对系统调度采用OPGW光缆线路组成两个方向的光纤环网，配置2.5Gbps SDH光通信设备作为各种信息的传输通道。以保证电站对上级省调传输通道的可靠运行。该通信通道的组网形式是可行的。投运以来系统运行稳定、安全、可靠、畅通，满足了电力生产调度的需要。

（2）站内生产调度通信系统设计合理，投运以来运行正常，部分功能需进一步完善。

（3）电站内设置 GSM 移动通信基站设备，可有效提高厂内生产调度通信的实时性、灵活性和可靠性。实施中应根据水电站枢纽设施的特定环境，进一步完善配置，以满足水电站安全生产可靠运行的需要。

（4）工业电视监视系统功能完善、配置合理。鉴于目前该系统无论从硬、软件方面和功能方面发展迅速的特点，作为全厂计算机监控系统的重要的辅助手段，该系统需按水电站“无人值班、少人值守”的需要，进一步改进和完善。

（5）为改善和加强移动通信在主、副厂房信号覆盖范围，必须在全站范围内进行移动通信的信号场强测试，并根据测试结果在相应的信号盲区部位，增设相应信号发射装置，以改善手机在电站各处的通信效果。

（6）工业电视监视系统的改进、完善的重点是加强系统主控中心设备的硬、软件功能和合理的设备配置（包括 UPS 电源装置），实现真正意义上的网络化和数字化，提高系统的各项技术指标和整体功能，以满足电站“无人值班、少人值守”的需要。

（7）原提出的“在副厂房门厅中安装 1 套电子大屏幕用于公布电厂信息，显示最新资讯等”改善措施，可并入今后电站的 MIS 系统统一考虑。

4.5.12 房屋、道路与桥梁工程

（1）根据震后情况，应予拆除重建 1 号、2 号泄洪闸房。对 1 号 ~4 号进水口快速门启闭机闸室，震后检测框架梁基本完好，针对震损情况进行局部修补，可恢复原试用功能。对溢洪道液压启闭机泵房，震后虽结构 1 层

轻微损坏，但 2 层柱于柱顶严重破坏，混凝土爆裂，钢筋外露压屈，考虑结构整体性与外观设计要求，采取全部拆除方式是合适的。

（2）鉴于主厂房地基基础的承载能力满足荷载作用的要求，主体结构框架梁、柱、屋面雁形板、吊车梁基本完好，采取局部修补处理是合理的，可恢复原有结构功能。针对副厂房、GIS 厂房的检测结果，采取局部加固和回复原有结构功能是合适的。

（3）经检测，4 座交通桥（1 号、2 号泄洪洞进水塔交通桥，大坝溢洪道闸室段交通桥，大坝引水发电系统进水口交通桥）具有一定的强度和刚度，能满足设计荷载等级的使用要求。运行期和震后桥跨结构存在一定的损伤缺陷，成为影响桥梁正常使用和长期耐久性的安全隐患。采取常规处理措施是合理可行的。

（4）按新抗震设计规范对需要重建项目进行重新设计。对于所有主要建筑屋面防水需重新做处理，建议装修标准可适当提高。

关于专项鉴定意见中 4 座交通桥增设伸缩缝问题，经查阅，省水利设计院原结构设计图中已按规范要求设置了伸缩缝，可不必对交通桥重新增设伸缩缝。

4.5.13　工程安全监测

（1）地震对大坝部分监测设施造成一定程度的损坏，震后对重要仪器已经进行修复和增补，恢复正常观测。目前已积累的资料可靠，可以作为大坝震后应急除险安全评估的依据。

（2）地震对大坝各监测量均产生不同程度影响。观测到的坝顶最大沉降 744.3mm，最大上下游方向水平位移 199mm，均出现在坝中间部位；在桩号 0+251.00 的监测断面高程 850.00m 坝体内部实测最大沉降 814.9mm，高程 850.00m 下游坝坡相对上游坝坡相对水平位移约 350mm；坝基渗压水位各测点基本上升 1.5m 左右，绕坝渗流及坝体坝基渗流量没有产生明显变化；面板周边缝除 Z9 和 Z12 仪器测值较大外，其余仪器测值变化在 6mm 以内。震后大坝各类监测量值基本稳定，没有明显趋势性变化。

（3）地震对泄洪洞、引水隧洞、溢洪道、冲砂放空洞及厂房等建筑物各类监测量均产生不同程度的影响，震后除位移计资料波动较大、部分钢筋计和应变计数据异常之外，其余监测仪器实测值变化基本稳定。

（4）地震对边坡变形产生一定影响，但除溢洪道下段边坡高程 954.00m 以上测点（MDS5）的实测变形超过 26mm、泄洪洞进口边坡高程 886.00m 以上测点（MIF6）实测变形超过 22mm 以外，其他测点变形和锚索应力变化均较小。目前工程各边坡监测资料除个别测点（引水发电洞出口边坡高程 800.00m ACP1 测点锚索应力还在增加）监测数据异常外，数据总体趋于平稳，边坡整体是稳定的。地震对堆积体位移产生明显影响，各测孔位移最大值均发生于孔口或孔口附近，位移增量一般为 55~100mm，由固定测斜仪 IN1 实测基覆界面附近产生明显错动面，位移增量超过 30mm，IN-2、IN-4、IN-5、IN-6、IN-7 测孔错动面也位于基覆界面附近，孔内严重变形，测斜仪探头无法下入。震后堆积体位移未再发生明显突变，目前堆积体仍处于整体稳定状态。

（5）地震前库水位在 850.00m 以上时，渗流量一般在 25L/s 以上。地震对大坝渗流量的影响不大，2008 年 5 月 14 日最大渗流量为 15.98L/s。震后面板修复之前，水位接近 860.00m 时渗流量最大超过 30L/s。面板修复以后，2009 年 1 月库水位超过 856.00m 时，渗流量达到最大值 20.28L/s，目前渗流量主要受库水位影响，且已经基本稳定；条形山脊及引水发电洞排水洞渗水量均较小，2009 年的最大渗水量为 2.78L/s，且变化已基本稳定。

（6）应对隧洞的监测资料进行详细分析，结合现场测试对监测仪器进行系统检查鉴定，根据鉴定结果确定监测仪器增补方案；根据工程需要适量增加大坝面板周边缝监测点；条件成熟后应尽快安排大坝变形监控网的复核工作，以满足大坝变形监测的需要；根据工程需要应抓紧大坝安全监测自动化系统设计，尽早实现自动化监测，以提高监测资料质量和反馈速度，充分发挥监测系统的作用。

4.5.14　小结

（1）结合水库水位运用情况和泄流建筑物运用特性，安排震后除险加固各分部项目的施工，在重建初步设计中提出相应的措施或对水库运用的调整意见。

（2）初步设计报告中水库主汛期 6—9 月汛限水位为 850.00m，10 月 1 日后水库水位可逐步抬高至正常蓄水位 877.00m。该流域后汛期（9 月）的气象成因与大暴雨集中的 6 月、7 月的气象成因明显不同，且洪水量级也有明显差别。为了在保证工程安全的前提下提高工程效益，建议在重建初步设计中补充后汛期设计洪水及水库调洪计算的相应内容，并合理考虑对下游影响的相关关系。

（3）初步设计报告中水库对下游金马河的防洪计算采用等流量下泄方式。鉴于防洪控制断面的洪水主要由本工程坝址以上洪水和白沙河洪水组成，大坝距白沙河河口约 3km，白沙河杨柳坪水文站距河口约 1.1km，水库对下游防洪调度改为凑泄方式是可行的。建议在重建初步设计中补充水库优化防洪调度的相应内容。

（4）建议结合震后2008年5—11月水情自动测报系统应急抢险工作以及2008年12月—2009年7月该系统复建工作，说明该系统仍存在问题，修改重建初步设计的相应内容，并注重提出入库站（皂角湾站）、出库站（紫坪铺站）重建设计；坝上水位站水位观测方式和设备选型、需完善的软件配置等。

（5）建议设计单位根据泄洪洞初期调度运用情况及恢复重建安全性复核成果，研究不同频率洪水的组合运用方式。

（6）考虑到冲砂放空洞模型试验与原型的差异，优化体型在实际运用中闸门局部开启工况下，仍会在底板、边墙等侧扩水流部位存在掺气不充分、压力降低等空化隐患。建议尽量减少闸门局部开启的几率，局部开启运用后对无压洞段进行检查，出现问题及时修补。另外，闸门小开度运行时，孔口射流容易引起弧形闸门发生流激振动，建议及加强监测，及时修改调度运行方案。

（7）对受震损毁的进水塔启闭机室，需要拆除重建的损坏洞段，因施工场地狭小，要合理安排施工工期、工序和设备及方法。原地拆除重建建筑物往往存在新老混凝土接合问题，要采用满足整体强度要求的新老混凝土接合措施和新型结合材料；需要设新老混凝土结构缝、伸缩缝的部位，要有可靠止水材料和或连接型式。

（8）对洞身段需要对围岩进行灌浆的部位（如F_3断层破碎带），考虑到这些洞段在竣工前均进行过固结、回填灌浆处理，本次加固有些部位属于二次重复灌浆范围，质量、效果难以控制，需对灌浆材料、配比、工艺等均有一定要求。建议先在预灌部位提前做局部工艺性灌浆试验和制定检测手段，通过试验修正设计配比、浆材、压力等灌浆参数及检测方法，以保证灌浆质量和预期效果。

（9）对各洞段高速水流区需要进行表面修补的部位，应根据各部位实际冲蚀、磨损情况，按实测资料合理确定修复面积，制定修复工序，修补材料选择要结合其他工程经验和过去修补教训，尽量采用新材料、新工艺，并需要有专业强、有修复经验的施工队伍来完成。修补后的检查和维护也是十分重要的，每次泄洪之后及时检查，有问题及时修复。

（10）按相关技术标准对引水发电工程采用静力法复核泄洪洞进水塔抗滑、抗倾及基底应力；对泄洪洞进水塔受震局部产生裂缝采用化学灌浆进行处理；对泄洪洞进水塔塔上集控室受损部位，应视受损情况进行加固处理；建议增设地震效应安全监测项目。

（11）由于 3 号机组水导摆度比震前略有增大（略超出规定范围），建议继续观察震后机组在不同水头不同负荷区的运行特性，并结合机组大修期的检查、试验，进一步分析机组是否受到地震影响，确保消除各种隐患和机组的长期安全稳定运行。

鉴于震后对桥机进行了维护修理，在下次机组检修吊装转子前，应对起升机构的安全可靠性进行必要的检查和试验。

（12）对工程区影响工程安全的其他部位边坡在进行全面复核检查，复核是否还有与工程管理有关的危岩清理。

（13）在恢复重建及运行中加强观测和检查，防止地震造成安全隐患和潜在危害，发现问题及时处理。

第 5 章　应急抢险与除险加固设计

紫坪铺水利枢纽工程是以灌溉和供水为主，兼有发电、防洪、环境保护、旅游等综合效益的大型水利枢纽工程。枢纽主要建筑物包括钢筋混凝土面板堆石坝、溢洪道、引水发电系统、冲砂放空洞、1 号泄洪洞、2 号泄洪洞，如图 5-1 所示。

图 5-1　下游布置及出口高边坡

2008 年 5 月 12 日汶川地震发生后，四川省紫坪铺开发有限责任公司立即组织专业技术人员对工程大坝、引水和泄水建筑物、电站厂房、边坡进行了全面检查。由于地震震中位置离枢纽工程较近，地震烈度大，对枢纽工程各重大建筑物造成了一定程度的破坏。

震后，枢纽工程经历了震损震害调查与应急处理、大坝防渗结构修复与安全评估、灾后各专项研究与恢复重建设计等阶段。

5.1 应急抢险设计

汶川“5·12”地震导致紫坪铺水利枢纽工程各类建筑物和设备发生了不同程度的震损震害。地震发生后，公司立即组织全面抢险，在修复启用1号、2号泄洪洞和机组发电后，又及时开展了大坝防渗结构震损震害调查和震后应急除险。地震对水电站金属结构工程设备造成了严重破坏，公司先后对受损设备开展了初步检查、应急抢修、应急运行、专业检测等工作；为保证2008年汛期及汛后蓄水安全，进行了大坝钢筋混凝土面板修复等应急抢险设计，并对影响度汛的关键部位进行了抢险恢复。

5.1.1 大坝面板修复设计

大坝为钢筋混凝土面板堆石坝，坝顶长度663.77m，坝顶高程884.00m，另设防浪墙，墙顶高程885.40m，趾板建基高程728.00m，最大坝高156m。帷幕最大深度110m。

汶川“5·12”地震发生后，2008年5月22—24日紫坪铺混凝土面板堆石坝震后处理专家咨询研究会初步分析了紫坪铺大坝震损原因，提出了震损修复设计方案、施工方法，提交了《紫坪铺水利枢纽工程震后大坝面板修复设计报告》；2008年5月26、27日，水利部水利水电规划设计总院组织专家对《紫坪铺水利枢纽工程震后大坝面板修复设计报告》进行审查，专家组认为：“紫坪铺水利枢纽工程历经汶川‘5·12’地震考验后，经对坝体及面板变形、大坝渗流监测资料、外观检查等综合分析评价，大坝整体安全稳定，钢筋混凝土面板所承担的防渗功能没有明显破坏，但大地震导致的坝体沉降变形使部分钢筋混凝土面板产生了脱空、垂直缝挤压破坏、面板水平施工缝错台等震损，使面板防渗系统有所损伤。为保证 2008 年汛期安全度汛及汛后蓄水运用，尽快开展大坝钢筋混凝土面板修复处理是必要和十分迫切的。”水利部以《关于紫坪铺水利枢纽工程震后大坝面板修复设计报告的批复》（水总〔2008〕174 号）基本同意修复设计方案，修复方案对防渗结构（包括：高程 845.00m 水平施工缝错台、垂直缝挤压破坏处理、面板脱空处理、面板与防浪墙水平缝处理、面板表面裂缝化学灌浆、面板水面以下修复、部分安全监测设备修复等）提出了修复要求。

根据水利部批复意见，公司组织队伍对影响蓄水和度汛的关键部位进行了应急修复处理；2009 年 3 月，水利部水利水电规划设计总院组织专家对震后应急除险工程进行了安全评估，结论为：应急修复工程满足设计及规范要求，现状水位运行使用状况良好。

1. 面板脱空

根据脱空检查情况，面板脱空区主要分布在高程 845.00m 以上的左侧各块面板（23 号面板以左），对面板脱空区采用水泥粉煤灰稳定浆液注浆法进行处理，钻孔后注浆，原则由孔口自流注入，不起压。浆液采用重量比为水泥：粉煤灰：水为 1 ：9 ：（5~10）。每块面板沿坡向布置钻孔 10 排，每排 4 个孔，从面板脱空下部开始往上逐级注浆，下排孔注浆时上排孔须打完。

2. 面板高程 845.00m 水平错台缝

在相应块段的面板脱空处理结束后，再进行该块段的面板高程 845.00m 水平错台缝的处理。处理方法如下：

5 号 ~12 号面板和 14 号 ~23 号面板采取在高程 845.00m 错台缝以下打除混凝土 80cm，其上打除混凝土 100cm；35 号 ~38 号面板采取在高程 845.00m 错台缝以下打除混凝土 60cm，其上打除混凝土 80cm；并在此范围外清除所有破损混凝土。将变形为“Z”字形的钢筋采用氧焊割除，并用 ϕ16（Ⅱ级）钢筋错缝焊接，焊接长度按 10 倍钢筋直径，恢复为原设计配筋型式，再将上、下层钢筋用 ϕ8 @ 250 竖向钢筋进行连接，形成钢筋网。浇筑 R_{28}C2528d 混凝土（原混凝土面板）。新浇筑混凝土达到龄期后，将上部新老混凝土接合施工缝用宽 10cm、厚 12mm 的三元乙丙复合橡胶板粘盖。材料、技术要求按面板原设计施工要求执行。

3. 面板垂直缝

面板垂直缝处理可与面板高程 845.00m 水平错台缝同时处理。

5 号与 6 号面板板间垂直缝及 23 号与 24 号面板板间垂直缝处理：先打开表面止水设施，在面板垂直缝两边各 40cm 开口，按 1 ∶ 0.1 的坡打除混凝土（图 5-2），并在此范围外清除所有破损混凝土；若其下紫铜片止水损坏，修复止水后浇筑 R_{28}C2528d 混凝土（原混凝土面板）；缝顶不留 V 形槽。材料、技术要求按面板原设计施工要求执行。5 号与 6 号面板之间垂直缝用 12mm 三元乙丙复合橡胶板嵌填，23 号与 24 号面板之间垂直缝用 24mm 三元乙丙复合橡胶板嵌填。表面止水按原施工图设计实施。

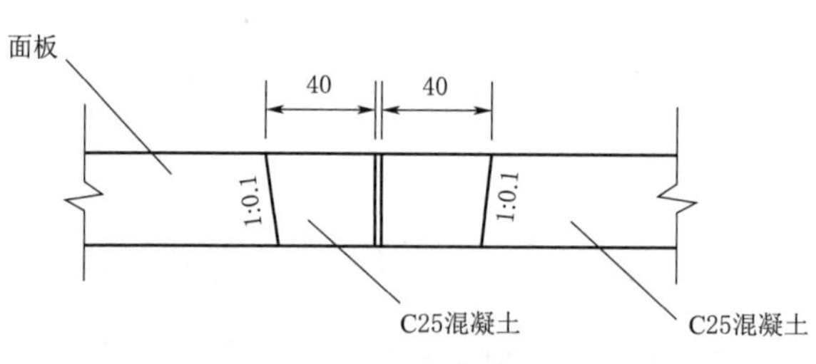

图 5-2　面板垂直缝处理示意图（单位：cm）

4. 面板裂缝

（1）对于缝宽小于 0.2mm 的浅表裂缝，直接在表面涂刷增韧环氧涂料。

（2）对于缝宽大于 0.2mm、小于 0.5mm 的非贯穿性裂缝，首先对裂缝化灌处理，然后进行表面处理。

（3）对于缝宽大于 0.5mm 的裂缝，首先化灌处理，然后沿缝面凿槽，嵌填柔性止水材料，最后进行缝面封闭处理。

（4）面板与防浪墙间的水平缝

打开表面止水设施，在面板顶部打除 50cm 宽的混凝土面板（图 5-3），并打除防浪墙保护层混凝土，露出钢筋，修复底层紫铜片止水，浇筑 R_{28}C2528d 混凝土（原混凝土面板），材料、技术要求面板原设计施工要求执行。表面止水按原施工图设计实施。

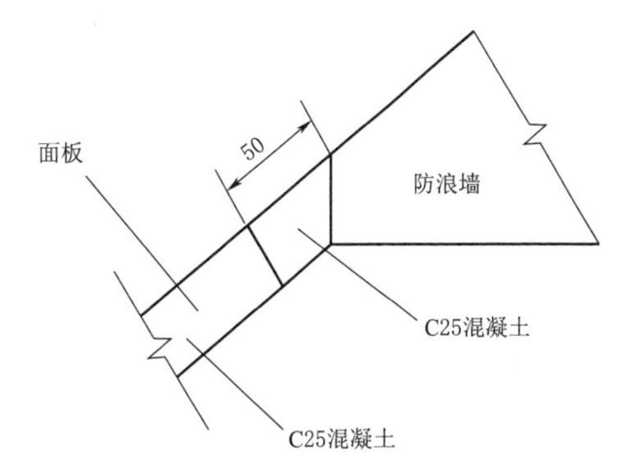

图 5-3　面板与防浪墙间的水平缝处理（单位：cm）

以上各部位原混凝土打开后，视需要确定对垫层表面进行夯实并修面。需处理的板间垂直缝及面板与防浪墙接缝先清除表面止水及破损的混凝土，通过进一步检查对处理方案进行适度调整，对开槽浇筑混凝土部位两侧已破损的表面混凝土清除后再采用环氧砂浆修复。

5.1.2　7 号公路及清污码头

汶川“5 · 12”地震后岷江上游边坡大量垮塌，植被和生活垃圾被冲入紫坪铺水库，导致水面漂浮物大量增加，随时可能堵塞引水洞进口导致发电机组损坏；同时紫坪水库承担成都平原几千万人口的供水任务，大量漂浮物聚集在水库内必定对水质造成污染，危及下游人民的饮水安全。经现场勘查，决定对 7 号公路进行改造，在公路沿线修建紫坪铺水库库区捞渣码头。设计任务由具有水运及公路行业甲级设计资质的四川省交通厅交通勘察设计研究院承担。

原7号公路布置在大坝上游右岸，为紫坪铺水利工程施工道路，末端与大坝右坝肩相接。水库建成后，7号公路可作为水库的下河公路使用，并便于库区工作船舶的停靠和漂浮物的清运。

改造后的7号公路全长1040m，道路宽度5.5m，道路高程为824.18~887.14m，道路两边路肩宽度1.5m。在桩号K0+000.00~K1+000.00原路基情况较好，采用15cm厚级配碎石作基层，采用20cm厚C25混凝土道路面层，路基采用天然砂砾石。在桩号K1+000.00~K1+015.00段采用15cm厚级配碎石作基层，采用20cm厚水泥稳定碎石作基层，20cm厚C25混凝土道路面层，路肩采用天然沙砾石。在桩号K1+015.00~K1+040.00段采用天然沙砾石换填（宽6.5m，深0.8m），采用15cm厚级配碎石作基层，20cm厚水泥稳定碎石作基层，20cm厚C25混凝土道路面层，路肩用天然沙砾石。

7号公路混凝土面层每隔5m设一道横缝，横缝采用假缝，用ϕ20钢筋设置传力杆，在道路纵向的中心线设置纵缝，用ϕ20钢筋设置拉杆。

捞渣码头布置在7号公路沿线，主要用于捞渣，清理库区漂浮物。在K0+000.00、K0+148.48.00、K0+400.72、K0+711.92、K0+977.82处分别布置5号、4号、3号、2号、1号码头。包括4个下河梯道和1个工作码头。由于紫坪铺水库运行时水位变幅较大，沿7号公路布置5个下河码头以适应不同水位时的作业要求。各码头适应水位如下：

（1）1号码头：828.00~877.00m。

（2）2号码头：850.00~865.60m。

（3）3号码头：834.00~849.00m。

（4）4号码头：824.00~833.00m。

（5）5 号码头：824.00m。

5.1.3　11 号公路及人行梯步

11 号公路及人行梯步为原溢洪道施工道路，位于溢洪道右侧，起于大坝右岸高程 885.00m 平台，止于溢洪道中段。该条路为到冲砂放洞交通路，地震中损坏严重。震后对原路面进行大规模整修。

11 号公路全长 370m，路面宽度 3.5m，起点高程 887.24m，终点高程 854.26m。采用 15cm 厚级配碎石垫层，20cm 厚 C25 混凝土路面。面层每 5m 设横缝设 ϕ30 钢筋传力杆，面层每 50m 设一道横向施工缝加在道路纵向的中心线设置纵缝。从公路的停车平台至冲砂放空洞出口工作闸室，修建人行梯步，便于对建筑物的检查。高程为 773.76~832.87m，排水沟加设混凝土盖板。

5.1.4　紫下大桥左岸边坡

汶川“5 · 12”地震导致紫下大桥左岸边坡垮塌，边坡山体岩石松动，随时有继续垮塌的危险，该路是厂房至营地和跨越岷江的必经之路，为消除安全隐患，必须将该边坡进行防护，确保行人及车辆安全。该边坡防护设计由四川省水利水电勘测设计研究院承担。

边坡防护的措施为：采用 GPS2 型主动钢丝网防护，主动防护网施工前清理松动危石，并对凸出和欲坠的石块采用 ϕ22 砂浆锚杆锚固。纵横交错的 ϕ16 纵横向支撑绳和 ϕ12 纵横向支撑绳与 4.5m × 4.5m 正方形模式布置的锚杆相连接并进行预张拉，每张钢丝绳与四周支撑绳间用缝合绳缝合连接并拉紧，给坡面施加一定的定向预紧压力，从而提高表层岩土体的稳定性，防止崩塌落石的发生。

5.1.5 1号泄洪洞进出口边坡

汶川“5·12”地震致1号泄洪洞进出口边坡塌滑，采用锚喷支护进行防护。该边坡防护由四川省水利水电勘测设计研究院承担。

（1）进口边坡处理措施。塌滑坡面表层的覆盖层和松动危岩清除干净，采用ϕ28水泥砂浆锚杆，L=9m，间排距3m，水泥砂浆为M20，挂ϕ6.5@15cm钢筋网，喷C20混凝土厚10cm，排水孔孔径100mm，排距5m，孔深5m。

（2）出口边坡处理措施。塌滑坡面表层的覆盖层和松动危岩清除干净，高程835.00m以上采用ϕ32水泥砂浆锚杆，L=12m，高程835.00m以下采用ϕ28水泥砂浆锚杆，L=9m，间排距3m，水泥砂浆为M20，挂ϕ6.5@15cm钢筋网，喷C20混凝土厚10cm，排水孔孔径100mm，排距5m，孔深5m。

5.1.6 机电仓库及检修综合楼

经鉴定，机电仓库和检修综合楼均为轻微破坏，为尽快恢复生产，需修复加固后使用。加固设计由四川省水利水电勘测设计研究院承担。

加固方案为：采用钢丝网水泥砂浆面层加固墙体，碳纤维布加固、黏钢加固、压力灌浆法加固、混凝土重新建筑等，对出现裂缝的混凝土构件应首先进行修补，然后再进行其他加固施工。

5.1.7 其他

汶川“5·12”地震造成主厂房门厅、GIS楼顶装饰亭、主副厂房之间连廊等破坏，公司及时组织应急处理。

应急方案为将主厂房门厅、GIS楼装饰亭拆除，主副厂房之间的连廊用工字钢支撑临时加固，确保电站安全运行。

5.2　除险加固设计

紫坪铺水利枢纽工程主要建筑物包括钢筋混凝土面板堆石坝、溢洪道、引水发电系统、冲砂放空洞、1 号泄洪洞、2 号泄洪洞。

汶川“5·12”地震后，四川省水利水电勘测设计研究院委托中国地震局地震预测研究所对地震危险性进行复核：紫坪铺工程 50 年超越概率 10% 基岩水平动峰值加速度为 185gal，地震基本烈度为Ⅷ度，相较原地震基本烈度Ⅶ度，其地震动参数有较大提高。由于工程区地震动参数发生较大变化，根据新的抗震标准对各主要建筑物进行了复核及动力分析工作，同时结合震损情况及类似高震区工程设计经验，提出恢复及加固设计方案。

恢复重建项目主要为较高部位地面建筑物。经分析评价枢纽主要建筑物震后问题处理按修复加固设计考虑，其设计原则是：以新的地震安全评估结论和现行规范为标准，以恢复原设计功能为原则，实施后应满足抗震稳定安全要求；加固措施尽量不改变原有结构型式；建筑物抗震稳定性分析同时应重视工程业经超标准抗震安全检验成果，合理选择和确定各类基本参数；修复加固设计方案应便于施工、施工安全和度汛等。关于抗震设计标准：大坝工程基岩动峰值加速度按基准期 100 年超越概率 2%（392gal）设计；其他主要建筑物按基准期 50 年超越概率 5%（257gal）设计。

5.2.1　大坝除险加固设计

大坝为钢筋混凝土面板堆石坝，坝顶长度 663.77m，坝顶高程 884.00m，另设防浪墙，墙顶高程 885.40m，趾板建基高程 728.00m，最大坝高 156m。帷幕最大深度 110m。

震后，经对坝体及面板变形、大坝渗流监测资料、外观检查等综合分析评价，大坝整体安全稳定，钢筋混凝土面板所承担的防渗功能没有明显破坏，但地震导致的坝体沉降变形使部分钢筋混凝土面板产生了脱空、垂直缝挤压破坏、面板水平施工缝错台等震损，使面板防渗系统有所损伤。为保证2008年度汛及汛后蓄水安全，公司组织队伍对影响蓄水和度汛的关键部位进行了应急修复处理，应急修复工程满足设计及规范要求。

除险加固设计按50年超越概率10%的基岩水平动峰值加速度185gal，地震基本烈度为Ⅷ度，对大坝进行安全复核；按100年超越概率2%的动峰值加速度为392gal进行加固设计。

针对坝高超过150m这类重要的超高坝，与同类量级面板堆石坝比较，选择较高的可实施填筑标准，以避免产生堆石体大变形造成的垫层与面板脱空及面板结构性破裂，以保证大坝安全。

在此原则下，依据各分区用料及级配，用等重量替代法（或先相似后替代）处理超径，采用表面振动器法测求最大干密度，考虑紫坪铺工程的等级及重要性，采用压实度不大于0.97确定填筑干密度标准，再以孔隙率及相对密度衡量干密度的合理性，控制孔隙率在规范要求的下限。

根据以上设计原则及填筑标准，通过大量室内试验及有限元分析，结合现场爆破试验成果，设计综合确定了较为合理的坝体各主要分区坝料级配及填筑控制参数，主要坝料设计参数见表5-1。

表5-1　　主要坝料设计参数表

坝料分区	编号	Ⅱ	Ⅱ$_{A}$	Ⅲ$_{A}$	Ⅲ$_{B}$		Ⅲ$_{C}$		Ⅲ$_{D}$
	名称	垫层料	特殊垫层料	过渡料	主堆石		次堆石		下游堆石
	来源	尖尖山灰岩爆破料	尖尖山灰岩爆破料	尖尖山灰岩爆破料	尖尖山灰岩爆破料	河床砂卵石	河床砂卵石	尖尖山可利用灰岩	尖尖山灰岩爆破料

续表

设计参数	最大粒 P_{dmax} / mm	100	40	300	800	800	1000	1000	1000
	小于 5mm 含量 / %	30.0~45.0	49.0~66.7	10.0~20.0	5.0~15.0			5.0~15.0	5.0~15.0
	小于 0.075mm 含量 /%	< 8.0	6.7~10.3	< 5.0	< 5.0	< 5.0	< 5.0	< 5.0	< 5.0
	干密度 ρ_d /(t / m^3)	2.30	2.30	2.25	2.16	2.32	2.30	2.15	2.15
设计参数	孔隙率 n/%	15.4	15.4	17.3	20.6	17.4	18.1	21.0	21.0
	相对密度 Dr	0.90	0.91	0.93	0.92	0.93	0.92		
	渗透系数 k /(cm/s)	2.5×10^{-3}		5.3×10^{-1}	2.1				2.1

除险加固坝料设计参数选取根据实际用料和填筑情况，其物理力学参数取值根据大坝施工期对填筑料质量复核时提出的试验结果进行分析提出的计算参数。该试验复核结果表明，施工期实际填筑料的力学参数均高于原设计指标。

震后稳定复核采用的各分区坝料物理力学指标主要参数见表 5-2。

表 5-2　　坝料物理力学指标主要参数

材　料	阶　段	干密度 / (g/cm^3)	线　性　指　标		非　线　性　指　标	
			c/MPa	ϕ/(°)	ϕ/(°)	$\Delta\phi$/(°)
主堆石料（灰岩）	蓄水鉴定	2.16	0.09	38.5	55.0	11.0
	震后复核	2.19	0.12	41.0	56.0	10.0
过渡料（灰岩）	蓄水鉴定	2.25	0.09	38.5	57.5	11.5
	震后复核	2.25	0.16	39.0	59.0	14.0
垫层料（灰岩）	蓄水鉴定	2.30	0.09	39.0	57.5	11.0
	震后复核	2.36	0.12	40.0	57.0	12.0
砂卵石填筑料	蓄水鉴定	2.32	0.07	38.5	54.0	10.0
	震后复核	2.37	0.10	40.0	53.0	9.0
覆盖层砂卵石	蓄水鉴定	2.30	0.07	36.5	53.0	10.0
	震后复核	2.30	0.10	38.0	50.0	8.0

通过复核计算表明，采用施工坝料实际填筑料的力学参数时，设计地震条件下坝坡稳定安全系数满足规范要求。坝坡稳定复核计算安全系数成果见表 5-3。

表 5-3　　坝坡稳定复核计算安全系数成果表

<table>
<tr><th rowspan="3">工　况</th><th rowspan="3">位置</th><th colspan="6">计　算　值</th><th>规范值</th></tr>
<tr><th colspan="3">线性指标</th><th colspan="3">非线性指标</th><th rowspan="2">线性指标</th></tr>
<tr><th colspan="2">蓄水鉴定</th><th>震后鉴定</th><th colspan="2">蓄水鉴定</th><th>震后鉴定</th></tr>
<tr><td rowspan="2">竣工未蓄水</td><td>上游</td><td colspan="2">1.51</td><td>1.941</td><td colspan="2">1.66</td><td>2.175</td><td>1.30</td></tr>
<tr><td>下游</td><td colspan="2">1.52</td><td>2.159</td><td colspan="2">1.68</td><td>2.363</td><td>1.30</td></tr>
<tr><td rowspan="2">正常蓄水位</td><td>上游</td><td colspan="2">1.56</td><td>2.044</td><td colspan="2">1.79</td><td>2.248</td><td>1.50</td></tr>
<tr><td>下游</td><td colspan="2">1.51</td><td>2.050</td><td colspan="2">1.68</td><td>2.235</td><td>1.50</td></tr>
<tr><td rowspan="2">设计洪水位</td><td>上游</td><td colspan="2">1.53</td><td>1.983</td><td colspan="2">1.74</td><td>2.195</td><td>1.50</td></tr>
<tr><td>下游</td><td colspan="2">1.51</td><td></td><td colspan="2">1.68</td><td></td><td>1.50</td></tr>
<tr><td rowspan="2">校核洪水位</td><td>上游</td><td colspan="2">1.58</td><td>2.102</td><td colspan="2">1.80</td><td>2.298</td><td>1.30</td></tr>
<tr><td>下游</td><td colspan="2">1.51</td><td></td><td colspan="2">1.67</td><td></td><td>1.30</td></tr>
<tr><td rowspan="2">正常蓄水位 + 地震</td><td>上游</td><td>1.22*</td><td>1.07</td><td>1.789</td><td>1.35*</td><td>1.18</td><td>1.891</td><td>1.20</td></tr>
<tr><td>下游</td><td>1.23*</td><td>1.10</td><td>1.344</td><td>1.39*</td><td>1.22</td><td>1.499</td><td>1.20</td></tr>
<tr><td>死水位遇 + 地震</td><td>上游</td><td>1.21*</td><td>1.06</td><td>1.269</td><td>1.34*</td><td>1.15</td><td>1.386</td><td>1.20</td></tr>
<tr><td>死水位</td><td>上游</td><td colspan="2">1.50</td><td>1.955</td><td colspan="2">1.65</td><td>2.181</td><td>1.50</td></tr>
</table>

注　* 表示原设计地震烈度 8 度时的复核成果。

经动力计算分析复核，震后大坝整体稳定可以满足抗震安全性要求。在新核定的地震工况下，满足“校核地震下不溃坝”的抗震安全性要求。各项监测成果也表明大坝经受住了超设计标准的地震的考验，经对面板防渗结构震害和坝体震损修复，大坝可以满足长期安全运行要求。

为进一步保证坝体的抗震安全性，在修复坝体震损部位的同时，适当加强抗震措施是必要的，重点对下游坝坡靠近坝顶部位等受地震影响较大的部位采取适当抗震措施。

由于坝顶累计最大沉降 1.02m，坝顶及防浪墙高程不满足设计要求，需进行处理。

1. 坝顶及防浪墙

坝顶高程由于坝体沉降，需要恢复到原设计坝顶高程 884.00m，同时拆除防浪墙顶部 120cm 范围内的混凝土及水平钢筋，留竖向钢筋，并对防浪墙进行加高，恢复到原设计高程 885.40m，钢筋按照原设计方案设置；同时原变形监测埋设的强制对中基座恢复。防浪墙下架空采用钻孔深 4.8m，自流充填灌 M10 水泥砂浆，设置 2 排，排距 2.4m，孔距 2m。

坝顶两岸端头各 75m 将原坝顶路面混凝土全部拆除，其余不拆除，但在混凝土表面完全凿毛。坝顶加高采用 C15 混凝土浇筑，在其 C15 混凝土上恢复厚 25cm 的 C25 路面混凝土，其表层采用厚 10cm 的沥青混凝土至原设计顶高程 884.00m。防浪墙体的垂直缝止水按原来设计恢复。

坝顶栏杆按原图恢复，同时对左岸至观礼台的上游超 1000m，下游超 500m，右岸高程 885.40m 平台岸边长 500 余米，按原设计恢复。

2. 大坝后坡

大坝后坡高程 840.00m 以上、高程 840.00m 马道以下 10m、高程 796.00m 马道以下 10m 这三个部位原来的干砌块石护面被震损了的部位全部撤除，改建为 M10 砂浆砌块石护面；未震损的部位就在原坡面采用 M10 砂浆填缝，钻孔深度 1m，采取自流充填灌 M10 水泥砂浆，间排距 1m。下游坡面其余部位的局部松动的干砌块石，人工撤除并重砌；下游坝坡左、右岸沿坡面的排水沟，对破损部分恢复为原结构。

3. 大坝防渗帷幕

为防止地震对大坝防渗的破坏，提高坝基的防渗性，需加强大坝的帷幕灌浆，从趾板高程850.00m开始沿原来防渗帷幕线向两岸延伸，分别深入左右岸灌浆洞内100m，灌浆孔距1.5m，单排，设计孔深为37m，现场根据实际情况调整。

5.2.2 溢洪道除险加固设计

溢洪道为岸坡开敞式溢洪道，尚未投入使用，位于右岸条形山脊，闸室段采用正堰，单孔露顶弧形闸门控制，孔宽12m，堰顶高程860.00m。溢洪道水平全长520.50m。

震后安全复核认为溢洪道布置和结构设计总体上是合适的。根据水力计算和水工模型试验结果，溢洪道的泄流能力满足设计要求，泄槽流态较好，边墙顶部有足够的安全超高，在宣泄设计洪水和校核洪水工况下，出口挑流的冲坑形态、深度和影响范围估计不会对F3断层带造成冲刷，不致影响挑流鼻坎的稳定安全。小流量泄洪有贴壁流现象可能会对挑流鼻坎地基产生淘刷，设计已采取了防护措施，运行中建议可根据实际发生的冲坑形态加强监测，必要时进行加固处理。

进口扩散段两侧边墙经地震工况复核，其稳定、应力满足要求，但其墙踵结构的抗剪及抗弯安全系数未能达到规范要求，需对墙踵进行加厚处理。

控制段通过对原设计复核，建筑物安全系数及基础应力均满足要求。

泄槽段经复核计算及监测资料显示，泄槽段结构除桩号0+028.00~0+058.00段在闸门挡水＋地震工况下基础承载能力不足外，其余处于稳定状态。需对地基承载力进一步复核，如承载力仍不满足要求，采用固结灌浆进行地基补强。

根据震损情况及复核结果，除险加固设计方案如下：

（1）进口扩散段。进口扩散段左右边墙经地震工况复核，其稳定、应力满足要求，但其墙踵结构的抗剪及抗弯安全系数未能达到规范要求，故对墙踵进行加厚处理。即维持墙踵前缘厚 3m 不变，以 1∶1 的坡度加厚墙踵，处理后，墙踵前缘厚 3m，墙踵根部厚 6m。

对高程 857.00m 平台出现裂缝的板块进行处理，小范围内做局部修补，若范围较大，则进行更换。

加强高程 857.00m 平台前缘边坡以及右边墙侧边坡（厂房进水口侧）的观测。

（2）控制段。通过对原设计的复核，控制段建筑物安全系数及基础应力均满足要求，而且从 2009 年 1 月 23 日—4 月 20 日时间段内控制段的观测记录及分析，溢洪道闸室段基本处于稳定状态。故可不进行加固处理。但仍需继续观测，特别是对比分析汶川“5 · 12”地震期间的观测数据以及水库在高水位条件下运行状态下的分析。

（3）泄槽段。经复核计算及观测资料显示，泄槽段结构除桩号 0+028.00~0+058.00 段基础承载能力不足外，其余处于稳定状态。故不进行处理，但仍需继续观测，特别是对比分析汶川“5 · 12”地震期间的观测数据以及桩号 0+028.00~0+058.00 段的变形情况。

（4）挑流段。不作处理。

5.2.3　1 号、2 号泄洪洞除险加固设计

1 号泄洪洞，由 1 号导流洞改造而成的“龙抬头”式无压洞。进口底板高程 800.00m，龙抬头段洞径 6.20m × 13.7m，洞身断面为马蹄形，洞径 10.7m。1 号泄洪洞水平全长 812.35m。

2 号泄洪洞，由 2 号导流洞改造而成的“龙抬头”式无压洞。进口底板高程 800.00m，龙抬头段洞径 6.20m×13.7m，洞身断面为马蹄形，洞径 10.7m。2 号泄洪洞水平全长 698.87m。

根据水力计算及水工模型试验验证，泄洪洞泄流能力两者相差最大不超过 2%，泄流能力的复核计算是合理的。在宣泄最大流量时，洞身有足够的净空余幅，符合规范不小于 15% 的要求。

根据 1∶28 的大比例常压模型试验、1∶35 的减压箱模型试验，技施设计对两洞的非结合段（龙抬头段）进口体型、竖曲线方程、断面型式、掺气减蚀槽坎的位置及尺寸等进行了优化，试验表明其过流能力及高速水流抗空化能力均能满足设计要求。

根据进水塔动静力分析，在汶川“5·12”地震荷载和设计地震荷载作用下，进水塔整体抗滑和抗倾覆是稳定的。在高程 845.00m 塔背与回填混凝土交界处可能产生局部瞬态拉裂缝，但不影响塔体的整体稳定性。在塔侧加高回填混凝土对提高塔的抗震稳定性是有利的。

泄洪洞洞身原地震设计烈度为 7 度，未进行抗震计算。震后，2 号泄洪洞启闭机室受损，塔身局部裂缝，洞内龙抬头段结构缝损坏多处，底板至顶拱均有裂缝，周边缝混凝土均有不同程度的破坏，止水外露并伴有渗漏水现象。由于 2 号泄洪洞围岩为砂页岩，中下段穿过 50.0~80.0m 的 F_3 断层带，2 号泄洪洞还穿过 L_9 层间剪切带，原岩体局部稳定性较差，但围岩整体是稳定的。根据监测资料洞室衬砌结构的受力与结构稳定性状况总体良好，部分地段及处于 F_3 断层地段，造成内部结构及围岩局部整体性变差，须加固及修复。

1 号、2 号泄洪洞导流期间经过 2 年多运用，水流中较长时间挟带较大推移质，造成洞底板及边墙根部普遍磨损严重，除原浇筑的 C50 硅粉混凝土表面砂浆层全部冲蚀掉外，出现多处 1~2cm 的冲蚀坎，且发现多处破坏性冲坑，为提高泄洪洞的抗冲蚀和抗磨能力，需进行修复处理。

1 号、2 号泄洪洞进水塔交通桥经复核计算及专门检测复核，具有一定的强度和刚度，能满足设计荷载等级的使用要求。运行期和震后桥跨结构存在一定的损伤缺陷，成为影响桥梁正常使用和长期耐久性的安全隐患，采取常规处理措施。

根据震损情况及复核结果，除险加固设计方案如下：

5.2.3.1 进水塔启闭机室

受震损毁的泄洪洞进水塔启闭机室，拆除重建。

5.2.3.2 泄洪洞进水塔

由于抗震设计地震加速度由 155.4gal 提高至 257gal，根据动力复核计算，在汶川“5 · 12”地震荷载和设计地震荷载作用下，进水塔整体抗滑和整体抗倾覆是稳定的。在汶川“5 · 12”地震荷载作用下，高程 845.00m 塔背与回填混凝土交界处可能产生局部瞬态拉裂缝，但不影响塔体的整体稳定性。

为提高抗震能力，结合地形地质条件，在塔侧加高回填 C15 混凝土，使得类似于悬壁结构的塔身长度减小，相应地在地震荷载作用下的“鞭梢效应”减弱，其地震响应会减弱，所以塔回填混凝土加高无疑提高了塔体的抗震性能。

塔侧高程 820.00m 平台增高至高程 820.00~835.00m，1 号、2 号塔共计回填 5933m^3。

由于进水塔受震局部产生裂缝，对于进水塔裂缝采用化学灌浆处理，共计850m。

5.2.3.3 龙抬头段

1号泄洪洞龙抬头段损坏结构缝5条，2号泄洪洞龙抬头段损坏结构缝9处，对各隧洞内受损结构缝两侧混凝土凿平，局部用环氧砂浆修补。

1. 固结及回填灌浆

对帷幕灌浆前后的龙抬头段Ⅳ类、Ⅴ类围岩1号泄洪洞0+67.00~0+127.00、1号泄洪洞0+67.00~0+127.00、2号泄洪洞0+43.00~0+ 100.00、2号泄洪洞0+141.00~0+191.27、2号泄洪洞0+191.27~0+ 241.27共239.3m长洞身段进行固结灌浆及回填灌浆处理，固结灌浆孔深15m，沿洞身断面每排22孔，孔距3m，1号、2号泄洪洞共26618m，对相应洞段顶部120°范围进行回填灌浆，共3860m^2。

2. 裂缝处理

洞身漏水严重，裂缝采用化学灌浆处理，共计1290m。

（1）对宽度不小于0.2mm的深层无水裂缝采用NE-Ⅳ环氧灌浆材料进行化学灌浆补强，缝面采用环氧砂浆封缝。

（2）对宽度小于0.2mm的裂缝采用水泥基渗透结晶型防水材料抹面时，能自愈0.2mm以下的裂缝。

3. 水泥基渗透结晶型防水材料处理

洞身渗水严重，帷幕灌浆前洞身全断面采用水泥基渗透结晶型防水材料抹面，水泥基渗透结晶型防水材料的防水效果来自其含有的多种活性化学成分，在水的引导下与混凝土内微小矩阵结构间的化学作用。借助水的渗透压力，进入到混凝土内毛细管地带的多种化学剂混合反应形成晶体，将毛细管及收缩裂缝封闭并驱走水分，该过程能顺着或逆着水压方向产生作用。其结果是深入到混凝土内部，与混凝土结成一体，增加混凝土强度，提高混凝土耐磨性能，并保护混凝土不受水分、各种化学物质、盐及废气等物质的侵蚀，即使防水涂层被破坏也不会影响防水效果，且施工方便、简单、无毒、能自愈 0.4mm 以下的裂缝。1 号泄洪洞面积为 8773m^2，2 号泄洪洞面积为 8521m^2，合计 17294m^2。

4. 用 NE-Ⅱ型环氧砂浆处理混凝土冲蚀破坏

洞身龙抬头段回填灌浆、固结灌浆及裂缝处理、涂抹水泥基渗透结晶型防水材料后，底板及侧墙采用平均厚度 10mm 的 NE－Ⅱ型环氧砂浆修补，1 号泄洪洞面积为 5814m^2，2 号泄洪洞面积为 5632m^2，合计 11446m^2。

（1）底板处理方案。

1）局部冲坑处理：用细石混凝土或环氧混凝土回填后再用 NE－Ⅱ型环氧砂浆修补，即①对于面积大于 1m^2，深度超过 10cm 的冲坑，将混凝土表面清理干净后，安装间距为 30cm×30cm，孔深为 50cm 的 ϕ16 树脂锚杆，布设 20cm×20cm 的 ϕ16 钢筋网，浇筑 C50 细石混凝土修补，表面抹毛，养护 28d 后，用电动角磨机将新浇混凝土表面的乳皮磨除，涂抹 10mm 厚的环氧砂浆抗磨保护层；②对于面积小于 1m^2 或深度小于 10cm 的冲坑，将混凝土表面清理干净后，回填浇筑环氧混凝土后，再涂抹 15mm 厚的环氧砂浆抗磨保护层。

2）大面积磨损处理：用平均厚度 10mm 的 NE－Ⅱ型环氧砂浆修补，即①先将底板表面的积水和淤泥清理干净，采用喷砂机或电动角磨机清除混凝土表面的污染物和薄弱层，用高压风将表面的砂粒、浮尘吹净，使基面清洁干燥；②基面处理完毕后，在底板混凝土表面涂抹一层平均厚度 10mm

的 NE －Ⅱ型环氧砂浆抗磨层。

（2）边墙处理方案。

1）局部冲蚀槽处理：用 NE －Ⅱ型环氧砂浆修补。先用人工手钎将冲蚀槽内的松散骨料凿除至密实混凝土，将修补边界切割齐整，待基面清理干净后，回填修补环氧砂浆。

2）大面积磨损处理：用平均厚度 10mm 的 NE －Ⅱ型环氧砂浆修补。先用电动角磨机磨除混凝土表面的污垢、砂粒等，采用高压风将表面的浮渣和粉尘吹净，将基面清理干净后，在边墙混凝土表面涂抹一层平均厚度 10mm 的 NE －Ⅱ型环氧砂浆抗磨层。NE －Ⅱ型环氧砂浆主要技术指标见表 5-4。

表 5-4　　NE －Ⅱ型环氧砂浆主要技术指标

主要性能	技术指标	备注
抗压强度 /MPa	≥ 80.0	1.“>”表示试验破坏在 C50 混凝土本身。 2. 试验龄期为 28d。 3. 养护温度为 23±1.0℃。 4. 无毒，符合国家环保要求。
抗拉强度 /MPa	≥ 12.0	
与混凝土抗拉强度 /MPa	> 4.0	
抗冲磨强度 /[h/（kg·m^2）]	≥ 2.5（40m/s）	
容重 /（g/cm^3）	1.9	
线性热膨胀系数	≤ 15×10^{-6}/℃	

5. 泄洪洞导泄结合段

（1）1 号泄洪洞导泄结合段环氧砂浆损坏共 18 处，面积约 110.0m^2，主要集中在 1 号环形掺气设施下游侧边墙结构缝周边区域，为挤压导致环氧砂浆局部脱空破坏。2 号泄洪洞导泄结合段环氧砂浆损坏共 52 处，面积约 200m^2，主要集中在 0+241.00 改造段结构缝及 1 号环形掺气设施下游侧结构缝周边区域，多为挤压导致环氧砂浆局部脱空破坏，用细石混凝土或环氧混凝土回填后再用 NE－Ⅱ型环氧砂浆修补。1 号、2 号泄洪洞水面以上及水面以下由于视线受阻暂时未检查的部分估计约 502m^2NE－Ⅱ型环氧砂浆抗磨层。

（2）洞身 F_3 断层段及出口段有较多裂缝产生，就其原因主要由于 F_3 断层带宽大，由鳞片岩、糜棱角砾岩、断层泥和砂岩透镜体组成，岩体软弱破碎，性状很差，同时在不同高程和部位有多处旧煤洞，有可能在施工时回填灌浆不够密实，在地震工况下洞身整体受力不对称及混凝土受拉所致。1 号泄洪洞出口段水平和垂直埋深多数仅有 1~2 倍洞径。围岩为细砂岩、泥质粉砂岩及煤质页岩互层，岩相变化很大，岩层产状 N30°~60°E/NW∠60°~75°，发育有 L_7、L_8 等多条剪切破碎带；2 号泄洪洞出口段垂直和水平埋深一般为 15~25m（小于 3 倍洞径），最小仅 5m 左右，围岩为中厚层～薄层状中细粒砂岩与泥质粉砂岩、煤质页岩互层，岩层产状 N50°~80°E/NW∠60°~80°，受构造挤压和 F_3 断层影响，次级小断层和层间剪切破碎带发育，该段岩体风化卸荷强，裂隙张开一般 0.5~1cm，个别达 5~15cm，锈蚀和次生夹泥比较普遍。岩体呈碎裂～散体结构，稳定性极差，属Ⅴ类围岩。

根据上述震损情况，对 F_3 断层段 1 号泄洪洞 0+468.27~0+585.27（F_3）、2 号泄洪洞 0+510.97~0+583.00（F_3）及出口洞段 1 号泄洪洞 0+721.38~0+761.38、2 号泄洪洞 0+601.47~0+641.47 采取固结灌浆及回填灌浆处理，固结灌浆孔深 25m，沿洞身断面每排 12 孔，孔距 3m，共 28878m，回填灌浆 4051m^2。

对于裂缝采用化学灌浆处理，F_3 断层段总长约 200m，底部与顶部裂缝约 300m，其余洞段长度约 400m，总计长度约 750m。

5.2.4 冲砂放空洞除险加固设计

冲砂放空洞进口底板高程770.00m，位于引水隧洞进口段上游侧，出口位于溢洪道挑流段下游，洞径4.4m。冲砂放空洞水平全长767.76m。

根据水力计算及水力学模型试验验证，冲砂放空洞泄流能力满足设计要求，工作门后无压洞的水面线、掺气水深、流速、净空余幅及水流空穴数均按规范推荐的方法与计算公式进行计算，结果表明，在各级库水位下最小净空余幅远大于规范规定值，是安全的。原洞身衬砌设计按限裂要求进行配筋，满足规范要求，根据震后监测成果，洞室衬砌结构的受力与结构稳定性状况良好。

冲砂放空洞的设计运行方式为全开全关，但实际运行中存在局部开启的情况，中国水电科学研究院水力学所对冲砂放空洞进行过原型过流试验，认为原竣工体型在库水位865.35m存在不同弧门开度下随开度减小，边墙侧空腔水流歇气能力降低；不同开度最大负压值时，体型存在发生空化水流隐患；不同开度弧门闸室及下游边墙扩散段掺气浓度降低，侧后腔清水带掺气不足等问题。推荐突扩突跌掺气坎后加设梯形突扩式掺气坎方案后，能够增强水流掺气效果，能较好解决原竣工体型掺气不足的问题，各种运行工况水流较平稳，压力分布较合理，能够基本满足冲砂放空洞的运行要求。

震后冲砂放空洞工作闸门室下游侧墙局部混凝土脱落，结构缝、周边缝出现错台，施工缝启闭机室受损，工作闸门室边墙有水渗水，洞身局部有渗水等险情。结合水工模型试验拆除工作闸门后25m洞段，并恢复重建，其他损坏段进行修补。

5.2.4.1 损毁情况

汶川“5·12”地震后，经检查，冲砂放空洞损毁情况如下：

（1）工作闸门下游至出口段混凝土衬砌表面有局部损坏脱落坑槽，面积约 $80m^2$ 主要集中在施工缝、结构缝周边。

（2）洞身段桩号 0+581.00 施工缝左右侧墙均出现同向错台，左侧墙施工缝周边混凝土损坏较为严重，形成深 20cm，宽 30cm 的坑槽，并在顶部放大，宽度变为 200cm；右侧墙施工缝错台 5cm，周边混凝土损坏较轻。

（3）工作门闸室中部混凝土结构缝上游侧边墙有渗水流出，闸室右侧边墙上部有渗水裂缝，洞身段局部有渗水缝及渗水点。

（4）出口挑流鼻坎侧墙、底板局部被边坡飞石砸击坑槽，中部有一条贯穿性裂缝，宽度 1cm，缝内混凝土骨料新鲜。

（5）冲砂洞洞身结构缝错台、洞身混凝土结构部分被破坏。

（6）地震后，工作门挡水时，排水洞水量增大，检修门挡水时则不明显，说明震后有压段洞身存在渗漏问题。

5.2.4.2　除险加固设计方案

根据震损情况及复核结果，除险加固设计方案如下：

1. 工作门闸室

工作门闸室局部产生裂缝，对其裂缝采用化学灌浆处理，共计 400m。对工作门闸室四周进行固结灌浆，固结灌浆孔深 10m，孔间排距 2.5m，共 5482m。

2. 工作门闸室前洞段

工作门闸室前洞段 500m，对震后受损部位及围岩松动部位采取固结灌浆及回填灌浆处理以稳定围岩，固结灌浆孔深 4m，沿洞身断面每排 6 孔，孔距 2.5m，长按 100m 计，共 1282m。

裂缝采用化学灌浆处理，共计 600m。

检修竖井后的有压段洞身采用水泥基渗透结晶型防水材料进行修补，共计 6900m^2。

水泥基渗透结晶型防水材料的防水效果来自其含有的多种活性化学成分，在水的引导下与混凝土内微小矩阵结构间的化学作用。借助水的渗透压力，进入到混凝土内毛细管地带的多种化学剂混合反应形成晶体，将毛细管及收缩裂缝封闭并驱走水分，该过程能顺着或逆着水压方向产生作用。其结果是深入到混凝土内部，与混凝土结成一体，增加混凝土强度，提高混凝土耐磨性能，并保护混凝土不受水分、各种化学物质、盐及废气等物质的侵蚀，即使防水涂层被破坏也不会影响防水效果，且施工方便、简单、无毒、能自愈 0.4mm 以下的裂缝。

3. 工作门闸室后无压洞段

工作门闸室后无压洞段长 140.24m，其中桩号段冲 0+541.86~ 冲 0+566.86 共 25m 长洞段，结构缝错台，由于地震期间局部小开度的非常运行，已发现气蚀破坏，结合实际运行工况，根据调整后的模型试验，此段拆除重建，共计拆除混凝土 650m^3，洞内扩挖 320m^3，重建需 C50 硅粉混凝土 850m^3，C20 混凝土 150m^3，固结灌浆 540m，顶部回填灌浆 185m^2。

施工中的临时支护采用喷锚支护。共计锚杆 86 根，喷 C25 混凝土 65 m^3。

洞身段桩号 0+581.00 施工缝左右侧墙均出现同向错台，对各隧洞内受损结构缝两侧混凝土凿平，局部用环氧砂浆修补。左侧墙施工缝周边混凝土损坏较为严重，形成深 20cm、宽 30cm 的坑槽，并在顶部放大，宽度变为 200cm；用细石混凝土或环氧混凝土回填。

由于冲砂放空洞得非常小开度运行条件的变化及震后运行、震损出现的冲坑、损坏等情况，全无压洞段拟采用细石混凝土或环氧混凝土回填修补后再用 NE －Ⅱ型环氧砂浆修补。

（1）底板处理方案。

局部冲坑处理：用细石混凝土或环氧混凝土回填后再用 NE －Ⅱ型环氧砂浆修补。

1）对于面积大于 1m^2，深度超过 10cm 的冲坑，将混凝土表面清理干净后，安装间距为 30cm × 30cm，孔深为 50cm 的 ϕ16 树脂锚杆，布设 20cm × 20cm 的 ϕ16 钢筋网。浇筑 C50 细石混凝土修补，表面抹毛，养护 28d 后，用电动角磨机将新浇混凝土表面的乳皮磨除，涂抹 10mm 厚的环氧砂浆抗磨保护层。

2）对于面积小于 1m^2 或深度小于 10cm 的冲坑，将混凝土表面清理干净后，回填浇筑环氧混凝土后，再涂抹 10mm 厚的环氧砂浆抗磨保护层。

3）大面积磨损处理：用平均厚度 10mm 的 NE －Ⅱ型环氧砂浆修补。

先将底板表面的积水和淤泥清理干净，采用喷砂机或电动角磨机清除混凝土表面的污染物和薄弱层，用高压风将表面的砂粒、浮尘吹净，使基面清洁干燥。

基面处理完毕后，在底板混凝土表面涂抹一层平均厚 10mm 的 NE －Ⅱ型环氧砂浆抗磨层。

（2）边墙处理方案。

局部冲蚀槽处理：用 NE －Ⅱ型环氧砂浆修补。先用人工手钎将冲蚀槽内的松散骨料凿除至密实混凝土，将修补边界切割齐整，待基面清理干净后，回填修补环氧砂浆。

1）大面积磨损处理：用平均厚度 10mm 的 NE －Ⅱ型环氧砂浆修补。

先用电动角磨机磨除混凝土表面的污垢、砂粒等，采用高压风将表面的浮渣和粉尘吹净，将基面清理干净后，在边墙混凝土表面涂抹一层平均厚度 10mm 的 NE－Ⅱ型环氧砂浆抗磨层。共计 NE－Ⅱ型环氧砂浆抗磨层 2100m^2。

2）对震后受损部位及围岩松动部位（如 F_3 断层等）采取固结灌浆处理以稳定围岩。固结灌浆孔深 10m，孔距 2.5m，长 70m 洞段固结灌浆共 1056m。对于裂缝采用化学灌浆处理，约 200m。

5.2.5 引水发电系统除险加固设计

引水发电系统布置在右岸条形山脊，包括进水口、四条引水隧洞及地面厂房。进水口底高程 800.00m，引水隧洞洞径 8m，洞轴线间距 22m。主厂房长 125.0m、宽 25m、高 54m，内置 4 台单机 190MW 水轮发电机组。

（1）根据地震后对本工程地震烈度的进一步复核，表明地震烈度较原设计值有较大的提高，由于地震后进水塔塔身虽有局部受损，但整体基本稳定，为了进一步提高进水塔塔身抗震能力，对塔身左右两侧以及塔背后用 C15 混凝土回填至高程 857.00m，可提高进水塔的嵌固能力，进水塔塔背回填混凝土加高，使得类似于悬壁结构的塔身长度减小，相应地在地震荷载作用下的“鞭梢效应”减弱，其地震响应会减弱，所以塔背回填混凝土加高无疑提高了塔体的抗震性能。

清理进水塔左右两侧及塔背高程 857.00m 以下边坡表面杂物，在此基础上回填 C15 混凝土至高程 857.00m，回填范围顺水流方向桩号段电 0-10.50~ 电 0+15.50。由于塔背原设计已回填至高程 855.00m，故混凝土回填主要集中在进水塔两侧。回填 C15 混凝土共 13000.7m^3。

（2）1 号、4 号进水塔高程 855.00m（混凝土回填后为 857.00m）

附近出现应力集中，原塔背该处钢筋配置不够，但是，根据震后安全鉴定意见，考虑到塔身左右两侧以及塔背后混凝土已回填至高程 857.00m，塔身稳定性加强，同时考虑到对塔身混凝土配筋补强处理难以实施，故对塔身局部应力集中，配筋不足，不进行处理。

（3）据现场勘察，进水塔塔身表面多处出现裂缝，估计是地震时局部应力集中引起的。为防止裂缝后对塔身及钢筋的不利影响，设计对这些裂缝采用化学灌浆进行处理。

（4）经复核计算及专门检测复核，进水塔交通桥具有一定的强度和刚度，能满足设计荷载等级的使用要求。运行期和震后桥跨结构存在一定的损伤缺陷，成为影响桥梁正常使用和长期耐久性的安全隐患，采取常规处理措施。

（5）在Ⅷ度地震烈度的作用下，主厂房上部结构的动力变形比较明显。虽然汶川“5・12”地震强度远大于原设计，地震对厂房结构产生了明显的动力响应，但由于厂房结构布置合理、原设计安全裕度较高，因此主厂房承重结构震后未发生明显的破坏和损伤。震后调查和复核计算成果也表明，主厂房承重结构具有足够的刚度和强度，抗震安全性满足电站运行要求，对主厂房承重结构可以不进行加固处理。通过对主厂房相关部位的检查，出现的裂缝基本上是属于装修层开裂，主厂房结构没有损坏，设计对上述开裂或变形的部位进行局部修复。

（6）引水洞、压力钢管地震后未出现变形、漏水等现象，设计中无相关处理措施。

（7）通过地震前后对引水发电系统相关的边坡进行观测可知，边坡基本上没有位移，从而可知边坡是稳定的，设计中对边坡无处理措施。

（8）地震后水电站尾水渠淤积较严重，为了不影响水电站出力，设计对尾水渠至紫下桥一段进行清理处理，清理深度 2.0m。总清淤量为 89600m^3。

5.2.6 边坡除险加固设计

紫坪铺水利枢纽工程由于受地形条件的限制，各输水建筑物、泄水建筑物主要集中在右岸条形山脊上，各相邻建筑物的进口、出口的平面位置距离较近，开挖面较大，坡度较陡，存在着因开挖而形成的高边坡失稳的问题，失稳形式主要有边坡岩体受优势裂隙切割而局部失稳或岩块崩塌，以及开挖后覆盖层沿基岩顶面失稳下滑，主要部位有：①1 号、2 号泄洪洞进、出口边坡；②引水发电洞进、出口边坡；③溢洪道边坡。

设计对各边坡进行了开挖支护设计。为保证边坡安全，了解边坡变形性质、规律、动态，同时为及时预报工程险情，以采取及时、有效措施，避免造成生命、财产损失，各边坡均进行了观测设计。

汶川“5·12”地震时，某些观测点变形较大，如溢洪道下段边坡高程 954.00m 框格梁支护区坡体变形可达 27mm，地震停止后变形立即终止，地表调查也表明开挖支护范围的边坡没有垮塌现象，说明地震后边坡已经处于稳定状态。根据 2009 年的观测结果，从多点位移计、锚索测力计、锚杆测力计的监测成果以及地表巡视结果看，溢洪道边坡、引水发电洞进出口边坡、1 号、2 号泄洪洞进口边坡和左岸泄洪洞边坡的坡体变形随时间均没有明显发展，边坡处于稳定安全的状态。

监测资料表明，枢纽区各部位边坡在经历过超标准地震后，已处理过的边坡现状仍处于稳定，对此部分边坡不再进行加固处理工程措施，由于影响边坡稳定的因素较为复杂，计算模拟存在一些局限性，为保证工程运行安全，修复及适当增加了部分边坡监测设施。

震后，整个枢纽区已支护范围外边坡都不同程度受到破坏，右岸条形山脊是建筑物集中布置区域，边坡局部滑坡 8 处。应急处理了 1 号和 2 号泄洪洞进口、1 号泄洪洞出口下游侧和紫下大桥左岸边坡，未处理的有右岸边坡为 2 号泄洪洞出口边坡高程 910.00m 马道以上震损边坡、溢洪道顶部高程 954.00m 以上至分水岭震损边坡以及坝前左岸泄洪洞观礼台边坡。

1. *右岸边坡*

对震损未处理的右岸 2 号泄洪洞出口边坡高程 910.00m 马道以上及溢洪道顶部高程 954.00m 以上至分水岭新增边坡，由于位置高、面积不大，震损为表层崩塌及塌滑，对各建筑物出口不致造成重大影响，本设计对新增震损边坡采取的表层处理及坠物拦挡措施：清除垮塌边坡上的松土及危石，对于岩质边坡挂 ϕ8 钢筋网，并喷 10cm 厚的 C20 混凝土以封闭岩面，并辅以 ϕ32 钢筋网，长 12m 的锚杆，土质边坡清除松土及危石后用混凝土框格梁加固后并辅以草皮护坡，在边坡上部混凝土框梁格节点用 ϕ32 钢筋网，L=12m 的锚杆锚固，同时对坠物用拦挡网进行拦挡。

2. *观礼台边坡*

左岸泄洪洞观礼台边坡位于坝前左岸堆积体靠坝前端，地震后观礼台表面出现塌陷及倾向库内的倾移。左岸泄洪洞边坡布置的监测仪器设施有：2 套多点位移计 MGL1 和 MGL2、1 个测斜孔 ING-1。边坡监测测斜孔 ING-1 位于高程 910.31m 的观礼台部位，地震之后，测斜孔已被破坏。

根据观测资料，在地震前后 MGL1，MGL2 位移增量分别为 -2.1mm（2008 年 4 月 27 日）、-3.2mm（2008 年 5 月 16 日）；震后至 2009 年 7 月 24 日的各多点位移计实测值变化量较小，位移增量在 ±1mm 范围内。

本设计对边坡采取的表层处理：挖除表层松动边坡 10000m^3，喷 C25 混凝土 1250m^2、厚 10cm，250 根 ϕ32 钢筋网，L=9m 注浆锚杆，间距 2m，破碎地带挂 ϕ8 钢筋网，间距 15cm，1250m^2。

5.2.7 左岸坝前堆积体

堆积体位于坝前左岸，距大坝 618m，距右岸引水隧洞进口 250m。堆积体上游界为汤家林沟至桃子坪一线，下游界为贾家沟，后缘分布接近分水岭高程达 1300.00m，前沿直达岷江，顺坡长 1600m，沿江宽 300~870m，平面面积约 1.0km^2。

堆积体前沿窄、后缘宽，呈围椅状，从高至低由灯盏坪、白庙子、观音坪、胡豆坪等平台和连接它们的斜坡组成，一般坡度为 20°~30°。

堆积体外围基岩岩性复杂，主要为泥盆系至二叠系石灰岩、白云岩，中夹砂岩、页岩、黏土岩和辉绿岩脉等。前沿覆盖于岷江冲积漂卵石层之上。

堆积体按土石比例分为块碎石夹黏土，块碎石平黏土、黏土夹块碎石三大类。块碎石均为近源物质，主要为灰岩、白云岩组成。一般厚度为 24.9~103.0m，最厚达 135m，估计方量达 2500 万 ~3000 万 m^3。左岸坝前堆积体如图 5-4 所示。

由于影响边坡稳定的因素较为复杂，虽然采用原设计指标边坡在设计地震工况下最小安全系数为 0.96~0.97，处于临界稳定。考虑计算模拟存在一些局限性，根据监测成果及震损情况，堆积体由于前缘关键部位的压载作用，使得剪出口部位得到控制，尽管受到汶川“5·12”地震极端工况的影响，地震震时堆积体整体处于欠稳定状态，地震后调查表明，坝前左岸堆积体仅在前沿高程 890.00m 公路以下出现了 4 处小规模的塌方和 1 处地表变形现象。测斜孔监测资料表明，堆积体前沿在深部出现沿基覆界面 30 多毫米的

图 5-4　左岸坝前堆积体

微小错动变形，堆积体震后已处于整体稳定状态。经过原设计压重及减载措施，使得边坡整体和局部稳定定性都得到了提高和保障，经过地震的强烈震动，边坡整体震时有小位错、但仍保持稳定，整体是稳定的，没有形成大规模滑坡进而产生涌浪，堆积体对工程安全的影响已经减少，因此加强监测，不进行工程措施加固。

5.2.8　工程监测恢复设计

紫坪铺水利枢纽工程布置了较完善的监测系统，主要分为五大类：

（1）大坝变形监测。大坝变形监测含大坝内、外部变形监测及混凝土应力应变、渗流、强震等监测项目。

（2）高边坡变形监测。高边坡变形监测含引水发电洞进出口边坡、泄洪洞进出口边坡、溢洪道边坡等边坡的变形监测。

（3）地下洞室的结构力学和水力学原形监测、闸门及金属结构运行监测。其中主要含泄洪洞、冲砂放空洞、溢洪道、引水发电洞的塔体、隧洞结构、高速水流等运行状况监测。

（4）重点水库库岸变形和坝前左岸堆积体监测。

（5）213 国道紫坪铺库区淹没段改建公路沿线重点边坡、桥梁、路基沉降段的监测。

由于汶川“5·12”地震的发生，造成观测仪器和强震仪部分损坏，大坝地震台网损毁严重，变形监测基准网所有标墩监测点附近岩体均出现明显的滑移，需恢复变形监测基准网、地震台网及部分观测仪器，对地震中部分损毁，主要考虑恢复及加强边坡监测设施，以及恢复大坝可恢复监测设施，其余结构力学监测设施难于恢复，不予考虑。

5.2.9 房屋建筑

房屋建筑包括枢纽区房屋建筑及厂区房屋建筑。

（1）根据震害情况，拆除重建 1 号、2 号泄洪闸房。对 1 号 ~4 号进水口快速门启闭机闸室，震后检测框架梁基本完好，针对震损情况进行局部修补，可恢复原试用功能。对溢洪道液压启闭机泵房，震后虽结构 1 层轻微损坏，但 2 层柱于柱顶严重破坏，混凝土爆裂，钢筋外露压屈，考虑结构整体性与外观设计要求，采取全部拆除重建。

（2）鉴于主厂房地基基础的承载能力满足荷载作用的要求，主体结构框架梁、柱、屋面雁形板、吊车梁基本完好，采取局部修补处理是合理的，可恢复原有结构功能。针对副厂房、GIS 厂房的检测结果，采取局部加固和恢复原有结构功能。

（3）大坝泄洪洞坡后观测房 7 个。受地震力轻微损伤，因震后部分装修受损，需重新做装修。

（4）新建坝区值班用房：地震后，坝区急需设计建造值班用房，用于应急处理中心及坝区建筑物管理使用。该值班用房拟建于坝区右岸，拟建建筑面积 1800m^2，结构形式为三层异型框架结构。按现行新规范规定，标准设计丙类，按 8 度设计抗震烈度设防，设计基本地震加速度值为 0.20×10^3gal，设计地震分组第一组，建筑物耐火等级二级，屋面防水等级为二级。

5.2.10　金属结构工程

根据紫坪铺水利枢纽工程金属结构设备的布置和运行要求，金属结构工程的永久设备分设于泄洪冲砂系统、引水发电系统，具有运行水头高、孔口尺寸大、过闸流速高、泄洪建筑物少、设备操作运行频繁、机械设备类型较多且设置地点相对分散等特点。

自水库下闸蓄水至地震发生前，金属结构工程设备运行正常，满足工程安全调度运用的要求。地震发生后，设备不同程度受到了损害，大部分无法投入运行。经过抢险修复，使主要设备在短时间内临时投入使用，保证了工程安全和抗震抢险任务的完成，处理措施及时、恰当。

震后，公司委托多家单位对该设备做复核设计并进行设备安全检测。

原施工图设计中，金属结构工程设备采用的地震设计烈度为 7 度；除险加固复核设计采用的地震设计烈度为 8 度，50 年超越概率 5% 基岩水平向峰值加速度 256.8gal。

根据检测，地震对金属结构工程设备闸门、启闭机及门槽埋件主体结构未造成较严重破坏。在提高抗震等级情况下进行复核计算，除电站尾水门机稳定性不满足要求外，其余设备主体结构的强度、刚度和稳定性均满足要求。

地震对设备的安全运用产生了较大影响。设备水头高、孔口尺寸大、过闸流速高，设备运行的安全可靠度要求高，需要全面进行恢复重建工作，以确保工程的安全运用。

设备重建内容包括处理对工程安全运用造成影响的缺陷；维修修复震损的闸门、启闭机及电气控制设备；更换损坏的零部件、电气元件；对震后安全检测和复核计算发现的缺陷进行完善处理；对地震中损坏严重、修复困难的金属结构工程设备进行更换等。

金属结构工程设备规格及工程量汇总见表 5-5。闸门受损情况及拟定修复方案见表 5-6。启闭机受损情况及拟定的修复方案见表 5-7。

5.2.10.1 泄洪系统的金属结构工程设备

泄洪系统由 2 条泄洪洞，1 条冲砂放空洞和 1 孔表孔溢洪道组成。

1 号、2 号泄洪洞系由 1 号、2 号施工导流洞经“龙抬头”改建而成，为压板式短进水口明流隧洞，1 号、2 号泄洪洞进口段分别设置 1 扇平面事故检修门和 1 扇弧形工作门，两洞的闸底板高程一致、闸孔尺寸及设计水头相同。冲砂放空洞是本工程最低的泄洪建筑物，运行最为频繁，根据水工布置及其运行要求，在隧洞进口段和出口段分别设置 1 扇平面事故检修门和 1 扇弧形工作门。

1. 1 号、2 号泄洪洞事故检修门及启闭机设备

孔口尺寸（宽 × 高）6.2m × 9.8m，设计水头 84m，平面滑动闸门，1 号、2 号洞各设置一扇，闸门结构沿高度方向分为上、中、下，吊耳板在工地与上节门叶结构焊接成整体，采用复合滑道支承，面板布置在上游侧，止水布置在下游侧；闸门利用水柱重在动水中闭门，充水阀充水平压，门槽型式为Ⅱ型；1 号、2 号泄洪洞分别采用一台 2 × 3600kN 启闭机操作闸门，为了启闭机的正常检修，在 1 号、2 号泄洪洞进水塔顶启闭机机房内分别设

置一台 500kN 桥式启闭机。

1 号、2 号泄洪洞事故检修门及门槽经四川省水利水电勘测设计研究院对该闸门的复核设计计算，闸门及门槽的强度、刚度、稳定符合相关要求。地震后经检查及检测，除个别零部件受损外，门叶及门槽整体情况良好，经消缺处理，整体检修、维护、防腐蚀施工后，1 号、2 号泄洪洞事故检修门及门槽均能满足正常运行要求。

2×3600kN 启闭机经黄河勘测规划设计研究有限公司对启闭机设备的复核设计计算：在地震荷载作用下，卷筒装置的螺栓、轴承座、轴承、轴承盖等超过设计容许应力，其余部分符合相关要求。震后经检查及检测：卷筒装置倾斜，卷筒轴承、轴承座等破坏；机架位移，部分齿轮啮合面小于原设计值；电控柜和电阻柜倒塌、高度显示仪、荷重显示仪不能正常工作；除此之外其余部分未见异常。不符合要求部件、零件重新选型、制造，对受损部分作消缺处理并经整体检修、维护、调试后该启闭机仍可正常工作。

500kN 桥式启闭机经黄河勘测规划设计有限公司对启闭机设备的复核设计计算：除大、小轴承闷盖超过设计容许应力，其余部件符合相关要求。地震后经检查及检测：大车轨道产生位移和变形，部件有所损伤。今后对不符合要求部件、零件重新选型、制造，对受损部分作消缺处理并经整体检修、维护、调试及工能试验后，该设备方可投入使用。

2.1 号、2 号泄洪洞工作门及启闭机设备

其孔口尺寸（宽 × 高）6.2m×8.0m，设计水头 84.00m，弧形闸门，1号、2 号泄洪洞各设置一扇，门体结构按主纵梁式布置，弧面半径 16.0m，直支臂，圆柱铰；门体沿纵向分为左右两段，段间采用高强度连接；闸门采用主、

表 5-5　金属结构工程设备规格

序号	设备	孔口尺寸（宽×高-水头）/m	孔口数量/套	闸门数量/套	金属结构工程					
					型式	埋件重/t		锁定梁重/t	门叶重/t	
						单重	总重		单重	总重
1	电站进水口主拦污栅	3.00×31.50-4.00	16	16	潜孔平面滑动栅	16.2	259.2	1.03	18.90	302.4
2	电站进水口副拦污栅	3.00×31.50-4.00	16	1	潜孔平面滑动栅	16.2	259.2	—	18.97	19.0
3	电站进水口检修门	6.78×8.35-77.00	4	1	潜孔平面滑动门	67.4	269.6	7.80	89.40	89.4
4	电站进水口快速门	6.40×8.00-83.10	4	4	潜孔平面滑动门	66.6	266.4	21.14	108.00	432.0
5	厂房尾水检修门	6.25×5.60-21.00	8	8	潜孔平面滑动门	22.8	182.4	1.50	24.60	196.8
6	1号、2号泄洪洞 事故检修门	6.20×9.80-84.00	2	2	潜孔平面滑动门	126.5	253.0	9.30	133.70	267.4
7	1号、2号泄洪洞工作门	6.20×8.00-84.00	2	2	潜孔弧门	300.3	600.6	—	306.80	613.6
8	冲砂放空洞事故检修门	4.40×4.40-114.00	1	1	潜孔平面定轮门	103.0	103.0	6.50	102.00	102.0
9	冲砂放空洞工作门	3.00×3.00-126.00	1	1	潜孔弧门	98.0	98.0	—	80.00	80.0
10	溢洪道工作门	12.00×18.00-18.00	1	1	表孔弧门	17.7	17.7	—	184.00	184.0
合计			55	37			2309.1	47.27		2286.6

及工程量汇总表

		启闭设备							备注
加重/t	拉杆重/t	型式	容量/kN	扬程/m	数量/台	质量/t		轨道重/t	
						单重	总重		
—	—	(双向门机、回转吊)	400	15/72	2	(共用)			
—	—	(双向门机、回转吊)	400	15/72	2	(共用)			
—	—	双向门机	2000	17/95	1	491.8	491.8		
—	271.9	液压启闭机	3500/8000	9.4/9.7	4	46.0	184.0	19.5	机总重中含液压泵站约 5t×2 站，拉杆总重含一件换向吊头 2.975t
—	—	单向门机	2×400	8/30	1	64.5	64.5	20.0	
—	—	固定启闭机	2×3600	75	2	198.0	396.0		
		电动桥机	500/100	32/10	2	34.4	68.8	3.3×2	
—	—	固定启闭机	400	90	2	11.0	22.0		
		液压启闭机	4500/1200	11.3/11.66	2	60.0	120.0		
34.0(铁)	90.0	液压启闭机	4000	5.9/6.2	1	22.3	22.3		门叶重含加重箱及附件；机重含液压泵站约 3t；拉杆中含一件吊头 2.965t
—	—	液压启闭机	2500/1800	5.3/5.6	1	24.9	24.9		机重中含液压泵站约 3t
—	—	液压启闭机	2×2200	8.0/8.2	1	34.0	34.0		机重中含液压泵站约 2.3t
34.0	361.9				17		1428.3	46.1	总工程量 6513.27t

表 5-6 闸门受损情况

序号	设备名称	数量 / 套	单重 /t	共重 /t
1	1号、2号泄洪洞事故检修闸门	2	133.7	267.4
2	1号、2号泄洪洞事故检修闸门门槽	2	126.5	253.0
3	1号、2号泄洪洞工作闸门	2	306.8	613.6
4	1号、2号泄洪洞工作闸门门槽	2	300.3	600.6
5	冲砂放空洞事故检修闸门	1	102.0+90.0	192.0
6	冲砂放空洞事故检修闸门门槽	1	103.0	103.0
7	冲砂放空洞工作闸门	1	80.0	80.0
8	冲砂放空洞工作闸门门槽	1	98.0	98.0
9	溢洪道工作闸门	1	184.0	184.0
10	溢洪道工作闸门门槽	1	17.7	17.7
11	电站进水口拦污栅叶	17	18.9	321.3
12	电站进水口拦污栅槽	32	16.2	518.4
13	电站进水口检修闸门	1	89.4	89.4
14	电站进水口检修闸门门槽	4	67.4	269.6
15	电站进水口快速闸门	4	108.0+68.0	704.0
16	电站进水口快速闸门门槽	4	66.6	266.4
17	电站尾水检修闸门	8	24.6	196.8
18	电站尾水检修闸门门槽	8	22.8	182.4

注 1. 本表包括了应急抢险和灾后重建两个阶段的修复工作量。

2. 门叶重包括拉杆，门槽重包括衬护。

3. 闸门、拦污栅整体检修：用启闭设备把闸门、拦污栅提出孔口，对设备进行全面的检查；更换震损和易损的零、部件；根据闸门、拦污栅结构受损情况进行修复及维护处理；然后对设备进行整体组装，调试，安装就位。

及拟定修复方案

受损情况	修复量 /%	修 复 内 容	备注
局部部件受损	10	充水阀修复，整体检修，及试运行，防腐施工	
正 常			
局部部件受损	10	补充螺栓、处理胸墙整体检修、防腐施工	
正 常			
局部部件受损	10	设备的导向装置、整体检修、防腐施工	
正 常			
局部部件受损	10	更换止水装置，整体检修及试运行，防腐施工	
正 常			
局部部件受损	10	更换闸门侧导向装置、止水装置，整体检修及试运行、防腐施工	
门槽变形	100	更换槽门，重新安装	
待 查	10（暂估）	整体检修及试运行、防腐施工	
待 查	10（暂估）	水下检测、整体检修及试运行	
局部部件受损	8	整体检修及试运行、防腐施工	
正 常			
待 查	10（暂估）	拆卸、更换，整体检修及试运行、防腐施工	
待 查	10（暂估）	水下检测、整体检修	
局部少量受损	8	整体检修及试运行、防腐施工	
正 常			

表 5-7 启闭机受损情况

序号	设 备 名 称	安装地点及用途	数量/台	单重/t	共重/t
1	2×3600kN 固定启闭机	1号、2号泄洪洞进水塔顶（用于1号、2号泄洪洞事故检修门）	2	198.0	396.0
2	500kN 电动桥机	1号、2号泄洪洞进水塔机房顶（检修2×3600kN 固定启闭机）	2	34.4	68.8
3	400kN 固定启闭机	1号、2号泄洪洞进水塔机房顶（检修4500kN/1200kN 液压机）	2	11.0	22.0
4	4500kN/1200kN 液压机	1号、2号泄洪洞进水塔内（用于1号、2号泄洪洞工作门）	2	60.0	120.0
9	4000kN 液压机	电站进水塔顶（用于冲砂放空事故检修门）	1	22.3	22.3
10	2500kN/1800kN 液压机	放空洞出口机房（用于冲砂放空工作门）	1	24.9	24.9
11	2000kN 双向门机	电站进水塔顶（起吊进水口金属结构设备）	1	491.8	491.8
12	3500kN/8000kN 液压机	电站进水塔顶（用于进水口快速门）	4	46.0	184.0
13	2×2200kN 液压机	溢洪道闸顶（用于溢洪道工作门）	1	34.0	34.0
14	2×400kN 单向门机	电站尾水闸顶（用于尾水检修门）	1	64.5	64.5
15	电梯	1号、2号泄洪洞进水塔内	2		
17	清污耙斗	进水口拦污栅前清理污物	1	10.0	10.0
18	清污船	库内清漂浮物	2		

注 本表包括应急抢险和灾后重建两个阶段的修复工作量。

及拟定的修复方案

受损情况	修复量 /%	修　复　内　容	备　注
局部受损	20	更换电控柜及受损零、部件整体检修及调试、防腐施工	
局部受损	20	更换受损零部件，整体检修、调试及试验，防腐施工	
整机倾覆、电控柜倒塌	100（报废）	拆除、新购、安装	
局部受损	20	更换电控柜及受损元件、增设手动泵，整体检修及调试、防腐施工	
局部受损	25	更换电控柜及受损元件、整体检修及调试、防腐施工	
局部受损	25	更换电控柜及受损元件、增设手动泵，整体检修及调试、防腐施工	
严重受损	40	更换零部件，电气部分更新整体检修及调试、防腐施工增加锚固装置	
局部受损	18	更换受损元件、整体检修及调试、防腐施工	
局部受损	25	更换电控柜及受损元件、增设手动泵，整体检修及调试、防腐施工	
局部受损	20	更换受损零、部件、整体检修及调试、防腐施工，增加锚固装置	
设备变形、不能使用	100	重新更换整体检修及调试，防腐施工	
地震后库内积污严重		新增设备	购清污机械
地震后库内积污严重		新增设备	购清污机械

辅两道止水型式，顶止水两道，一道是布置在门楣上的，另一道是布置在门叶上的。1号、2号泄洪洞分别采用一台4500kN/1200kN垂直摇摆式双作用液压启闭机操作闸门。为了液压机的正常检修，在1号、2号泄洪洞进水塔顶启闭机机房内分别设置一台400kN固定启闭机。为了1号、2号泄洪洞进水塔人员垂直交通需要，分别在1号、2号泄洪洞进水塔内设置电梯一台。

1号、2号泄洪排砂洞工作闸门及门槽经四川省水利水电勘测设计研究院有限公司对该闸门的复核设计计算，闸门及门槽的强度、刚度、稳定符合相关要求。地震后经检查及检测，除个别零部件受损外，门叶及门槽整体情况良好，经消缺处理，整体检修、维护后，1号、2号泄洪洞工作闸门及门槽均能满足正常运行要求。

4500kN/1200kN垂直摇摆式双作用液压启闭机经中国电建集团华东勘测设计研究院有限公司该对启闭机设备的复核设计计算，在地震荷载作用下设备是安全的。震后经检查及检测：机架位移、松动；电控柜倾倒；电气设备受损；液压系统存在缺陷。经更换电气设备，作消缺处理，整体检修、维护、防腐蚀施工后，两台4500kN/1200kN垂直摇摆式双作用液压启闭机均可正常工作。为了使启闭机在失电条件下也能运行，每台启闭机需增设1套手动泵。

400kN固定启闭机经黄河勘测规划设计研究有限公司对启闭机设备的复核设计计算：在地震荷载作用下，该设备符合相关要求。由于该启闭机设备布置在进水塔启闭机机房顶层，属工程布置中最高的设备，地震时进水塔启闭机机房受损惨重；地震后经检查及检测，该启闭机整机倾覆、电控柜倒塌，受损严重，故对该二台启闭机作报废处理，重新购置。

震后，进水塔电梯生产厂家派专人到工地现场，对设备进行了检查，发现运行轨道有变位，初步判定轿箱、运行机构及电气部分等受损，建议暂不使用，进行修复和重建。

3. 冲砂放空洞事故检修门及启闭机

其孔口尺寸（宽 × 高）4.4m × 4.4m，设计水头 114.00m，平面多轮式闸门，闸门分两段制造，段间用高强螺栓在工地连接，充水阀充水平压，门槽型式为Ⅱ型；采用 4000kN 垂直式单作用液压启闭机操作闸门。闸门及液压启闭机的检修，使用进水口塔顶 2000kN 双向门机起吊。

冲砂放空洞事故检修闸门及门槽经四川省水利水电勘测设计研究院有限公司对该闸门的复核设计计算，闸门及门槽的强度、刚度、稳定符合现行“规范”要求。地震后经检查及检测，除个别零部件受损外，门叶及门槽整体情况良好，经消缺处理，整体检修、维护、防腐蚀施工后，冲砂放空洞事故检修工作门及门槽均能满足正常运行要求。

4000kN 垂直式单作用液压启闭机经中国电建集团华东勘测设计研究院有限公司该对启闭机设备的复核设计计算，在地震荷载作用下设备是安全的。地震后经检查及检测：电控柜倾倒、电气设备受损，液压系统有缺陷。经更换电气设备，作消缺处理，整体检修、维护、防腐蚀施工后，4000kN 垂直式单作用液压启闭机可以正常工作。

4. 冲砂放空洞工作门及启闭机

其孔口尺寸（宽 × 高）3.0m × 3.0m，设计水头 126.00m，弧形闸门，门体结构按主横梁布置，弧面半径 6.5m，直支臂，圆柱铰；闸门采用主、辅两道止水；门槽采用突扩突跌型式。启闭机设备为一台 2500kN/1800kN

垂直摇摆式双作用液压启闭机。

冲砂放空洞工作闸门及门槽经四川省水利水电勘测设计研究院有限公司对该闸门的复核设计计算，闸门及门槽的强度、刚度、稳定符合相关要求。地震后经检查及检测，除个别零部件受损外，门叶及门槽整体情况良好，经消缺处理，整体检修、维护、防腐蚀施工后，冲砂放空洞工作门及门槽均能满足正常运行要求。

2500kN/1800kN 垂直摇摆式双作用液压启闭机经中国电建集团华东勘测设计研究院有限公司该对启闭机设备的复核设计计算，在地震荷载作用下设备是安全的。地震后经检查及检测：电控柜倾倒、电气设备受损，液压系统有缺陷。经更换电气设备，作消缺处理，整体检修、维护、防腐蚀施工后，2500kN/1800kN 垂直摇摆式双作用液压启闭机可以正常工作。为了使启闭机在失电条件下也能运行，需增设一套手动泵。

5. 溢洪道工作门及启闭机

孔口尺寸（宽 × 高）12m × 18m，设计水头 18.00m，弧形闸门，主横梁斜支臂结构，球型铰；门体沿横向分段，段间采用工地焊接；闸门采用普通的止水型式，配置一套 2 × 2200kN 悬挂后拉式单作用液压启闭机操作闸门。

溢洪道工作闸门及门槽经四川省水利水电勘测设计研究院有限公司对该闸门的复核设计计算，闸门及门槽的强度、刚度、稳定符合相关要求。地震后经检查及检测，门叶除少数零部件受损外，门叶整体情况良好，经消缺处理，整体检修、维护、防腐蚀施工后，溢洪道工作闸门门叶可继续使用；门槽受地震影响较大，门槽变形，其几何尺寸误差大，不能满足工程运行的要求，故门槽部分需整体拆出、重新制造、重新安装。

2×2200kN 悬挂后拉式单作用液压启闭经中国电建集团华东勘测设计研究院有限公司该对启闭机设备的复核设计计算，在地震荷载作用下设备是安全的。地震后经检查及检测：电控柜倾倒、电气设备受损，液压系统有缺陷。经更换电气设备，作消缺处理，整体检修、维护、防腐蚀施工后，2×2200kN 悬挂后拉式单作用液压启闭机才能正常工作。为了使启闭机在失电条件下也能运行，需增设一套手动泵。

5.2.10.2　引水发电系统金属结构设备

工程电站装机 4 台，混流式机组，转轮直径 4.95m，单机引用流量 214m^3/s。采用单元供水，地面式厂房。沿引水流道分别设有拦污栅、检修门、快速闸门、尾水检修门及相应的启闭设备。

1. 进水口拦污栅

16 孔直立式平面拦污栅设置在进水塔取水口的最前沿，为通仓式布置。在栅墩上设两道栅槽，前为主栅槽，16 孔设 16 扇主拦污栅；后为副栅槽，16 孔设 1 扇副拦污栅，其结构型式和布置均与主拦污栅相同。

孔口净宽 3.0m，单扇拦污栅总高 31.5m，按 4m 水位差设计，平面滑动栅，栅叶沿高度分为 10 节，节间采用销轴连接。主支承为复合滑道。主栅和副栅的启吊采用进水口塔顶 2000kN 双向门机中 400kN 回转吊操作。

进水口拦污栅及栅槽经四川省水利水电勘测设计研究院有限公司对该闸门的复核设计计算，拦污栅及栅槽的强度、刚度、稳定符合相关要求。地震后，由于电站发电，拦污栅及栅槽无条件检测，经初步外观检查，暂未发现异常情况。鉴于地震烈度大以及地震后上游的房屋、树木等摧毁严重，大量的漂浮污物停留堆积在拦污栅前沿，今后拦污栅及栅槽必须作整体检查及检测，根据检测结果做整体检修、维护后，方能继续使用；为了清除栅前污物，需增设两艘清污船，一台液压式清污耙斗，液压式清污耙斗由进水口塔顶 2000kN 双向门机配置的 400kN 回转吊操作。

2. 进水口检修门

孔口尺寸（宽 × 高）6.78m×8.35m，设计水头 77.00m，4 孔共设 1 扇检修门，平面滑动门，门叶沿高度分为 3 节，节间工地焊缝连接，采用复合滑道。止水布置在下游侧，门顶设充水阀，采用进水口塔顶 2000kN 双向门机主钩操作闸门。

进水口检修门及门槽经四川省水利水电勘测设计研究院有限公司对该闸门的复核设计计算，闸门及门槽的强度、刚度、稳定符合相关要求。地震后经检查及检测，除部件局部受损外，门叶及门槽整体情况良好，经消缺处理，整体检修、维护、防腐蚀施工后，进水口检修门及门槽才能正常运行。

3. 进水口快速闸门

孔口尺寸（宽 × 高）6.4m×8.0m，设计水头 83.10m，平面滑动门，共 4 扇，门叶沿高度分为 3 节、节间采用工地焊缝连接；主支承采用复合滑道，止水布置在下游侧，门顶设充水阀。每扇闸门采用一台 8000kN/3500kN 垂直式单作用液压启闭机操作，每两台启闭机共用一套泵站。闸门及液压启闭机的检修，由进水口塔顶 2000kN 双向门机操作。

进水口快速闸门及门槽经四川省水利水电勘测设计研究院有限公司对该闸门的复核设计计算，闸门及门槽的强度、刚度、稳定符合相关要求。地震后，由于电站发电，闸门及门槽暂无条件检测，经初步外观检查，暂未发现异常情况。鉴于地震烈度大，今后闸门及门槽必须作整体检查及检测，根据检测结果作消缺处理、整体检修、维护后，方能继续使用。

8000kN/3500kN 垂直式单作用液压启闭机经中国电建集团华东勘测设计研究院有限公司该对启闭机设备的复核设计计算，在地震荷载作用下设备是安全的。地震后经检查：电控柜倾倒电气设备受损，液压系统及油缸部分无检测条件。经更换电气设备，作消缺处理，整体检修、维护、防腐蚀施工后，8000kN/3500kN 垂直式单作用液压启闭机方能正常工作。

进水口塔顶 2000kN 双向门机该双向门机布置在电站进水塔塔顶，主钩起升荷载 2000kN，配置 2 台 400kN 回转吊。其任务是：启闭进水口检修门、进水口拦污栅；吊运进水口快速闸门及液压启闭机、冲砂放空洞事故检修闸门及液压启闭机。经黄河勘测规划设计研究有限公司对启闭机设备的复核设计计算：在地震荷载作用下，主起升机构卷筒装置的轴承座、轴承盖、轴承，大、小车运行机构、回转机构的轴承盖，大车运行机构的 4 套三合一减速器等超过设计容许应力；不带荷载静止的状态下，门机的稳定性不够；其余部分符合相关要求。地震后经检查及检测：主起升机构，大、小车运行机构，回转机构，门架、电气设备等都有不同程度的受损且严重。地震后，为了尽快恢复生产，针对该设备受损情况，做了整体检测和大修，现设备基本能满足工程的运行需要。今后须根据复核设计成果的要求增设防门机倾覆的锚定装置，对不能满足工程运行要求的部位作处理。

4. 尾水检修门

每台机组尾水管分为 2 个出口，共计 8 孔，设 8 扇检修门，孔口尺寸（宽 × 高）6.25m × 5.6m，设计水头 21.00m，平面滑动闸门；门叶沿高度分为 2 节，节间用销轴连接；支承采用复合滑道，止水布置在上游侧，节间充水平压，闸门由布置在尾水平台的 2 × 400kN 单向门机操作。

尾水检修门及门槽经四川省水利水电勘测设计研究院有限公司对该闸门

及门槽的复核设计计算，闸门及门槽的强度、刚度、稳定符合相关要求。地震后经检查及检测，除部件局部受损外，门叶及门槽整体情况良好，经消缺处理，整体检修、维护、防腐蚀施工后，进水口检修门及门槽才能满足正常运行要求。

2×400kN 单向门机经黄河勘测规划设计研究有限公司对启闭机设备的复核设计计算：在地震荷载作用下，大车运行机构的轴承闷盖等超过设计容许应力，其余部分符合相关要求。地震后经检查及检测：电缆卷筒自动功能失灵，有部分受损部件、电气部分元件受损；其余部分未见异常。今后对不符合要求部件、零件重新选型、制造，对受损部分作消缺处理；经整体检修、维护、调试后方可正常工作。

5.2.11 水力机械

汶川“5·12”地震，电站基础设施和机电设备遭受重大损失，供电中断、通信中断、供水中断、交通中断。大地震造成中控室吊顶垮塌，线路开关跳闸，运行中的1号和2号机组事故停机，1号机组过速事故落门，1号~4号主变压器停运，电站厂用电源中断。采取了应急措施，机组空转保证下游供水，启动柴油发电机组保证了大坝泄洪设施电源。利用一台机组进行黑启动成功恢复厂用电。

汶川“5·12”地震中，水力机械设备遭受重大损失，部分设备已更换，灾后重建设计对未更换部分加以处理。

1. 机组技术供水管路防结露处理

由于水库水温常年很低，明露的水管在夏天均有较严重的结露现象，需将所有水管明管外包保温材料。此外，还需考虑如阀门，滤水器等管件的外表面包保温材料。

2. 库区加压系统管路法兰技术改造

库区消防供水系统修复由于地震的破坏，库区消防供水系统大部分管路及法兰损坏。采用修复措施：

（1）将所有连接法兰更换为 4.0MPa 的法兰，约 40 对 DN100 法兰。

（2）每隔 100m 加一个法兰连接的波纹管，共计 15 个，DN100，PN4.0，纵向伸缩量不小于 15mm。

（3）沿管线加强支护，支护损坏的予以修复，计混凝土量 3 方。

3. 坝前水位测量系统功能完善及闸门平压监测系统恢复

水库液位监测系统在地震中损毁，需恢复。在拦污栅排架左侧装设一根 1m 的悬臂钢支架，在其前端固定一钢丝绳悬挂的重锤，重锤底部高程 805.00，沿重锤钢丝绳固定一个投入式液位变送器（采用绝压传感器，即不加导气管，在启闭机平台部位的防雷接线盒内加装大气压力传感器，经差压计算出表压，从而显示液位）。防雷接线盒的防护等级为 IP65，其信号引入闸控室内。

闸门平压监测系统在地震中损毁，现需恢复。由于测压导管无法恢复，所以，现在的液位检测方式无法沿用原设计的压力检测方式，只能采用超声波式探测技术。损坏的测点按 20 个计算。

防雷接线盒的防护等级为 IP65，其信号引入闸控室内。

4. 技术供水用减压阀改造

技术供水减压阀的导向爪有些已经折断，阀体有损坏，须更换两台减压阀。

5. 主排风廊道被剪切破坏

地震造成伸缩缝不均匀变形导致主厂房的主排风管被剪切破坏，现有大量渗漏水经此进入排风廊道，现采取堵排结合的方式加以解决。

堵，即凿开伸缩缝部位的玻璃钢排风管，对伸缩缝止水加以修复，该处详见水工部分。

排，即在排风机室下面的吸风廊道内安装一只水位开关，作为渗漏水增大的报警。配置两台潜水泵，作为备用排水设备，单泵功率 5.5kW。

6. 主厂房内厕所和化粪池

地震造成主厂房内的厕所损坏，考虑到这个厕所使用频率非常低，干脆做拆除处理。

7. 水机操作廊道增加紧急疏散指示标志

水机操作廊道（高程 735.00m）内需增加紧急疏散指示标志。

8. 防火阀

地震造成众多防火阀变形，操作不灵活，为防止发生故障，全部进行更换。

9. 副厂房生活用水处理

在副厂房生活供水管网前端加装一台高精度自动水处理装置。

5.2.12 电气一次

1. 地震对电气一次设备的影响

500kV 出线场设备损坏，制约电能送出；厂房内部的配电设施及照明设备也因为地震出现故障。

2. 震后已完善的电气一次设备

地震发生后，电站对电气一次设备做出了初步的完善。①对 500kV 出线设备及 GIS 设备迅速进行了检修、试验和更换；②对留有隐患的全厂等电位接地网等部位进行了处理。同时，由于远控中心电源地震后出现故障，当紧急启用备用蓄电池电源时，发现蓄电池出现了漏液等现象，无法正常使用。故紧急采购了一批蓄电池，为了保证远控中心的正常运行，采购了一台汽油发电机作为第二备用电源。

3. 灾后重建完善的电气一次设备

对厂房内所有电缆桥架安装盖板。

根据紫坪铺水电站安全评价的要求，主变中性点必须有两根引下线接入主接地网的不同点，故新增一回接地引下线。

根据电站运行情况，坝区备用柴油发电机与配电变压器之间未加装开关，在地震后运行柴油发电机时发现，由于配电变压器长期处于冷备用状态，加之布置位置较为潮湿，导致变压器受潮，绝缘有所下降。为避免此情况的发生，在坝区备用柴油发电机与配电变压器之间新增一回断路器及相关屏柜（XGN2-12/630），使正常运行时配电变压器处于热备用状态，以防受潮。

地震对主厂房发电机层、水轮机层、水车室及水轮机层至蜗壳层廊道的壁灯造成了严重损坏，灯具及光源不能工作，影响正常的运行及维护。对灯具进行进一步的优化，采用新型的抗震、防潮、节能的灯具。为保证事故时照明用电，特在主厂房发电机层、水轮机层和蜗壳层设置事故照明灯具。事故照明容量为 25kVA，故设置一台容量为 25kVA 逆变器（自带蓄电池）。完善枢纽区照明需配置照明灯具的道路长度共计约 1300m。

5.2.13　电气二次

电站按“无人值班、少人值守”的原则进行设计，采用以计算机监控系统为主，简易常规控制为辅的控制模式，电站计算机监控系统采用开放式分层分布结构，具有可靠性高，安全性好，自投运以来运行稳定。

由于电气二次设备大多数都布置在室内，而地震的发生并没有导致紫坪铺水电站主厂房室内结构的改变，所以主厂房内的电气二次设备在硬件上的受损程度很小。但由于副厂房部分沉降，装修地面及吊顶等损毁严重，造成中控室、计算机室和通信室部分设备受损。震后发现，电气二次设备在紧急情况下的保护措施还远远不够，地震发生时产生了监控信号暂时消失，通信中断，设备电源消失，直流电源不可靠等事故，威胁到华中电网的安全并对电站的生产和职工的生活都产生严重的影响，甚至会导致人身安全事故的发生。因此，灾后重建需要对室内电气二次设备做一次大规模的完善，以杜绝这些情况发生。

震后，电站对电气二次设备做出了初步的完善，主要在两个方面：

（1）完善了主副厂房的直流供电系统。直流供电系统是关系到全厂设备运行的一个重要系统，全厂的二次设备都由这个系统来提供工作电源，此系统一旦发生故障的话会导致全厂的二次设备停止工作，机组被迫紧急停机，所以将直流供电系统采用增设直流分电屏的形式由原来的环网供电方式改为辐射状供电方式，用于增加直流系统的可靠性。

（2）原远控中心的 UPS 蓄电池由于闲置几年后在地震发生时发现蓄电池漏液等现象，造成电池无法使用，故另行购买一套 UPS 蓄电池，用于紧急情况下的备用电源，给远控中心的通信设备供电。

电站在地震发生后的第一时间采取了一定紧急措施来保证紫坪铺水电站的安全运行，但仅凭这些措施来保证电站安全是远远不够的，震后重建还应对电站可能出现的安全隐患做出整改，震后重建完善的项目如下。

1. 电站二次监控系统修复

受损的监控计算机硬件设备厂家已经停产，须对监控系统进行升级换代。

2. 电站二次系统设备安全防护实施

为了加强紫坪铺水力发电站二次系统安全防护，确保电力监控系统及电力调度数据网络的安全，依据《电力二次系统安全防护规定》（国电第 5 号）要求，按照“安全分区、网络专用、横向隔离、纵向认证”的原则，进行二次系统设备安全防护配置。

3. 手持巡检系统

电站原使用人工记录及计算，工作效率低、容易出现计算错误。

手持巡检系统为 2 个运行人员配设 2 台手持巡检仪，并在需巡查的电气设备上设置条形码，电站运行人员按照预定的时间、巡查路线逐项检查，扫描条形码，巡查结束后，将手持巡检仪的数据送入后台管理用笔记本，实现无纸办公。

4. 远控中心备用电源修复

紫坪铺电站成都远控中心中不仅设有与电站交换数据的通信设备，还有一台川西光纤环网的终端机，一旦此终端机电源消失则影响整个川西光纤环网的运行。远控中心原为此通信设备配置了一套 200Ah 的直流系统，根据《华中区域发电站并网安全性评价管理办法》要求，通信设备必须设置 2 套相互独立的电源系统，故在远控中心再增设一套 200Ah 的 48V 直流电源系统作为通信设备的备用电源。

5.GIS 在线监测装置

GIS 在线监测装置是重要的电气设备，其在线监测系统从本质上改变了传统的检测方式，不但提高了企业的管理运营效率，也有效保障了设备的运行安全可靠性。

6. 主变压器在线监测系统

主变压器在线监测系统需包含以下基本功能：

（1）主变压器油中溶解气体在线监测。

（2）主变压器油微水含量在线监测。

7. 远控中心通信机房修复

根据《华中区域发电站并网安全性评价管理办法》要求，通信电源和无人值守通信机房内主要设备的告警信号，需要接到有人昼夜值班的地方。现远控中心并无设置工业电视摄像头，通过画面是无法看到设备的报警信号，所以需单独配置一台通信服务器，通信电源和设备的报警信号通过 RS485 串口与通信服务器通讯，再传送到监控画面中。

8. 调度录音系统修复

电站原设计了一套数字录音录时系统，此系统用于连续、自动、准确可靠并优质地记录调度中心下达的指令。但根据水电站运行人员反映，此调度录音电话的软件系统落后，并偶尔会丢失录音数据，对电站的生产管理造成了巨大的影响。需更换一台功能更强更可靠的调度录音系统。

9. 厂房蜂窝通信系统

厂房蜂窝通信系统是采用蜂窝无线组网方式，在终端和网络设备之间通过无线通道连接起来，进而实现用户在活动中可相互通信。其主要特征是终端的移动性，并具有越区切换和跨本地网自动漫游功能。蜂窝移动通信业务是指经过由基站子系统和移动交换子系统等设备组成蜂窝移动通信网提供的话音、数据、视频图像等业务。

为了解决主副厂房手机通话信号质量不好的弊端，特在主副厂房新增一套厂房蜂窝通信系统。

10. 4 号机组励磁系统非线性电阻更换

原电站 4 号机组励磁系统非线性电阻在地震中已经损坏，完全无法使用，故在此次震后重建中更换一套新的非线性电阻即可。

11. 通风机室外集水井排水泵控制箱

通风室外拟建一个集水井，并配置 2 台 5.5kW 的水泵排水，具体描述见水机专业部分。故需增加一套通风机室外集水井排水泵控制箱，用于对 2 台水泵的控制，以及信号上送。

12. 消防报警系统

电站原设有一套消防报警系统，该系统开通至今已经工作 3 年多，整体运行稳定可靠。经过原设备厂家的检查，全系统 1 台主机，共 10 个回路，系统存在故障和误报现象，解决方案①重新购买已损坏的元器件，请原设备厂家配合安装调试；②重新建立系统文件和数据；③厂房内做必要的防护处理，并定期除尘、除潮，以保障设备的工作环境。

13. 工业电视系统

工业电视系统建设于 2006 年，主要对主厂房、副厂房、尾水区域、大坝区域进行视频监控并录像。现系统基于数字架构，在前端即将视频信号转换为数字信号用光纤传输到控制室，通过网络交换机组成视频局域网。可同时发送到录像服务器进行集中存储和远传到成都基地，所有图像都可通过网络进行观看。

工业电视系统对电站运行人员监视设备及水调工作人员监视库区水位起到很大辅助作用，但现阶段该系统还存在以下缺陷：

（1）工业电视投入运行以来，运行人员一直反映图像效果不佳，画面是有停顿、掉帧情况出现。

（2）系统录像服务器不稳定，录像查阅功能不完善，录像查阅难以查找到希望查找到的图像。

震后，工业电视系统受到严重破坏，部分点位已不能工作，亟待修复；

需在副厂房门厅中安装一套电子大屏幕用于公布电站信息，显示最新资讯等。

14. 电能量采集装置升级

目前电站采用的是四川源博科技有限责任公司的G310电能量采集装置，该装置与省调主站通信采用拨号方式。为满足接入电力调度数据网的要求，该装置需要更换为具备以太网RJ45接口的新型装置，型号为G310A，并配置一套发电计划申报系统通过纵向加密认证，以数据专网的网络方式接入系统联调。

15. 厂房扩音装置及通信线路修复

生产现场已安装普通步步高电话18部，由于主厂房高噪声、高湿度，电话故障率高、覆盖面小，造成厂房内联系不便。运行人员多次反映中控室工作人员不能及时与现场生产人员进行联系，进行实时指挥。当发生紧急事故时，不利于紧急指挥和人员疏散等应急工作。

副厂房墙上的电话和网络端口处仅敷设了一根网线，该网线同时承担电话信号与网络信号的传输。这种布线方式造成在综合配线架内必须先把网络线拆分成两部分，然后再分别进行电话和网络接线，造成配线架布线混乱。同时，与交换机连接的音频线只能采用手工铰接，容易造成接触不良，影响通话质量，从而降低了通信系统的可靠性。

5.2.14 水调自动化系统

汶川“5·12”地震使处在震中的紫坪铺遥测水位雨量站设备及卫星通信受损。

地震造成大部分遥测站点一体化基础站房倾斜倒塌，卫星接收室内、室外单元和水雨情采集设备、遥测终端损坏严重。紫坪铺水情自动化监测系统紫坪铺中心站由于受到强烈地震波的冲击，机房机架倒塌，设备和仪器、仪表坠落撞击损坏严重。水情值班室内的水情实时数据服务器、通信服务器、Web 服务器等被彻底摧毁。设备之间的连接电缆和传输光缆被严重损坏，系统一度处于瘫痪状态。紫坪铺水情自动化监测系统成都中心站在地震中同时受到震波的强烈冲击，中心站房的设备机柜严重位移，机柜上的 3 台服务器和安全隔离设备、水情实时数据服务器连接设备受损严重。数据存储服务器无法正常工作，5 台工作站仅 2 台能正常使用，通信连接电缆大部分被拉断和破损。

灾情发生后，公司积极组织技术人员全力投入系统的抢修和恢复建设，震后 16h，紫坪铺水情自动化监测系统成都中心站系统恢复正常工作，能及时收集库区流域雨水情信息，预报入库流量，监测坝前水位，根据震后库区交通状况，首先对近坝区 7 个水雨情遥测站和两个中心站进行抢修，上游交通大部恢复后又进行威州以上流域 13 个水雨情遥测站的应急抢险，并对震中威州至紫坪铺区间 8 个遥测站进行现场察勘和恢复重建评估。皂角湾、黑土坡、耿达 3 个入库站受损严重，垮塌的山体阻断了交通，部分河床被埋，恢复难度较大。

水调自动化系统可整合信息资源，提高对灾害性天气的可预可控性、紧急事件的快速响应性、处置方案启用的合理性。故该系统从工程枢纽上游控制流域着眼，延伸下游行洪安全区域，覆盖水库控制流域和金马河沿江五县市，确保工程自身运行安全和泄洪安全。通过天气预报系统对大分区、地形降雨的分析，掌握未来天气变化趋势，利用水情自动测预报系统和洪水预报系统对流域径流的形成和洪水过程的演进进行实时监测、监控和演算，科学合理地制定水库雨洪调度、蓄水调度、发电调度、泄洪调度方案。通过对闸门信息的采集和监控，对白沙河杨柳坪站水情信息的监测，及时准确掌握闸门运行特性和运行工况以及枢纽泄洪过程与白沙河洪水过程组合特性（跌错洪峰、洪水过程规律）。通过对下游都江堰管理局配水计划和实时调节水量过程以及水情信息的采集，对金马河沿江五县市水情信息的实时监控，最大限度地保障下游河道的行洪安全。通过对信息平台各分系统信息的集成与整合，对制定科学合理的实时水库水位动态运行方案具有指导性和可操作性。水务计算和水调办公自动化系统的投入，替代了操作人员烦琐的工作流程，降低了人工操作时可能发生错、漏报信息的几率，大大提高了水调工作的效率和工作质量。

第6章　施工及质量评定

汶川“5·12”地震导致紫坪铺水利枢纽工程各类建筑物和设备发生了不同程度的震损震害。地震发生后，公司立即组织全面抢险，及时开展了大坝防渗结构震损震害调查和震后应急除险，进行了大坝钢筋混凝土面板修复等应急抢险恢复，逐步组织实施枢纽工程的灾后重建项目并及时对实施项目进行质量检测与评定。本章主要针对施工及质量评定相关内容进行介绍。

6.1　挡水系统工程修复施工与质量评定

大坝为钢筋混凝土面板堆石坝，坝顶长度663.77m，坝顶高程884.00m，另设防浪墙，墙顶高程885.40m，趾板建基高程728.00m，最大坝高156m。帷幕最大深度110m。

6.1.1　大坝面板应急修复

工程历经汶川“5·12”地震考验后，对坝体及面板变形、大坝渗流监测资料、外观检查等综合分析评价，大坝整体安全稳定，钢筋混凝土面板所承担的防渗功能没有明显破坏，但地震导致的坝体沉降变形使部分钢筋混凝土面板产生了脱空、垂直缝挤压破坏、面板水平施工缝错台等震损，使面板防渗系统有所损伤。为保证2008年汛期安全及汛后蓄水，对影响蓄水和度汛的关键部位进行了应急修复处理：面板挤压破坏处理；高程845.00m以上面板脱空修复处理；高程845.00m面板外凸修复处理；面板周边缝及垂直缝（含水下部分）检查修复处理等。2008年5月29日实施坝体防渗结构修复工作开始，包括：面板、周边缝、观测仪器、灌浆、防浪墙等。

6.1.1.1 面板脱空修复

对18块面板分5个高程（833.00m、843.00m、847.00m、860.00m、878.00m或879.00m）进行钻孔检测其脱空情况。检查发现高程845.00m以上，1号~23号面板均有脱空，24号~49号面板在面板顶部有部分面板脱空。

对面板脱空区采用水泥粉煤灰稳定浆液注浆法进行处理。钻孔后注浆，原则由孔口自流注入，不起压。浆液采用重量比为水泥：粉煤灰：水为1：9：（5~10）。每块面板沿坡向布置钻孔10排，每排4个孔，从面板下部开始往上逐级注浆。

6.1.1.2 错台修复

经检查发现，5号~12号和14号~23号面板在高程845.00m有12~17cm错台；35号~38号面板在高程845.00m有2~9cm错台。其余面板未见错台缝。

5号~12号和14号~23号面板采取在高程845.00m错台缝以下凿除混凝土80cm，其上凿除混凝土100cm，如图6-1所示；35号~38号面板采取在高程845.00m错台缝以下凿除混凝土60cm，其上凿除混凝土80cm，如图6-2所示；将变形钢筋割除后，补用ϕ16mm钢筋错缝焊接，恢复为原设计配筋型形式，再将上下层钢筋用ϕ16竖向钢筋进行连接，形成钢筋网后浇筑R_{28}C2528d混凝土（原面板混凝土）。

具体凿除方法为：面板施工缝错台部位，按照设计要求对每块面板损坏部位进行凿除，凿除范围根据错台高度而定，以使上下面板能够平顺连接。凿除方法主要采用风钻成孔，孔内装无声破碎剂，将需要处理部位的面板挤压破碎，破碎后清除混凝土。另外配设一定的风镐辅助配合破碎。

图 6-1　高程 845.00m 错台混凝土凿除后钢筋修复

图 6-2　高程 845.00m 错台钢筋制安

6.1.1.3　面板纵缝修复处理

5 号、6 号面板板间及 23 号、24 号面板板间存在纵缝的修复处理；与面板水平错台缝同时进行。修复处理过程中先打开表面止水设施，在面板纵缝两边各开口 40cm，按 1 ： 0.1 坡比凿除混凝土如图 6-3 所示。若其下紫铜片止水损坏，则进行修复。之后再浇筑 R_{28}C2528d 混凝土（原面板混凝土标准）；缝顶不留 V 形槽。5 号、6 号面板间纵缝用 12mm 三元乙丙复合橡胶板嵌填， 23 号与 24 号面板间纵缝用 24mm 三元乙丙复合橡胶板嵌填。表面止水按原施工图设计实施。

6.1.1.4　面板裂缝修复处理

（1）对于缝宽小于 0.2mm，直接在表面涂刷增韧环氧涂料。

（2）对于缝宽大于 0.2mm、小于 0.5mm 的非贯穿性裂缝，首先对裂缝化灌处理，然后进行表面处理。

（3）对于缝宽大于 0.5mm，首先化灌处理，然后沿缝面凿槽，嵌填柔性止水材料，最后进行缝面封闭处理

6.1.1.5　面板与防浪墙间的顶水平缝修复处理

打开表面止水设施，在面板顶部凿除 50cm 宽的面板混凝土，如图 6-4 所示，并凿除防浪墙保护层混凝土，露出钢筋，修复底层紫铜片止水，浇筑 R_{28}C2528d 混凝土（原面板混凝土），表面止水按原设计恢复。

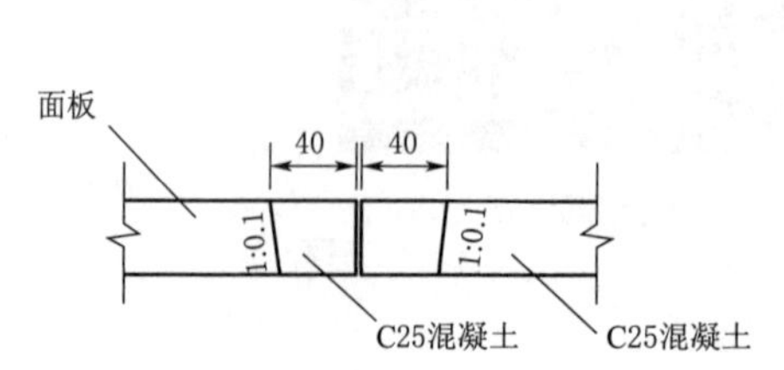

图 6-3　面板纵缝处理图（单位：cm）

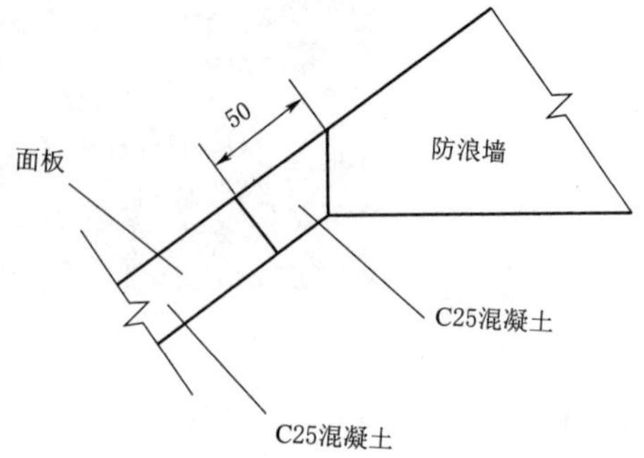

图 6-4　防浪墙与面板处理图（单位：cm）

6.1.1.6 水下部位面板混凝土裂缝修补

2008年6月3日组织队伍对大坝面板的水下破损情况进行详细检查，重点是对水面上有破坏的23号、24号面板间进行水下摸测及录像检查。检查后发现23号、24号面板间存在受损情况：高程819.00~791.00m，23号、24号坝段间伸缩缝左侧（23号面板）0.2~1.8m处起坝面混凝土中间隆起（高度10~15cm）形成裂缝，周围混凝土破损，破损范围宽1.0~1.5m，长48.0m。针对这一情况，对其进行了如下处理：

1. 混凝土的修复

（1）破损混凝土和钢筋的凿（切）除。由潜水员采用液压镐、液压锯、水下风镐等水下作业设备对破损的混凝土进行凿（切）除，将面板表层翘起和剥落的混凝土凿除，在水深为20.0m以上时采用水下风镐作业，20.0m以下水深采用液压镐作业；并对凿除后的混凝土进行周边修整平直，凿除深度至第二层钢筋层以下3cm（深25~35cm），由于第一层钢筋间距小，风镐不能凿除该钢筋网下混凝土，施工中采用水下割刀切除钢筋，满足风镐施工要求。在凿除完成后，由潜水员水下将原先因隆起变形的第一层钢筋采用水下割刀切除，重新绑扎钢筋形成钢筋网。

（2）混凝土面的清洗。为了确保新老水下混凝土结合密实，使修复后的面板整体性能良好，因此必须对基面进行清理。施工时由潜水员采用8MPa高压水枪将表面凿除形成的松散卵石和浮渣进行清理，使相关的表面清洁，无松动块粒，以确保新老混凝土的足够黏结面积和牢度。

（3）模板施工。浇筑之前由潜水员进行模板安装，模板采用竹胶板。具体方法是：以修复部位面层为基准面，由潜水员将陆上拼装好的模板覆盖在浇筑面，上下及周边采用膨胀螺栓固定模板，模板上口预留浇筑混凝土导管位置。每块模板尺寸为 2.4m×1.2m 不等，具体按大于修复部位宽度 10cm 为准调整尺寸，实际施工中立一块模板（1.2m 高），即浇筑一仓 PBM 混凝土。

（4）PBM 混凝土施工。采用的 PBM 混凝土对混凝土受损部位进行处理。PBM 混凝土是种新型的水下材料，该材料主要以 HK-PBM-3 树脂为黏结剂，将其与骨料（石子、砂、水泥）固结而成的混凝土。其具有高分子和无机材料的综合性能，可在水中快速固化，1d 的抗压强度可达 30MPa。施工时不需导管，可直接经过几十米的水层浇入水中，浇注后不需振捣，即可形成自流平、自密实的水下快速固化的混凝土，可对水下混凝土缺陷进行薄层、厚层和快速的修补。根据这种特殊混凝土的施工特点，现场施工时，在现场进行试配，将时间调整至 180min 左右，配合比（重量比）为：石子：砂：水泥：PBM-3 树脂：促进剂：引发剂 = 0.31 ：0.40 ：0.11 ：0.18 ：0.003 ：0.003；每仓拌制（kg）配合比（重量比）为：石子：砂：水泥：PBM-3 树脂：促进剂：引发剂 = 7.57 ：9.77 ：2.60 ：4.4 ：0.011 ：0.011。

由于 PBM 混凝土有快速固化特性，拌和物黏度较大，黏结力较强，在拌制时全部采用人工拌制的方法进行分班作业，由 2 个拌制场地和 2 名潜水员进行配合浇筑施工。PBM 混凝土具有不分散和高效黏结特性，施工时采用桶装法将拌和物传递给潜水员，潜水员在水下根据需要定点倾倒，让其自动流平，自己密实。

新浇 PBM 聚合物混凝土在水下养护 24h 后，可由潜水员进行拆模板和修补表面处理，成型后由潜水员使用水下摄像机进行检查。

2. 锚筋施工

在施工过程中，自高程 819.00m 往下，完成平面长度 16.0m 裂缝处理后，高程 810.00~796.00m（平面长 24.0m）凿除完破损混凝土后没有发现钢筋，主要原因是已超出伸缩缝处加强钢筋范围。为保证浇筑后的 PBM 混凝土与原坝面混凝土黏结牢靠，对没有钢筋的范围进行植筋，绑扎钢筋网片，主要采用液压钻钻出锚筋孔，然后埋入 ϕ20mm 螺纹钢筋作为锚筋，锚筋底部开锲口，塞入塞铁，锤击紧密使之固定（原理与膨胀螺栓同）；完成后，在锚筋上绑扎钢筋形成网片，再浇筑 PBM 混凝土，如图 6-5 所示。

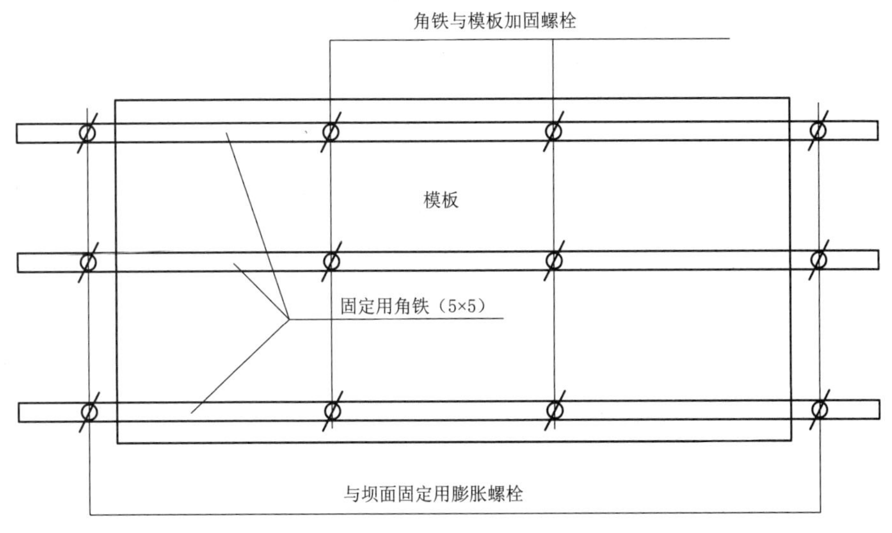

图 6-5　锚筋施工示意图（单位：cm）

3. 鼓包修复

根据现场情况，原伸缩缝施工的鼓包在高程 819.00m 以下斜坡 20.0m 范围内需拆除后重新修复，采取华东院的 SR 系列水下修补材料进行修复。

（1）修复前的准备工作。潜水员下水后采用扳手将原固定用膨胀螺栓松开，将鼓包分段拆除，对部分不能拆除的膨胀螺栓采用液压锯直接割除。拆除后原鼓包固定用的不锈钢扁铁压条将单独收集存放，作为以后修复固定用。基层面清理得干净与否直接决定了水下涂料的黏结强度。因此，鼓包重新修复前，对伸缩缝两侧 30cm 范围内的混凝土表面用液压旋转动力刷和高压水逐一进行水下打磨清洗，直至清理干净。之后，将调制好的专用黏结剂由潜水员在修复作业面进行涂刷，要求均匀涂刷底胶；待底胶表干后，即可进行鼓包修复施工。

（2）制作鼓包、粘贴盖片及固定。根据设计要求，将防渗盖片、不锈钢扁钢压条及止水材料嵌填料组合，制作成一个整体；制作完成后，在水上对盖片黏结部位再次涂刷水下黏合剂，涂刷时要求涂刷均匀，不漏刷；待塑性盖片表干后，小心覆盖防渗盖片。粘贴时按“由上而下，由中间向两边”的顺序粘贴在伸缩缝缝面上并打压密实。在距接缝中心两侧各 16cm，每隔 50cm 与不锈钢扁钢压条配钻膨胀螺栓（M8×100）孔，并安置膨胀螺栓，膨胀螺栓孔由潜水员携带液压钻水下钻孔。塑性盖片粘贴到坝面上以后，先用扁铁压住盖片，然后用膨胀螺栓固定住扁铁，将塑性盖片紧紧压在坝面上。膨胀螺栓的钻孔要尽量垂直坝面，一次套进不要多于两个螺栓，第三个螺栓等前两个固定好后再固定，两块扁铁间的接头与塑性盖片间的接头要错开。

6.1.2 大坝左右两岸帷幕灌浆补强

为防止地震对大坝防渗的破坏，提高坝基的防渗性，需加强大坝的帷幕灌浆，从趾板高程 850.00m 开始沿原来防渗帷幕线向两岸延伸，分别深入左右岸灌浆洞内 100m，灌浆孔距 1.5m，单排，设计孔深为 37m，现场根据实际情况调整。

6.1.2.1　大坝左右两岸帷幕灌浆施工

1. 工程特性及施工难点

（1）工程特性。需严格控制帷幕灌浆压力，防止面板和混凝土发生抬动；由于帷幕灌浆是在高水位条件下进行，极可能出现严重的涌水现象；文明施工、质量、环保要求高。

（2）施工难点。紫坪铺水电站下游为成都市供水厂，故对污水排放要求极高，施工中采用“集中处理法”解决排污问题，帷幕灌浆施工产生的污水经过污水处理池处理后，经检测达标后，才能集中向下游排放。由于本工程在高水位进行帷幕灌浆，有可能出现较严重的涌水现象，需制定相应方案以应对涌水，保证施工顺利进行。

2. 施工程序及工艺流程

（1）先施工先导孔，通过先导孔压水试验成果，决定是否进行帷幕补强灌；决定补强灌浆后再进行抬动孔及声波测试孔钻孔，后施工帷幕灌浆孔，帷幕灌浆结束待凝 14d 后，施工灌后检查孔。帷幕灌浆分 Ⅰ 序、Ⅱ 序、Ⅲ 序灌浆孔，按分序加密的原则进行；先施工 Ⅰ 序灌浆孔，再施工 Ⅱ 序灌浆孔，最后施工 Ⅲ 序灌浆孔。同排同次序灌浆孔可同时施工，同一排相邻的两个次序之间，在基岩中钻孔灌浆的间隔高差大于 15m 后，下一次序孔方可开始钻孔。帷幕灌浆施工程序如图 6-6 所示。

（2）施工工艺流程。大坝左右岸帷幕灌浆施工工艺由灌浆试验确定，拟采用镶铸孔口管，自上而下灌浆。

3. 灌浆孔施工

（1）钻孔。采用 XY-2 型地质钻机，外形尺寸小，搬迁灵活，适用于金刚石和硬质合金钻进，钻杆加卸方便并能保证成孔质量。

声波测试孔和灌后检查孔孔径均为 76mm，抬动孔钻孔径为 91mm，帷幕灌浆终孔孔径为不小于设计要求；钻孔段长划分：先导孔孔、灌后检查孔及灌浆孔，见表 6-1。

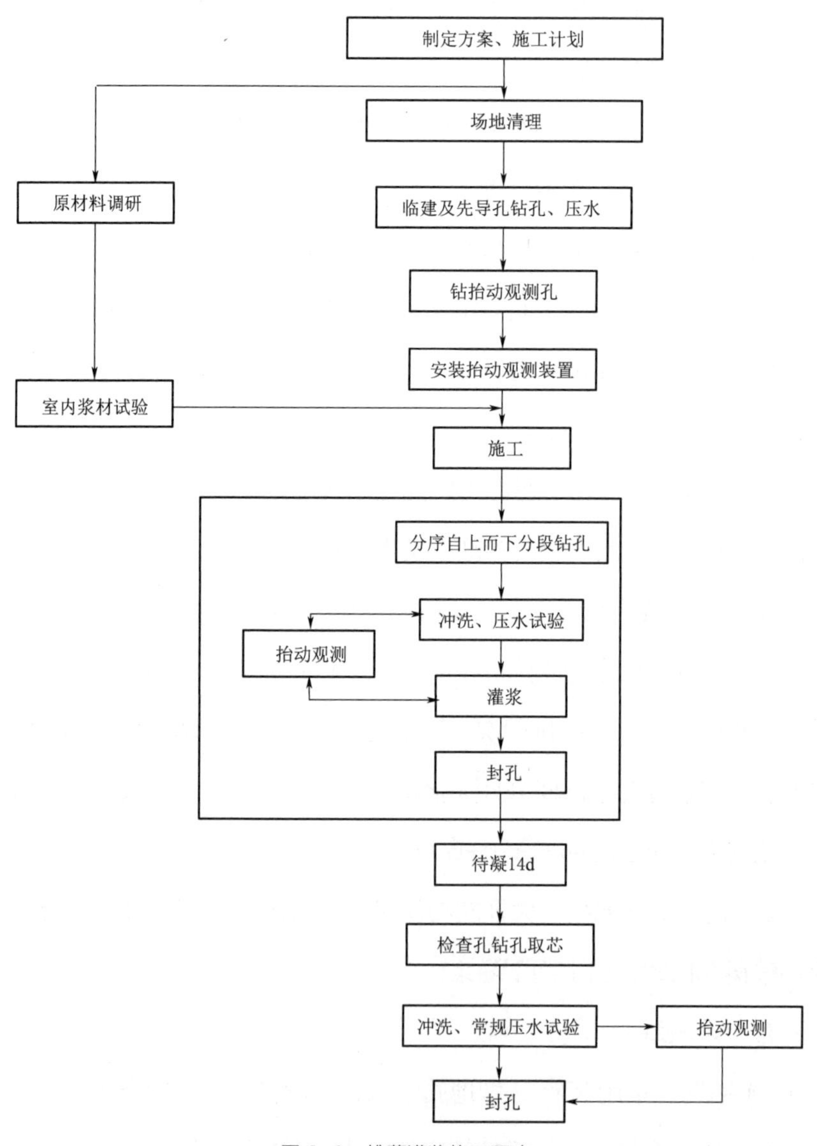

图 6-6　帷幕灌浆施工程序

表 6-1　　钻孔段长划分表　　单位：m

段　次	第 1 段	第 2 段	3 段及以下各段	备注
灌前、灌后测试孔段长	2	3	5	
帷幕灌浆孔段长	2	3	5	
灌后检查孔段长	2	3	5	

如钻孔穿过软弱破碎岩体发现塌孔和集中漏水比较严重进，根据具体情况可先作为一段先进行灌浆。待凝 24h 后再钻进。

灌浆孔孔位偏差不得大于 10cm，因故变更孔位，应征得监理人同意。帷幕灌浆孔在开钻前用水平尺找平并垫稳钻机，用地锚将钻机固定好。钻孔时尽量采用长钻具进行导向控制孔斜，在钻孔中采用 DUZ-D 型多点照相测斜仪进行孔斜测量，一般每 5m 测斜一次，终孔段必须测斜，发现偏差及时纠正。孔底偏差值不得大于表 6-2 的规定数值。

表 6-2　　钻孔孔底最大允许偏差

孔深 /m	20	30	40	50	≥ 60
最大允许偏差 /m	0.25	0.50	0.80	1.15	1.50

孔深大于 60m 时，孔底最大允许偏差值根据施工图纸要求或监理人的指示执行。

（2）抬动观测。根据实际情况，在灌浆区域内布置抬动观测系统。为了保证灌浆施工在允许的抬动变形范围内顺利进行，在抬动观测点处安装常规的测微计（千分表）及位移传感器，在压水、灌浆过程中安排专人进行观测，根据现场实际情况，按 30m 设置一组。

（3）钻孔和裂隙冲洗试验。为了提高灌浆效果，在灌浆前，对所有灌浆孔（段）进行钻孔冲洗和裂隙冲洗；在断层、大裂隙等地质条件较差的区域，其帷幕灌浆孔的裂隙冲洗，按监理人或现场试验的方法确定。钻孔和裂隙冲洗要求如下：

1）各次序灌浆孔段灌前均进行裂隙冲洗，直至回水清净为止。冲洗压力为该段次灌浆压力的 80%，并不大于 1MPa。冲洗风压采用 50% 灌浆压力，压力超过 0.5MPa，采用 0.5MPa。

2）裂隙冲洗应冲至回水澄清后 10min 结束，且总的时间要求，单孔不少于 30min，串通孔不少于 2h，对回水达不到澄清要求的孔段，就继续冲洗，孔内残存的沉积物厚度不得超过 20cm。

3）当邻近有正在灌浆的孔或邻近灌浆孔结束不足 24h，不得进行裂隙冲洗。

4）灌浆孔（段）裂隙冲洗后，该段应立即进行灌浆作业，因故中断时间超过 24h 者，应在灌浆前重新进行裂隙冲洗。

（4）压水试验。

1）压水试验在裂隙冲洗后进行，试验方法由监理人指示，压水压力为该灌浆段灌浆压力的 80%，并不大于 1.0MPa。压水时间 20min，每 5min 测读一次压入流量，以最终流量值计算吕荣值。

2）先导孔采用自上而下分段卡塞进行压水试验，并按施工图要求采用五点法或单点法，其他各次序孔的各灌浆段，可进行简易压水试验。检查孔采用五点法压水试验。检查孔的数量就不少于灌浆总孔数的 10%。

（5）镶铸孔口管，要求如下：

1）开孔采用 XY-2ϕ91mm 钻具钻进，钻入基岩 2.0m。

2）对第一段进行冲洗和压水试验后，卡塞以设计压力灌注混凝土盖板接触带及基岩第一段，直至达到结束标准为止，取出孔内灌浆塞。

3）通过钻杆向孔内注入 0.5 ：1 的浓浆置换孔内稀浆，然后下入 ϕ89mm 的孔口管直至孔底，并导正孔口管。孔口管上端口应高出混凝土地面 0.10m。

4）采取可靠措施稳固 ϕ89mm 孔口管，待凝 3d 以上，经监理工程师检查合格后即可进行扫孔，扫孔结束后采用压水的方法检查孔口管镶铸质量，如孔口管稳固、周围无漏水即可进行第二段钻灌。否则应进行处理或重新镶铸。根据我局多年的施工经验，以上镶铸方法效果良好。

5）为加快施工进度，在孔口管段分序灌浆后，可同时镶铸孔口管。

4. 灌浆

（1）灌浆材料。

1）在能止住水的前提下尽量采用纯水泥灌浆。

2）灌浆所用的材料包括水泥、外加剂、掺和料以及各种特殊材料均应符合有关的材料质量标准，并附有生产厂家的质量证明书和产品使用说明书。每批材料入库前均应按规定进行检验验收，及时将检验成果报送监理工程师。灌浆所用的各种材料必须通过环保部门鉴定，符合国家环保要求，不得污染工程区周边环境和水文地质条件。

3）帷幕灌浆材料主要以水泥为主，水泥品质必须符合《硅酸盐水泥、普通硅酸盐水泥》（GB 175—1999）或采用的其他水泥的标准的规定。到货的水泥应专用的水泥平台上，防止因贮存不当引起水泥变质，袋装水泥的出厂日期不应超过 3 个月，快硬水泥不应超过 1 个月。袋装水泥的堆放高度不得超过 15 袋。不得使用受潮结块的水泥。

4）帷幕灌浆所用水泥一般为普通硅酸盐水泥，其强度等级不应小于

P.O42.5，细度要求通过 80μm 方孔筛，其筛余量不大于 5%。

5）灌浆用水应符合《混凝土拌和用水标准》（JGJ 63—89）的相关规定，制浆用水的温度不得高于 40℃。

6）根据灌浆需要，在水泥浆液中加入砂、膨润土或黏性土、粉煤灰、水玻璃等掺和料时应满足以下要求：①砂：质地坚硬的天然砂或人工砂，粒径不大于 2.5mm，细度模数不大于 2.0，SO_2 含量不大于 1%（以重量计，下同），含泥量不大于 3%，有机物含量不大于 3%；②膨润土或黏性土：黏性土的塑性指数不宜小于 14，黏粒含量（粒径小于 0.005mm）不宜低于 25%，含砂量不宜大于 5%，有机物含量不宜大于 3%；③粉煤灰：可选用Ⅰ级、Ⅱ级、Ⅲ级粉煤灰。各级粉煤灰的品质指标应符合《水工混凝土掺用粉煤灰技术规范》（DL/T 5055—1996）中的相关规定；④水玻璃：模数宜为 2.4~3.0，浓度为 30~45Be，水泥浆与水玻璃的体积比一般为 1 ：1~1 ：0.3；⑤其他掺和料：对掺和料品质的具体要求，应根据工程的情况和灌浆的目的确定。⑥根据灌浆需要在水泥浆液中掺入速凝剂、减水剂、稳定剂等外加剂时，各种外加剂质量应符合《水工混凝土外加剂技术规程》（DL/T 5100—1999）的规定。所有能溶于水的外加剂应以水溶液状态加入。⑦掺合料和外加剂的最优掺加量应通过室内浆材试验和现场灌浆试验确定，试验成果报送监理工程师审批，批准后方可使用。

（2）制浆。

1）制浆材料必须按规定的浆液配比计量，计量误差应小于 5%。水泥等固相材料宜采用质量（重量）称量法计量。

2）各类浆液必须搅拌均匀，测定浆液密度和黏滞度等参数，并做好记录。

3）纯水泥浆液的搅拌时间：使用普通搅拌机时，应不少于 3min；使用高速搅拌机时，应不少于 30s。浆液在使用前应过筛，从开始制备至用完的时间宜小于 4h。

4）制浆站宜制备水灰比为 0.5 ∶ 1 的纯水泥浆液，输送浆液流速应为 1.4~2.0m/s，各灌浆地点应测定来浆密度，并根据各灌浆点的不同需要调制使用。稳定浆液采用单一的水固比。

5）浆液温度应保持在 5~40℃，低于或超过此标准的应视为废浆。

6）加入掺合料和外加剂的浆液的搅拌时间及自制备至用完的时间通过试验确定。

（3）灌浆段长及压力。灌浆段长与灌浆压力见表 6-3。灌浆压力以孔口压力表压力为准，且压力表波动不超过灌浆压力的 20%。

表 6-3　　灌浆段长与灌浆压力

灌浆段次	1	2	3	4	5	6 及以下各段
段长 / m	2	3	5	5	5	5
灌浆压力 /MPa	1.0	1.5	2.0	2.5	2.5	2.5

注　表中压力将根据灌浆试验中灌注实际情况进行调整。

（4）浆液配比。灌浆浆液采用 3 ∶ 1、2 ∶ 1、1 ∶ 1、0.8 ∶ 1、0.5 ∶ 1 等五个比级，开灌水灰比 3 ∶ 1（水灰比可由试验进行调整）。

（5）浆液浓度及变浆控制。灌浆浆液采用灌浆试验推荐的并经监理人批准的灌浆材料及配合比，灌浆浆液应由稀到浓逐级变换。灌浆浆液应由稀至浓逐级变换。浆液变换原则为：

1）当灌浆压力保持不变，注入率持续减少时，或注入率不变而压力持续升高时，不得改变水灰比。

2）当某级浆液注入量已达300L以上，或灌浆时间已达30min，而灌浆压力和注入率均无改变或改变不显著时，应改浓一级水灰比。

3） 当注入率大于30L/min时，可根据具体情况越级变浓。当灌浆压力保持不变，注入率持续减少时，或当注入率保持不变而灌浆压力持续升高时，不得改变水灰比。

（6）灌浆结束标准。结束灌浆需满足下列条件：

1）自上而下分段灌浆法结束标准：在规定设计压力下，当注入率不大于0.4L/min时继续灌注60min，或不大于1L/min，继续灌注90min，灌浆即可结束。

2）自下而上分段灌浆法结束标准：在规定设计压力下，当注入率不大于0.4L/min时继续灌注30min，或不大于1L/min，继续灌注60min，灌浆即可结束。

3）当长期达不到结束标准时，灌浆量超过5Tm^3可待凝。

（7）封孔。每个帷幕灌浆孔全孔灌浆结束后，监理人进行验收合格后再进行封孔。封孔采用孔口封闭法，自上而下灌浆法。

6.1.3 质量评定

6.1.3.1 大坝面板修复工程质量评定

通过对施工过程中使用的水泥、砂石骨料、钢筋和止水材料原材料和现浇混凝土试块、钢筋焊接和铜片止水焊接等中间产品进行了相应的检测、试验，均满足质量标准要求。

大坝面板修复分部工程共分106个单元，施工单位自评106个单元合格，合格率为100%，其中43个单元为优良，单元优良率为40.6%。分部工程质量评定为合格，同意分部工程验收。

6.1.3.2　大坝左右两岸帷幕灌浆质量检测与评定

1. 质量检测

原材料水泥抽检 3 组，质量符合规范要求；检测帷幕灌浆后压水试验，灌后检查孔孔数按灌浆总孔数的 10%，左岸帷幕灌浆灌后检查孔 10 孔，最大透水率为 2.81Lu，右岸帷幕灌浆灌后检查孔 18 孔，最大透水率 2.66 Lu，均小于设计标准 3Lu，灌后取芯率在 85% 以上，水泥结石普遍可见。

水利部黄河勘测规划设计研究有限公司负责灌浆效果检测，主要检测项目为灌前灌后声波速度检测。

（1）左岸帷幕灌后声波速度平均值为 4236m/s，较灌前提高 7.9%；同孔位灌后声波速度平均值为 4237m/s，较灌前提高 7.9%；灌后工程监理方指定检查孔声波速度平均值为 4236m/s，较灌前提高百分比为 7.9%。

（2）右岸帷幕灌后声波速度平均值为 4175m/s，较灌前提高 7.7%；同孔位灌后声波速度平均值为 4195m/s，较灌前提高 8.3%；灌后工程监理方指定检查孔声波速度平均值为 4154m/s，较灌前提高百分比为 7.2%。

（3）灌后粉细砂岩声波速度平均值为 3542 m/s，较灌前平均波速提高 8.8%；灌后含煤中细砂岩声波速度平均值为 4284m/s，较灌前平均波速提高 8.3%。

通过帷幕灌浆，各单元灌后声波速度值较灌前均有一定幅度提高，低波速点明显减少，岩体力学性能及防渗性能得到一定程度改善。

2. 质量评定

大坝左右岸帷幕灌浆共划分 16 个单元工程，按照《水利水电工程施工质量检验与评定规程》（SL 176—2007）、《水电水利基本建设工程　单元工程质量等级评定标准　第 1 部分：土建工程》（DL/T 5113.1—2005）

进行质量评定，16 个单元工程质量全部合格，其中优良单元工程 16 个，优良品率 100%。

6.2 1 号、2 号泄洪洞修复施工与质量评定

6.2.1 混凝土面修复

6.2.1.1 1 号、2 号泄洪洞混凝土面修复

1.1 号泄洪洞混凝土面修复内容

1 号泄洪洞环氧砂浆修复：龙抬头 0+067.00~0+223.03 底板（厚 15mm）、过水断面边墙（厚 10mm）；0+233.03~0+761.38 导泄结合段底板 5.35m 高度以上边墙（高 0.75~5.00m，厚 7mm）；出口挑流鼻坎段 0+761.38~0+810.68 底板（厚 15mm）；其他部位的零星修复；1 号泄洪洞水泥基渗透结晶材料处理：龙抬头 0+067.00~0+273.04 顶拱；0+468.27~0+761.38 段顶拱；工作闸室高程 877.00~809.00m 边顶拱。

2. 2 号泄洪洞混凝土面修复内容

2 号泄洪洞混凝土震损修复施工及其他过水建筑零星修补，包括混凝土基面处理、环氧砂浆抗冲磨层涂抹、震损坑槽环氧砂浆修补、混凝土裂缝化学灌浆、水泥基渗透结晶涂层以及其他零星维修施工。

3. 1 号、2 号泄洪洞混凝土面修复施工方案

根据紫坪铺灾后重建设计文件要求，在两泄洪洞龙抬头段混凝土过流面边墙涂抹厚 10mm 的环氧砂浆，底板涂抹厚 15mm 的环氧砂浆，龙抬头段混凝土表面涂刷水泥基渗透结晶防水涂层；对洞内其他震损坑槽采用环氧砂浆修补，震损裂缝采用化学灌浆处理。

泄洪洞底板修复施工如图 6-7 所示；泄洪洞边墙修复施工如图 6-8 所示。

图6-7 泄洪洞底板修复施工

图6-8 泄洪洞边墙修复施工

6.2.1.2 1号、2号泄洪洞裂缝化学灌浆

混凝土表面裂缝处理根据现场情况搭设双排或满堂脚手架作为施工平台，对震损裂缝进行观察描述，判断裂缝类型。对裂缝宽度大于0.2mm的表干无水裂缝采用环氧树脂化学灌浆补强处理，灌浆材料采用NE-Ⅳ型环氧浆材，先用电锤钻孔埋嘴，缝面采用环氧砂浆封缝，再用专用电动灌浆泵将环氧浆材灌入裂缝内；对混凝土表面渗漏水裂缝采用聚氨酯浆材或两序孔复合灌浆进行化学灌浆止水补强。钻孔布置如图6-9所示。

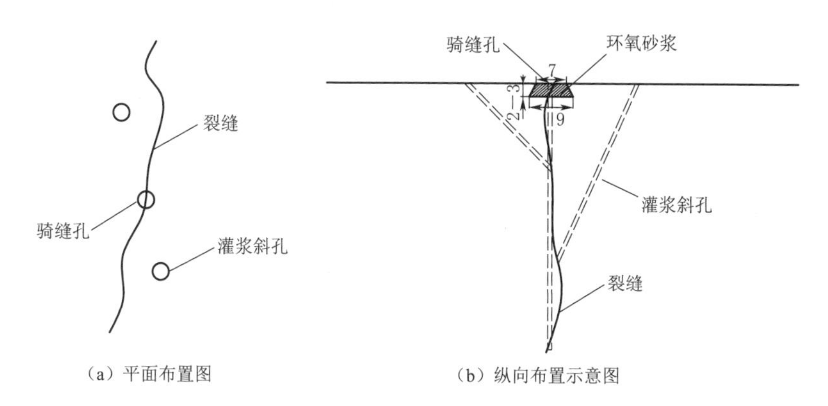

图6-9 裂缝化学灌浆孔布置图（单位：cm）

导泄结合段环氧砂浆表面裂缝处理建议采用弹性环氧玻璃钢封闭裂缝表面。当渗水量较小或无明显渗水时，可采用快凝堵漏材料封堵局部渗水区域；

当渗水量较大或有明水渗出时，需采用化学灌浆封堵渗漏水区域，直至裂缝表面干燥、无渗漏水溢出。在处理过的裂缝表面粘涂“三液两布”弹性环氧玻璃布，增强缝面抗拉力，防止缝面再次开裂，形成环氧玻璃钢缝面保护层，宽 30cm，总长为裂缝两边各延长 30cm。

6.2.2 固结灌浆修复加固

6.2.2.1 工程特点

F3 断层段及出口段混凝土衬砌薄、出口段需加强抬动观测；衬砌层内钢筋布置密，钻孔时需加强钢筋探测；2 个泄洪洞龙抬头段震后漏水情况严重；施工安全、文明施工、质量、环保要求高。

6.2.2.2 施工难点

1. 环境保护要求高

紫坪铺电站下游为成都市供水厂，故对污水排放要求极高，施工中采用“集中处理法”解决排污问题，并经过双层沉淀。2 个泄洪洞内均设有排水沟和污水处理池，固结灌浆施工产生的污水经过污水处理池处理后，经检测达标后，方可集中向下游排放。

2. 安全防护要求高

工程施工中，2 个泄洪洞没交通道路，设备采用吊车或缆车吊运、人员交通依靠爬梯通行； 2 个泄洪洞龙抬头段洞内净高为 15m，坡度为 26.5°；设备靠人工搬运；脚手架搭设高度超过 12m，安全防护必须高要求。

6.2.2.3 施工要求

龙抬头段要求对渗、漏水点（段）进行有效地封堵，保证此段在无渗漏水的情况下运行；平直段及出口洞段要求对 F_3 断层及 L_9 断层挤压带进行加固，经过固结灌浆处理，提高岩体的整体性、刚度和防渗性能。

1. 施工工作程序

固结灌浆施工总体的工作程序如图 6-10 所示。

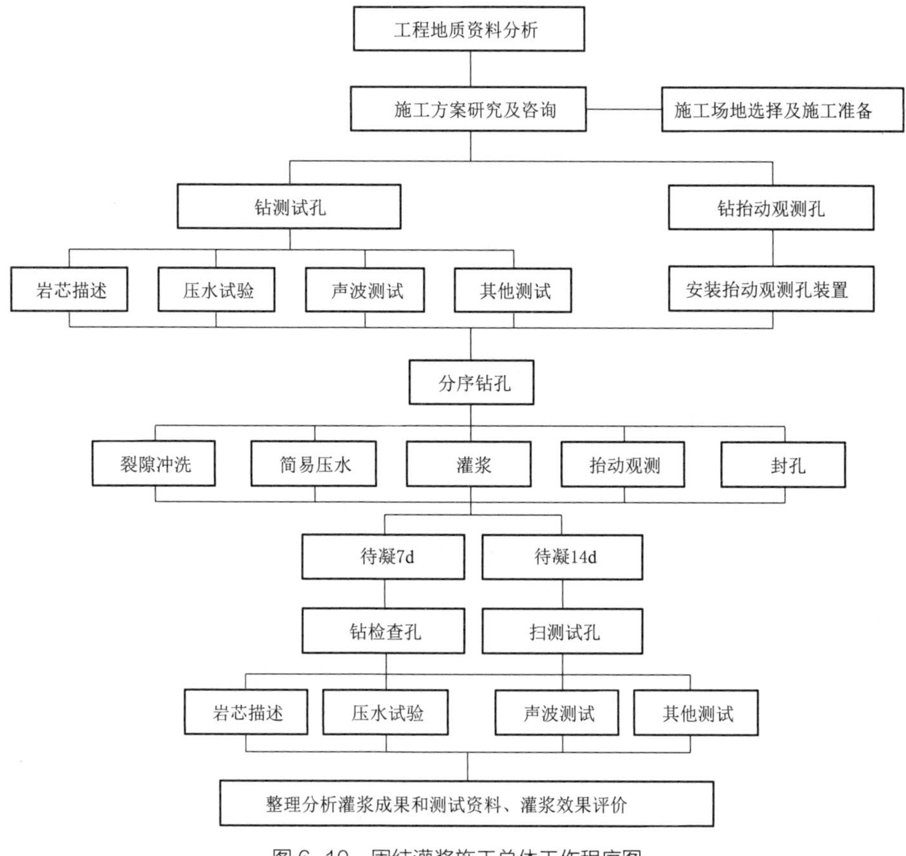

图 6-10　固结灌浆施工总体工作程序图

2. 灌浆孔施工

灌浆孔施工与帷幕灌浆类似。

3. 水泥灌浆

（1）灌浆材料。采用 P.O42.5 级普通硅酸盐水泥，细度要求过 80μm 的方孔筛的筛余量不大于 5%。

（2）浆液配比。灌浆浆液采用水灰比为 3 ∶ 1、2 ∶ 1、1 ∶ 1、0.8 ∶ 1

和 0.5 ：1（重量比）。

（3）制浆及供浆。

1）浆液制备。所有制浆材料必须称量，固相材料应采用称重法称量，加水采用自动计量器；水泥浆液采用高速搅拌机搅拌，纯水泥浆液的搅拌时间应不少于 30s。

2）浆液供应。集中制浆站拌制 0.5 ：1 的浓浆，搅拌时间 3min。通过 BW200/40 输浆泵将水泥浆液通过浆管，输送至现场的浆液中转站。通过中转站输送至各个施工机组。

（4）施工工艺。龙抬头段及出口洞段固结灌浆采用孔内阻塞分段、自下而上分段，孔口循环法灌注；平直段 F_3 断层段采用孔口封闭、自上而下分段、孔内循环法灌注。

（5）灌浆段长。灌浆段长划分与钻孔段长划分一致，见表 6-4。

表 6-4　　灌浆段长划分表　　单位：m

段　次	第 1 段	第 2 段	3 段及以下各段
灌前测试孔段长	2	3	5
灌后检查孔段长	2	3	5
固结灌浆孔段长	2	3	5

（6）灌浆压力。各灌浆孔最大压力初定按表 6-5 执行。出口洞段洞底及靠近山体侧Ⅰ序 1 号、2 号、11 号、12 号灌浆孔及Ⅱ序 1 号 ~3 号、11 号、12 号灌浆孔灌浆压力初定按表 6-6 执行，其余灌浆孔压力初定按表 6-7 执行，并在灌浆过程中严格进行抬动观测，如发现抬动，及时降低灌浆压力，灌浆压力以孔口压力表中值压力为准，且压力表波动不超过灌浆压力的 20%。

表 6-5　　各灌浆孔最大压力初定　　单位：MPa

段　次	1	2	3	以下各段
Ⅰ序孔灌浆压力	1.0	1.5	2.5	3.0
Ⅱ序孔灌浆压力	1.2	2.0	3.0	3.0

表 6-6　出口洞段洞底及靠近山体侧Ⅰ序、Ⅱ序灌浆孔灌浆压力初定
单位：MPa

段　次	1	2	3	以下各段
Ⅰ序孔灌浆压力	1.0	1.5	2.0	2.0
Ⅱ序孔灌浆压力	1.2	2.0	2.5	2.5

表 6-7　　其余灌浆孔压力初定　　单位：MPa

	1	2	3	4	5	6
Ⅰ序、Ⅱ序孔灌浆压力	0.4	—	—	—	—	—
	0.6	0.4	—	—	—	—
	0.6	0.8	0.4	—	—	—
	0.6	0.8	0.6	0.4	—	—
	0.6	0.8	1.0	0.8	0.4	—
	0.6	0.8	1.0	0.8	0.6	0.4

固结灌浆应严格按照采用分级升压方式逐级升压。具体操作时，以起始压力为基准，按每 0.1MPa 为一级升至设计（目标）灌浆压力，第 1、2 段每级压力的稳定时间不应少于 5min，当抬动变形量接近允许值时（200μm），应延长稳定时间；第 3 段及以下各段当抬动变形小时，稳压时间可适当缩短。

平直段 F_3 断层区域的孔段除应严格要求采用分级升压法灌注，还应使灌浆压力与注入率相适应，其灌浆压力与注入率关系应严格按表 6-8 的标准控制。

表 6-8 灌浆压力与注入率关系

注入率 / (L/min)	≥ 30	≥ 20	≥ 10
灌浆压力 /MPa	< 0.3*P*	< 0.6*P*	≤ 1.0*P*

表6-8中，*P*为该段灌浆目标压力，灌浆压力根据灌浆情况可酌情调整。

（7）浆液水灰比和变浆原则。灌浆浆液应由稀至浓逐级变换。浆液变换原则为：

1）当灌浆压力保持不变，注入率持续减少时，或注入率不变而压力持续升高时，不得改变水灰比。

2）当某级浆液注入量已达 300L 以上，或灌浆时间已达 30min，而灌浆压力和注入率均无改变或改变不显著时，应改浓一级水灰比。

3）当注入率大于 30L/min 时，可根据具体情况越级变浓。

（8）灌浆结束条件和封孔。

1）F3 断层段灌浆结束条件为：在最大设计压力下，注入率不大于 1L/min 时，再继续灌注 60min，可结束灌浆。

2）其余洞段灌浆结束条件为：在最大设计压力下，注入率不大于 1L/min 时，再继续灌注 30min，可结束灌浆。

3）封孔：采用压力灌浆封孔，封孔灌浆压力为该孔首段的最大灌浆压力，封孔时间为 30min，结束后采用水泥砂浆掺快硬硫铝酸盐水泥抹平。同时为保证孔口段封孔质量，每单元完成后，由监理工程师验收孔口质量合格后，方可进行下一洞段施工。

4. 灌浆效果检测

采取多种有效手段进行综合测试，全过程跟踪检测，包括钻孔取芯、压水试验、声波测试等，所有试验和测试均应严格按照有关规范和规程执行；

检查孔施工在灌浆全部结束并待凝7d以后进行，灌后声波测试孔待水泥灌浆结束待凝14d后，对原灌前测试孔进行扫孔后，测试。

（1）压水试验。灌前测试孔及灌后检查孔均采用单点法压水试验，一般按灌浆段长划分压水段长。压水试验压力按照灌浆压力的80%，且不大于1.0MPa，灌后检查孔压水压力不大于1.5MPa（考虑检查孔压水压力为1倍水头）。压水试验合格标准以不大于5Lu为宜。

（2）声波测试。声波测试由第三方进行。

（3）抬动观测。在灌浆或压水过程中，抬动观测由第三方进行抬动变形观测，每10min测读一次千分表读数，为了便于抬动成果资料的分析，测读时最好与压力、流量记录时间同步，同时安排专人在灌浆影响范围内进行不间断巡视，如有异常情况（如排水孔涌水加剧等），立即减小灌浆或压水压力。

6.2.3 质量评定

6.2.3.1 1号泄洪洞混凝土面修复工程质量检测与评定

1. 质量检测

（1）原材料检测：原材料环氧浆材抽检58组，水泥基渗透结晶材料抽检1组，质量符合设计及规范要求。

（2）环氧砂浆涂层厚度检测：采用扦针法检测环氧砂浆涂层厚度，1号泄洪洞环氧砂浆修复厚度检测155点，冲砂放空洞环氧砂浆修复厚度检测50点，与设计厚度比，共有33点小于设计厚度，误差在《环氧树脂砂浆技术规程》（DL/T 5193—2004）允许误差范围内，其余测点厚度不小于设计厚度。

（3）环氧砂浆涂层平整度检测：随机抽取顺水流方向187个部位，以2m直尺靠贴，顺水流方向平整度检测值均为0~3mm，满足设计要求限值（设

计标准不大于 ±3mm)。垂直水流方向随机抽取99个部位,以2m 直尺靠贴,垂直水流方向平整度检测值均为 0~5mm,满足设计要求限值(设计标准不大于 ±5mm)。

(4)环氧砂浆涂层密实度检测:随机抽取 205 个测点进行黏接拉拔强度试验检测,最大值 11.04MPa,最小值 3.1MPa,其中有 7 点小于设计值 4 MPa,黏接拉拔强度小于 4MPa 的测点均断裂在混凝土内,满足设计要求。

(5)水泥基面检测:经检查,水泥基面涂刷覆盖严密,无混凝土面外露。

2. 质量评定

1 号泄洪洞及冲砂放空洞混凝土面修复处理工程共划分 38 个单元工程,按照《水利水电工程施工质量检验与评定规程》(SL 176—2007)、《水电水利基本建设工程 单元工程质量等级评定标准 第 1 部分:土建工程》(DL/T 5113.1—2005)、《环氧树脂砂浆技术规程》(DL/T 5193—2004)进行质量评定,38 个单元工程质量全部合格,其中“优良单元工程”36 个,优良品率为 94.7%,外观质量合格,工程质量合格。

6.2.3.2 2 号泄洪洞混凝土面修复工程质量检测与评定

1. 质量检测

(1)原材料环氧砂浆抽检 29 组、聚氨酯浆材抽检 1 组、环氧浆材抽检 1 组、水泥渗透结晶材料抽检 2 组,质量全部合格。

(2)2 号泄洪洞化学灌浆压水试验检测共抽检 821 个孔,质量全部合格。

(3)化学灌浆取芯检测共 5 个测点,取芯长度不小于 35cm,经检测裂缝化学灌浆有效深度均大于 35cm,浆材填充饱满。

（4）环氧砂浆厚度检测共抽检 36 点，其中设计厚度 10mm 抽检 18 点，设计厚度 15mm 抽检 9 点，设计厚度 7mm 抽检 9 点，实测厚度符合设计和规范要求。

（5）环氧砂浆抗压强度检测 26 组，检测值为 85.2~95.4MPa，均大于设计标准 80 MPa，满足设计要求。

（6）环氧砂浆对混凝土黏结抗拉强度检测 36 次，抗拉强度为 2~6.96MPa，断裂面均在混凝土面，满足设计要求。

（7）环氧砂浆平整度检测顺水流方向 106 个部位，以 2m 直尺靠贴，平整度检测值均为 0~2mm，满足设计要求限值（设计标准不大于 ±3mm）；垂直水流方向 66 个部位，以 2m 直尺靠贴，平整度检测值均为 0~4mm，满足设计要求限值（设计标准不大于 ±5mm）。

2. 质量评定

2 号泄洪洞混凝土震损修复工程共划分 42 个单元工程，按照《水利水电工程施工质量检验与评定规程》（SL 176—2007）、《水电水利基本建设工程　单元工程质量等级评定标准　第 1 部分：土建工程》（DL/T 5113.1—2005）、环氧树脂砂浆技术规程（DL/T 5193—2004）等进行质量评定，42 个单元工程质量全部合格，其中“优良单元工程”38 个，优良品率为 90%，外观质量合格，工程质量合格。

6.2.3.3　1 号泄洪洞固结灌浆质量检测与评定

1. 质量检测

（1）原材料检测水泥 11 组合格。

（2）从单位注入量均值的对比情况看，随灌序的增加，灌浆区域各次序孔的单位注入量呈现明显递减规律，说明地层逐渐被灌注密实，地层的渗透性、整体性得到明显改善。施工单位对1号泄洪洞压水试验检测：龙抬头段3个单元，检查孔39个，灌前最大透水率28.1Lu，灌后最大透水率2.3Lu；平洞段8个单元，检查孔37个，灌前最大透水率26.4Lu，灌后最大透水率2.36Lu；灌后透水率均小于设计值5Lu，说明区域内封堵效果好。灌后取芯率在85%以上，水泥结石普遍可见。

（3）专业单位对灌浆效果进行检测，主要检测项目为灌前灌后声波速度对比和抬动监测，结果如下：

1）抬动监测。在实际最大灌浆压力下，个别部位产生了轻微抬动变形，最大抬动值为29μm，最终抬动值为16μm，小于设计限值200μm，对洞室围岩及衬砌不造成破坏。

2）灌前灌后声波速度对比。灌后声波速度平均值为3680m/s，较灌前提高7.8%；同孔位灌后声波速度平均值为3673m/s，较灌前提高7.6%。岩体力学性质发生变化，煤质页岩灌后声波速度平均值为2257m/s，较灌前平均波速提高6.8%；含煤中细砂岩灌后声波速度平均值为4323m/s，较灌前平均波速提高8.7%，岩体力学性能得到一定程度改善。

2. 质量评定

1号泄洪洞固结灌浆工程共划分8个单元，质量评定全部合格。工程施工过程中未发生质量事故，原材料质量检验合格。注入率对比分析、抬动观测、灌前灌后压水试验对比、声波测试均达设计要求。检验资料齐全。按照《水利水电工程施工质量检验与评定规程》（SL 176—2007）、《水电水利基本建设工程　单元工程质量等级评定标准　第1部分：土建工程》（DL/T 5113.1—2005）进行质量评定，“优良单元工程”8个，优良品率为100%，合同项目质量合格。

6.2.3.4　2 号泄洪洞固结灌浆质量检测与评定

1. 质量检测

原材料水泥抽检 10 组，质量符合规范要求；施工单位对 2 号泄洪洞灌后压水试验检测共 82 孔，最大透水率为 2.62Lu；冲砂放空洞灌后压水试验共 124 孔，最大透水率 1.69 Lu，均小于设计标准 5Lu。

专业单位对灌浆效果进行检测，主要检测项目为灌前灌后声波速度对比和抬动监测，结果如下：

（1）灌前灌后声波速度对比。

1）2 号泄洪洞龙抬头段灌前声波速度平均值为 4019m/s，灌后声波速度平均值为 4331m/s，灌后较灌前平均波速提高 7.8%；F_3 断层及影响带灌前声波速度平均值为 2185m/s，灌后声波速度平均值为 2337m/s，灌后较灌前平均波速提高为 6.9%；出口平洞段灌前声波速度平均值为 3868m/s，灌后声波速度平均值为 4190m/s，灌后较灌前平均波速提高为 8.3%。

2）冲砂放空洞固结灌浆灌前声波速度平均值为 3537m/s，灌后声波速度平均值为 3837m/s，灌后较灌前平均波速提高 8.5%。

3）通过固结灌浆，各单元灌后声波速度值较灌前均有一定幅度提高，低波速点明显减少，岩体力学性能得到一定程度改善，达到了预期的灌浆目的。

（2）抬动监测。

1）2 号泄洪洞共布置了 7 个监测断面 20 个监测点，其中有 3 个监测断面 5 个监测点有不同程度抬动变形，最大抬动变形值为 31μm，远小于设计限值 200μm，固结灌浆施工对洞室围岩及混凝土衬砌未造成破坏。

2）冲砂放空洞及闸室固结灌浆均无抬动产生，抬动值为 0。

2. 质量评定

2 号泄洪洞修复固结灌浆共划分 8 个单元工程，冲砂放空洞固结灌浆共划分 15 个单元工程，按照《水利水电工程施工质量检验与评定规程》（SL 176—2007）、《水电水利基本建设工程 单元工程质量等级评定标准 第1部分：土建工程》（DL/T 5113.1—2005）进行质量评定，23 个单元工程质量全部合格，其中“优良单元工程”23 个，优良品率为 100%，合同项目质量合格。

6.3 冲砂放空洞工作门闸室后渐变段修复施工及质量评定

冲砂放空洞工作门闸室后无压洞段长 140.24m，其中冲 0+541.86~0+566.86 共 25m 长洞段，结构缝错台，由于地震期间局部小开度的非常运行，已发现气蚀破坏，结合实际运行工况，根据调整后的模型试验，此段拆除重建，共计拆除混凝土 650m^3，洞内扩挖 320m^3，重建需 C50 硅粉混凝土 850m^3，C20 混凝土 150m^3，固结灌浆 540m，顶部回填灌浆 185m^2。

施工中的临时支护采用喷锚支护。共计锚杆 86 根，喷 C25 混凝土 65m^3。

6.3.1 工作门闸室后渐变段修复施工方案

6.3.1.1 混凝土拆除

1. 分层分段

25m 长渐变洞段混凝土的拆除分为 A、B 两段：其中，A 段主要采用人工剔除、辅助采用浅孔松动爆破（每段只起爆一个炮孔以减小爆破震动），以形成开挖自由面；B 段为浅孔松动爆破段。

A 段先进行边墙，后顶拱施工；B 段边顶拱同时施工。每段的底板在边顶拱施工完成后，再行拆除，其中 A 段的底板渣料不运走，以保交通。

2. 大设备就位

拆除用的破碎锤均采用吊车从洞顶公路平台进行吊放。爆破作业前破碎锤退到明渠末端。

3. 拆除方法

A 段混凝土采用人工、风镐、液压式分离器、单孔松动爆破等拆除手段，人工切断钢筋，人工装渣，手推车运渣到冲砂放空洞明渠出口弃渣。

A 段混凝土拆除完成后，再进行 B 段混凝土拆除。由外往里顺序进行拆除。先采用小药量松动爆破。爆破后再用反铲配备的破碎锤进一步破碎清危，待确认安全后，人工切断钢筋。人工装渣弃渣。

混凝土拆除爆破设计采用弱爆破、短进尺、多循环的方式。拆除钻孔采用湿钻法，YT28 气腿钻钻孔，人工装药，采用普通乳化炸药，孔内采用导爆管引爆，段间采用导爆管。电雷管起爆。

炮孔垂直混凝土表面布置，其参数为：孔深 l=700，孔间距 a=500，孔排距 b=500。

单孔药量 Q 计算为

$$Q=qlab=430\times0.7\times0.5\times0.5\approx75(\mathrm{g})$$

式中　q——炸药单耗，取值为 430g/m^3, 施工过程中应根据实际情况进行调整。

6.3.1.2　洞内二次开挖

洞内二次开挖采用光面全断面开挖施工。开挖滞后混凝土拆除 2m，循环进尺 2m。人工手风钻钻孔爆破，周边光爆，破碎锤清危，人工装渣，手推车出渣。钻孔采用湿钻法，YT28 手风钻钻孔，人工装药，采用乳化炸药，孔内采用导爆管引爆，段间采用导爆管。雷管起爆。光爆孔采用导爆索，电雷管起爆。

对于开挖厚度大于1~1.5m的部位采用周边光爆和临近临空面的主爆孔结合爆破的方式，对于小于1~1.5m的部位视情况只采用一环光爆孔爆破。

炮孔平行洞轴线布置，孔深一般取为2.0m。采用分层装药方法，每个孔内装1~3个药包。浅眼（孔径为ϕ40）爆破参数见表6-9。

表6-9　　浅眼（孔径为ϕ40）爆破参数表

孔网参数	底盘抵抗线/m	孔距a/m	排距b/m	循环进尺H/m	堵塞长度/m	单耗K/（kg/m^3）	单孔药量q/(kg/孔)
光爆孔	0.4~0.9	0.6~0.8	—	1.5~2.0	0.4~0.5	0.2~0.3	≤0.3
主炮孔	1.5~1.8	1.5~2.0	1.0~1.5	1.5~2.0	0.8~1.2	0.3~0.4	≤1.2

由于该洞段埋藏较浅，拆除过程中做好临时支护。施工过程中根据实际情况对上述方案进行优化调整。

6.3.1.3　爆破安全校核

按《爆破安全规程》（GB 6722—2003）的要求，水工隧道的爆破震动安全允许标准为质点振动安全允许速度应小于7~15cm/s，这里取为15cm/s。

最大单响药量计算式为

$$R=\left(\frac{K}{V}\right)^{\frac{1}{\alpha}}\times Q^{\frac{1}{3}} \tag{6-1}$$

式中　R——爆破震动安全允许距离，m；

Q——炸药量，齐发爆破为总药量，延时爆破为最大一段药量，kg；

V——保护对象所在地质点振动安全允许速度，cm/s；

K、α——与爆破点至计算保护对象间的地形、地质条件有关的系数和衰减指数，按经验取 K=200，α=1.7。

最大单响药量计算式为 $Q=R^3/(K/V)^{3/\alpha}=R^3/(200/15)^{3/1.7}=0.01R^3$(kg)，根据保护物的距离计算最大单响药量见表 6-10。

表 6-10　　最大单响药量控制表

R/m	2	4	6	8	10	12
Q/g	80	640	2160	5120	10000	17280

6.3.1.4 开挖通风

根据爆破参数、洞内施工人员安全及风量损失情况，选用 5.5kW 风机，洞内通风采用直径 500mm 的帆布风筒供风。地下开挖作业的通风、防尘和防有害气体的要求遵守《水工建筑物地下开挖工程施工技术规范》（DL/T 5099—1999）的规定。

6.3.1.5 瓦斯的防爆

1. 一般措施

防止瓦斯爆炸采取如下措施：

（1）洞口设专职警戒人员，并设警示标志，所有进入洞内施工或其他人员应自觉接受检查，严禁把火种、手机 等带入洞内，以免引起瓦斯爆炸或影响瓦斯报警仪性能。

（2）洞内设置至少 4 台瓦斯报警仪。安全员在进洞前检测洞内瓦斯浓度，瓦斯浓度高于 1.5% 严禁进洞，瓦斯浓度高于 1.0%，不得放炮，并做好原始记录。

（3）选用大流量、高效率风机加强通风，避免瓦斯和煤尘积聚。

（4）火工材料选用煤矿安全许用炸药，铵锑炸药含水量不得大于 5%，起爆网络延迟间隔应不大于 130ms。

（5）避免造孔及出渣时形成火花。

（6）洞内照明应选用安全防爆灯具，电动机选用防爆型。所有照明及动力电缆应保持良好绝缘状态，电工应对其定期检查试验，并经常检查电器接点是否紧固。

（7）遇有含瓦斯的地层和煤层时要及时支护，应喷混凝土封闭暴露面。

（8）施工中严格按表 6-11 情况执行。

表 6-11　施工工况与防治措施

施工部位	瓦斯浓度 /%	施工措施
隧洞总回风或一翼回风流中	0.75	停止工作
从其他工作面进来的风流中	0.5	停止工作
开挖工作面风流中	1.0	停止工作、撤出人员、切断电源
放炮地点及 20m 内风流中	1.0	严禁放炮
开挖面及洞内局部地点	2.0	停工、撤人、断电、进行处理，电气设备附近降至 1% 以下方可开机
电气设备 20m 内风流中	1.5	停止设备运转、撤人、断电，进行处理

2. 瓦斯检测

（1）人员及设备。安全部每班设置专职瓦斯检测员，配置 2 台 AZJ－2000 型甲烷检测报警仪和 1 台光干涉式甲烷定仪以及矿灯。

（2）检测地点。检测闸门后至洞口约 100m 洞段。检测点布置：采用断面 2 点法检测，即拱顶点、底板中点。

（3）检测频率。

1）实行 24h 不间断轮流检测。

2）检测段内瓦斯浓度含量在 0.5% 以下时，每隔 0.5~1h 检查一次，0.5% 以上时，应随时检查，不得离开掌子面，发现异常及时报告，并采取有效措施保证施工过程安全。当发现瓦斯浓度大于 2%时，应加强通风稀释后方可进行检查。

3）瓦斯检测员按《煤矿安全规程》要求进行各部位瓦斯浓度检测，做好记录，并在洞口公告牌上公布，整理后送项目指挥部，以上人员及设备应保持固定，不得随意更换。

6.3.1.6　施工监控量测

1. 监测频率和内容

为保证冲砂放空洞安全施工、检验支护结构的可靠性，对隧洞施工过程中进行以下项目的检测，监测频率每天不少于 2 次；监测内容：

（1）净空收敛：掌握隧道水平收敛变化，判断围岩变形的稳定程度，指导施工。

（2）拱顶下沉：掌握隧道拱顶垂直沉降变化，判断拱顶沉降的稳定程度，指导施工。

（3）潜埋段地表沉降：与拱顶下沉相比，间接反映隧道及隧道拱部以上围岩的运动状况，判断施工方法是否恰当及初期支护稳定程度。

2. 监测记录

二次开挖后在桩号 0 + 565.36 及 0 + 555.36 断面埋设测点，每个断面布置两条水平测线，分别位于边墙中部和拱墙接触处，拱顶埋设三角形挂钩一个。每次用收敛计量测水平测线的收敛变化情况，采用水准仪和钢卷尺等量测拱顶测线的沉降变化。为尽快获取有效信息，必须在埋点后 24h 内完成初测，以后按照规定的量测频率实施量测，并认真填写净空收敛和拱顶下沉记录表。

3. 特别处理

对于上覆地层厚度不到隧道直径两倍的地段视为浅埋段，处于冲砂放空洞出口位置。共布设2条断面，间距为10m，每断面在地表设至少3个测点，分别在隧道拱顶正上方，隧道两侧拱脚外侧每隔7~8m一个测点，在最外侧点以外至少5m两个不动点作为参照基点，通过精密水准仪量测不同时刻测点高程即可得到下沉值。进场后立即组织测量人员对业主提供的测量控制点进行控制网复测及加密。采用全站仪直角坐标法放样。

6.3.1.7 混凝土工程施工

1. 施工程序

按渐变段混凝土分层分块组织施工。

2. 模板及支架

渐变段混凝土底板、边墙全部采用组合钢模板拼装，顶拱采用定型方变圆木模板，模板与木支架成统一体，板面钉保丽板，平面部位采用组合钢模，满堂脚手架支撑。方变圆木模板及支架详细设计方案另行申报。

3. 钢筋

钢筋在加工厂加工成型后，人工搬运到工作面进行绑扎。

4. 浇筑

（1）混凝土的运输和入仓。硅粉混凝土比较黏稠，出机后尽量缩短运输时间，尽快到达仓面，进行摊铺和振捣。混凝土罐车运到洞顶公路平台，经溜筒运到洞口平台，HBT60混凝土泵送混凝土入仓。

（2）铺料方法。面积较大的仓位，为避免混凝土在浇筑工程中出现冷仓现象，混凝土浇筑采用台阶铺料法施工，铺料厚度控制在50cm以内；面积较小的仓位采用平铺法铺料，铺料厚度控制在40~50cm。

（3）混凝土平仓及振捣措施。混凝土主要采用振捣器配合人工持铁锨平仓，但振捣器辅助平仓不能代替振捣。振捣选用有经验施工工人上岗按规范操作，防止过振和漏振。振捣要求混凝土开始泛浆、不再产生气泡并无显著下沉为准。自儆混凝土浇筑过程中，衬砌模板安排专人负责进行检查、调整模板的形状及位置，使其与设计线的偏差不超过模板安装允许偏差。对拱顶承重模板，加强检查，由有经验的人员进行监测。模板如有变形、位移，立即采取措施修复。

振捣采用电动高频插入式 ϕ80mm 型振捣器，对于模板周围、金结、埋件等附近采用 ϕ50mm 电动软轴插入式振捣器振捣。

由于硅粉混凝土易产生早期塑性开裂，施工时应派专人加强巡视，浇筑过程中如发现混凝土表面发白应加强洒水养护，保持表面湿度，降低混凝土温度等措施，使其表面水分蒸发速度小于 0.5kg/（m^2·h）。

（4）拆模与养护。每个部位每个仓位混凝土浇筑完毕且达到规定强度后，应立即进行养护，主要采用洒水养护。

模板的拆除应根据各部位的特点，按规范规定的混凝土需达到的强度要求，决定模板拆除时间，防止因抢进度提前拆模，从而影响混凝土质量。

硅粉混凝土要确保早期保湿养护，浇筑完毕后，应立即在硅粉混凝土表面不间断喷雾养护或覆盖湿透的草袋养护，使其表面始终处于饱和水潮湿状态 21d；如遇干燥气候条件，应至少延长至 21d。

5. 预埋

混凝土浇筑前通过测量精确定位排水孔和固结灌浆孔，预埋 ϕ100mmPVC 管。

6.3.1.8 排水孔施工

洞周排水孔施工主要在搭设的简易脚手架上进行。排水孔孔径 80mm，采用 QZJ-100B 潜孔钻造孔。

排水孔按照设计位置、方向、深度钻进，倾斜度不大于1%；孔深误差不大于孔深的2%。排水孔终孔后，先利用压力风反复吹孔，然后通过钻杆或下入导管的方式，向孔底通入大流量水流进行冲洗，直至回水澄清。钻孔验收前，用木塞临时封堵等方法保护孔口，以免杂物堵塞排水孔，影响排水效果。每个孔都在钻孔上加盖帽加以保护，以免堵塞。

6.3.1.9 灌浆施工

1. 制浆站

制浆站设备配置：1台ZJ-400高速搅拌机，1台1m^{3}储浆搅拌机，1台BW200转运灌浆泵，2台BW200灌浆泵用于直接灌浆。

2. 回填灌浆

（1）隧洞回填灌浆在衬砌混凝土达到70%设计强度后进行。采用QZJ-100B潜孔钻造孔。测记混凝土厚度和空腔尺寸。

（2）隧洞回填灌浆施工前安设抬动变形观测装置，施工过程中进行抬动变形观测。

（3）在围岩塌陷、煤洞、超挖较大等部位回填灌浆，制定特殊灌浆措施，将措施报送监理单位审批实施。

（4）回填灌浆由隧洞顶拱较低的部位向较高的部位推进，回填灌浆按区分为两序施工，先施工Ⅰ序孔，后施工Ⅱ序孔，后序孔应包括顶孔。

（5）回填灌浆的压力按监理工程师的指示。一序孔可灌注水灰比0.6（或0.5）：1的水泥浆；二序孔可灌注1：1和0.6（或0.5）：1水泥浆。空隙大的部位灌注水泥砂浆，掺砂量不大于水泥重量的200%。

（6）回填灌浆在规定压力下，灌浆孔停止吸浆，并继续灌注5min即可结束。

（7）回填灌浆因故中断，及早恢复灌浆，中断时间大于 30min，设法清除至原孔深后恢复灌浆，此时若灌浆孔仍不吸浆，重新就近钻孔灌浆。

（8）灌浆结束后，用浓浆将全孔封堵密实和抹平。若灌浆孔往外流浆则采取闭浆待凝，待凝时间不小于 24h。

（9）回填灌浆质量检查在该部位灌浆结束 7d 后进行。检查孔为灌浆孔总数量的 5%。回填灌浆质量检查方法采用钻孔注浆法。检查孔注浆结束后，用水泥砂浆将钻孔封堵密实，并将孔口压抹平整。

3. 固结灌浆

（1）固结灌浆在该部位的回填灌浆结束 7d 后进行。按环间分序、环内加密的原则进行，一般分两序施工。在裂隙发育带，断层破碎带等不良地质地段分三序施工。固结灌浆时安设抬动变形观测装置进行变形观测。

（2）固结灌浆采用 QZJ-100B 潜孔钻造孔。一孔一机循环式灌浆法。孔深为 4.5m，灌浆施工不分段灌注。

（3）钻孔冲洗采用压力水冲洗。裂隙冲洗采用风水联合冲洗或采用灌浆试验确定的冲洗方法。压力试验在裂隙冲洗后进行，压水试验采用单点法，试验孔数不少于固结灌浆孔数的 5%。

（4）固结灌浆压力按监理工程师的指示。灌浆时使用自动记录仪记录。

（5）灌浆浆液水灰比为 5 ：1、3 ：1、2 ：1、1 ：1、0.8 ：1、0.6 ：1、0.5 ：1 七个比级。施灌时浆液由稀到浓逐级变换。

（6）浆液变换原则同露天固结灌浆。

（7）固结灌浆在规定的压力下，灌浆孔段注入率不大于 0.4L/min 时，延续 30min，即可结束。若地下水丰富区段灌浆根据情况要采取措施。

（8）灌浆结束，若灌浆孔往外返浆或流浆，采取闭浆待凝措施，时间不少于24h。

（9）固结灌浆封孔采用压力灌浆封孔法。

（10）固结灌浆质量检查采用单点法压水试验检查，或测定岩体波速检查。检查孔数量为固结灌浆数量的5%。

4. 排污

在制浆站四周挖排水沟及积水坑，沉淀污水，抽出清水，沉淀物集中堆放，适时运至渣场。灌浆作业面施工区设置污水沉淀池，并设置拦截堰，施工过程中对施工面及时进行清洗。将施工中的钻渣、污水汇入沉淀池进行沉淀处理，达标后排放。

6.3.1.10 止水施工

1. 安装

止水和埋件安装时，应按其设计要求的材料和设计位置经测量放点进行埋设。埋设施工应在仓内模板和钢筋已施工完毕后进行，埋设时不得依靠模板和构造钢筋固定，而要利用施工插筋单独焊架以固定牢靠。浇筑时派专人值班保护，埋件周围大粒径骨料用人工清除，并用小振捣器振捣密实。

2. 止水保护和修复

混凝土拆除和开挖过程中尽量对冲0+566.86处的止水进行防护。拆除工具采用人工用风镐和錾子。爆破前采用覆盖措施保护。铜止水采用焊接修补，橡胶止水采用黏结修补或重新铺设，黏结抗拉强度应达到母材强度的75%。

6.3.2 质量检测与评定

1. 质量检测

施工过程中检测水泥1组，混凝土细骨料3组，混凝土粗骨料7组，混凝土外加剂 1 组，混凝土掺和料（粉煤灰、硅粉）各 1 组，钢筋 ϕ18mm、ϕ25mm、ϕ32mm 各 1 组，钢筋焊接 6 组，锚杆拉拔试验 1 组，混凝土抗压强度 18 组，共计 42 组，质量全部合格。

2. 质量评定

工程项目划分为 5 个单元工程，质量全部合格。施工过程中未发生过质量事故，原材料质量检验合格，混凝土拌合质量优良，混凝土抗压强度满足设计要求，外观质量合格，检验资料齐全。按照《水利水电工程施工质量检验与评定规程》（SL 176—2007）、《水电水利基本建设工程　单元工程质量等级评定标准　第 1 部分：土建工程》（DL/T 5113.1—2005）进行质量评定，工程质量等级核定为合格。

第7章　地震前后大坝安全监测

7.1　大坝外观

7.1.1　沉降

大坝外观沉降测值过程线如图7-1~图7-3所示。受坝顶修复施工影响，防浪墙顶Y1~Y16测点2009年12月—2010年8月停测；2010年9月防浪墙水准初值采集工作完成，10月恢复正常观测，沉降量按式（7-1）计算。

沉降量 =（9月沉降量 - 10月沉降量）+（11月累积沉降量）（7-1）

1. 震前

各测点沉降量随时间推移而增大。2006年快速蓄水阶段沉降速率相对较快，其余时间沉降速率基本一致。沉降量呈现沿两岸向河床逐渐增加，沿高程方向逐渐减小的分布规律，如图7-4所示。其中，坝顶防浪墙最大沉降量为140.1mm，发生在测点Y7；高程840.00m马道最大沉

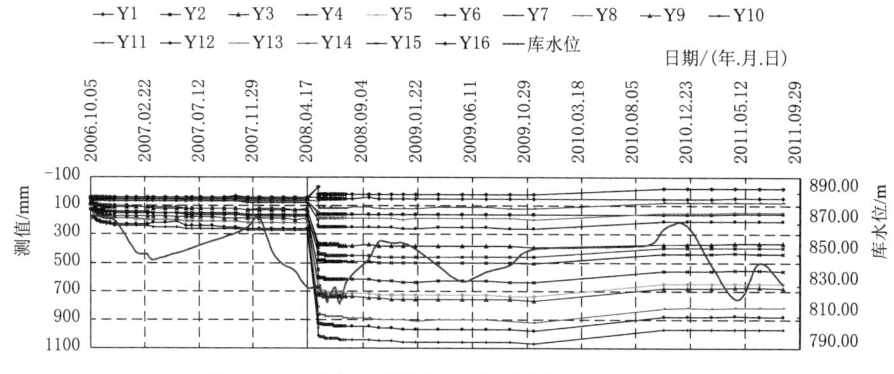

图7-1　大坝坝预防浪墙外观沉降测值历时过程线图

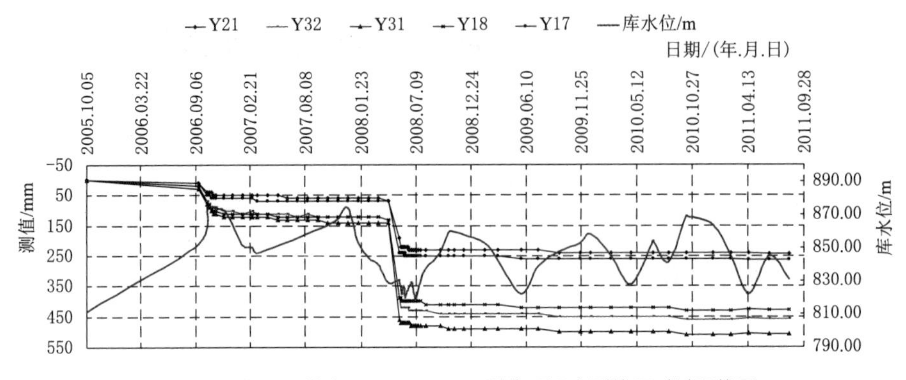

图 7-2 大坝下游高程 840.00m 马道外观沉降测值历时过程线图

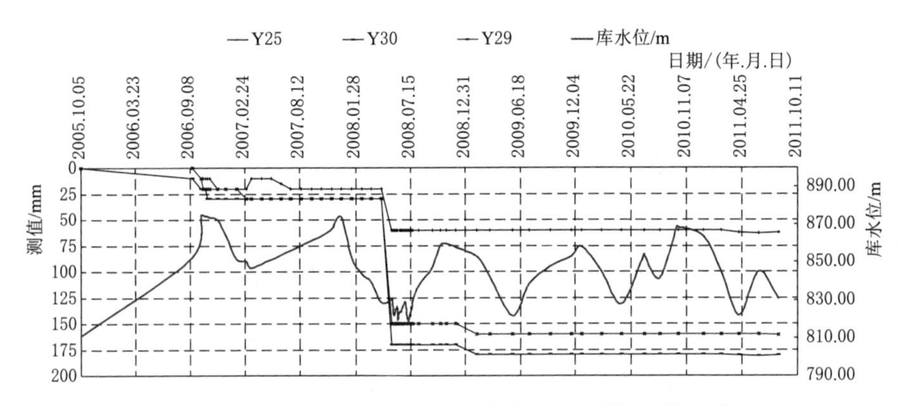

图 7-3 大坝下游高程 790.00m 马道外观沉降测值历时过程线图

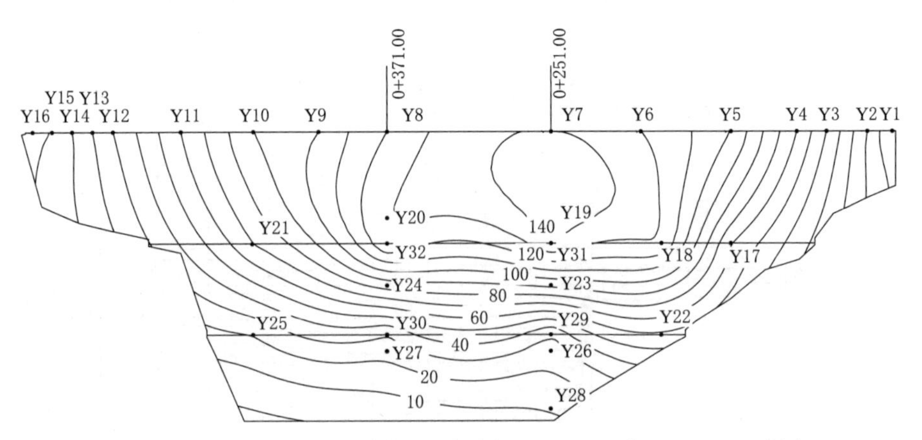

图 7-4 震前大坝外观沉降等值线图（单位 mm，2008 年 4 月 15 日测值）

降量为 138.8mm，发生在 Y31 测点；高程 790.00m 马道最大沉降量为 30.5mm，发生在 Y30 测点。

2. 震后

地震造成的沉降量与堆石体高度基本成正比关系，震后坝顶中部沉降大于两边，桩号 DAM0+50.00~0+580.00 的测点与震前相比此部位不均匀沉降量均达到 100.0mm 以上，其中以坝左 0+250.00 附近测点 Y7 沉降量最大，达 783.4mm。观测房顶测点与各马道测点均有不同程度的沉降，主要表现为高部位沉降量大于低部位，坝体中部位沉降量大于两侧部位，如图 7-5~ 图 7-7 所示。

由于后续不断的余震以及坝体内部应力变形的重新分布，震后一段时间内（5 月 12—22 日），坝顶大部分和下游高程 840.00m 马道测点的沉降继续增加，但沉降速率迅速衰减，震后 15d 沉降量已经基本趋于稳定，整体呈现坝体中间部位变化大，两坝肩变化小，符合坝体变形一般规律，如图 7-8~ 图 7-10 所示。

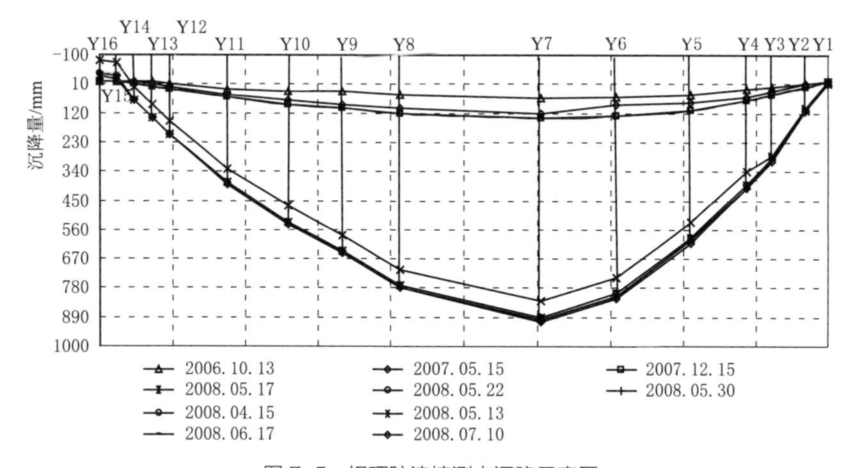

图 7-5　坝顶防浪墙测点沉降示意图

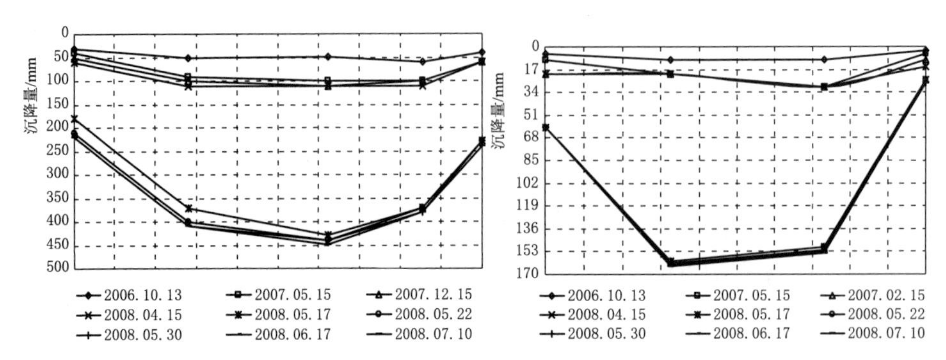

图 7-6 高程 840.00m 马道测点沉降示意图

图 7-7 高程 760.00m 马道测点沉降示意图

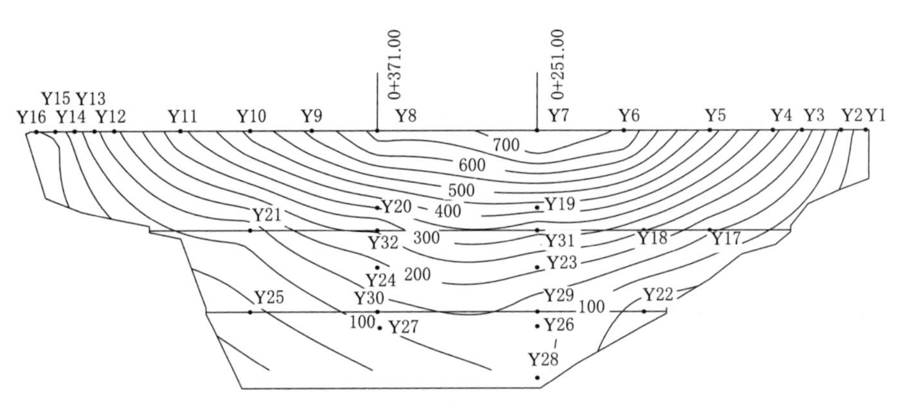

图 7-8 坝顶和下游坝坡地震沉降等值线图（单位 mm，2008 年 5 月 17 日测值）

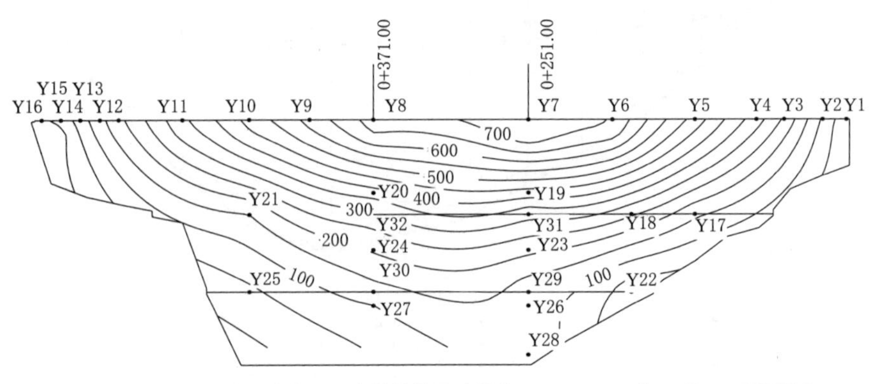

图 7-9 坝顶和下游坝坡地震沉降等值线图（单位 mm，2008 年 5 月 30 日测值）

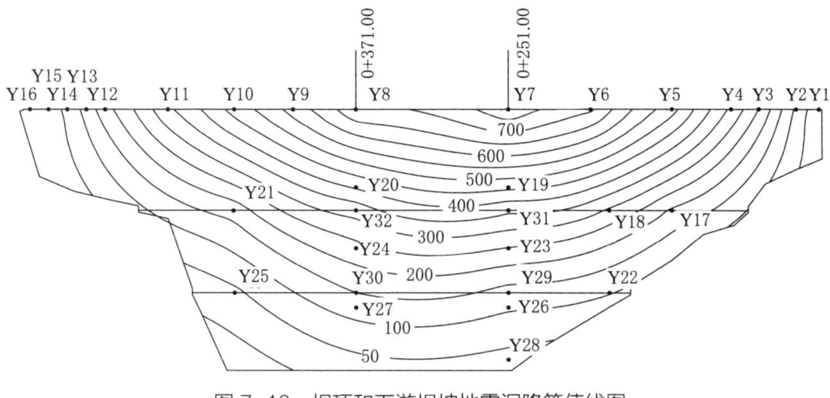

图 7-10　坝顶和下游坝坡地震沉降等值线图
（单位 mm，2009 年 9 月 15 日测值）

7.1.2　水平位移

大坝外观水平位移测值过程线如图 7-11~ 图 7-16 所示。2009 年 11 月因坝顶改造，防浪墙顶外观位移监测中断；2010 年 9 月获取初值；2010 年 10 月恢复正常监测。

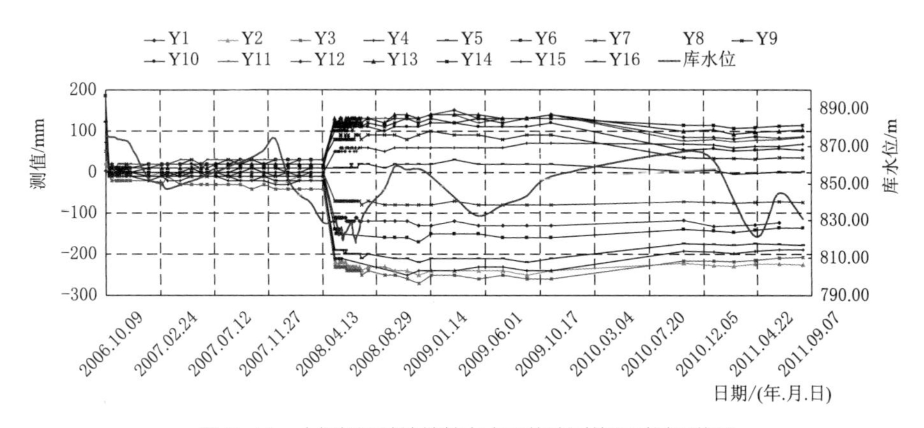

图 7-11　大坝坝顶防浪墙轴向水平位移测值历时过程线图

1. 震前

大坝完成填筑蓄水后，由于河谷形状影响，坝体受两侧山体的挤压作用，坝轴向水平位移基本呈现两岸向坝体中部的变形规律，顺河向位移基本指向下游。

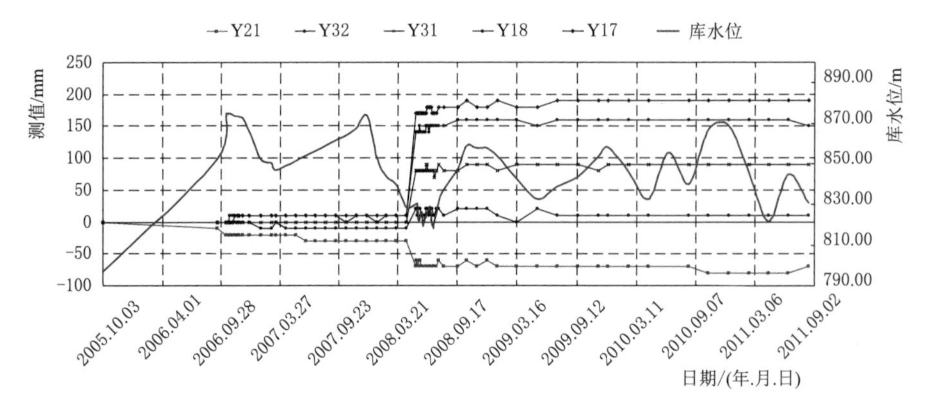

图 7-12 大坝下游高程 840.00m 马道轴向水平位移测值历时过程线图

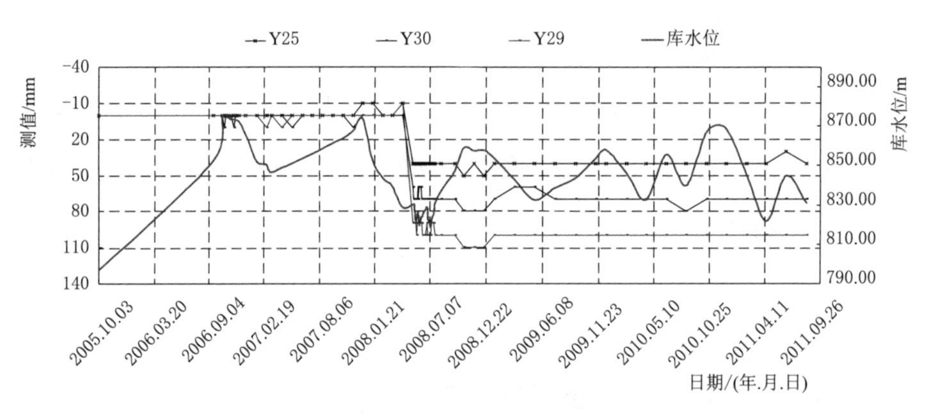

图 7-13 大坝下游高程 790.00m 马道轴向水平位移测值历时过程线图

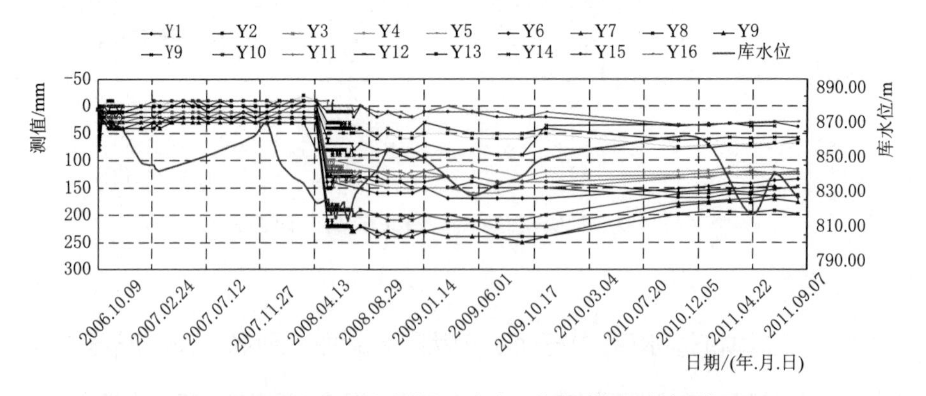

图 7-14 大坝坝顶防浪墙顺河向水平位移测值历时过程线图

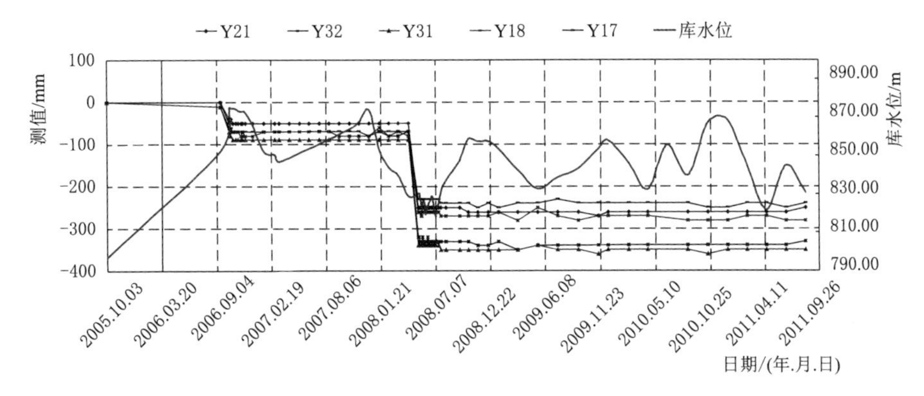

图7-15　大坝下游高程840.00m马道顺河向水平位移测值历时过程线图

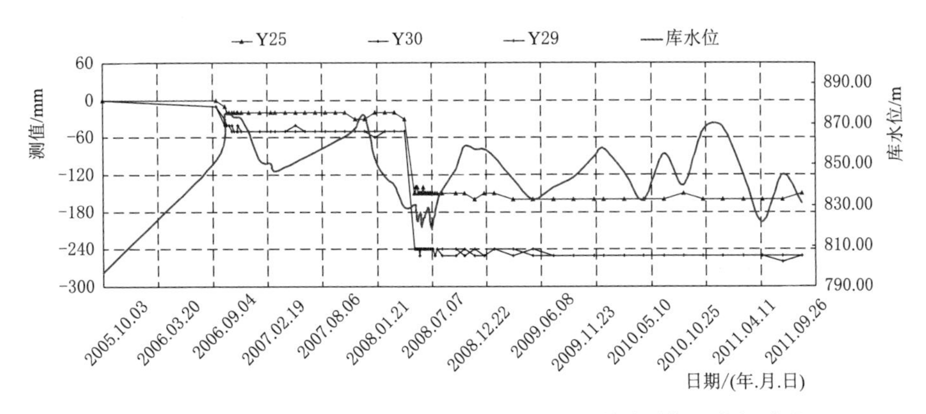

图7-16　大坝下游高程790.00m马道顺河向水平位移测值历时过程线图

坝顶防浪墙测点轴向位移以大坝0+251.00为界，左岸的测点位移指向右岸，最大位移为Y3测点，37.6mm；右岸的测点位移指向左岸，最大位移为Y11测点，33.2mm。下游坝坡高程840.00m马道的坝轴向水平位移左岸Y17、Y18测点位移指向右岸，最大值为17.0mm；大坝0+251.00位置的Y31测点位移略有波动，都在±5mm以内；右岸Y21、Y32测点位移指向左岸，最大值为28.9mm。下游坝坡高程760.00m马道的坝轴向水平位移测值较小，±10mm以内。

坝顶防浪墙位移具有随库水位变化而变化的周期性规律，最大向下游变位 20mm。下游坝坡高程 760.00m 和 840.00m 马道的顺河向水平位移测值一直处于小幅波动中，都在 ±10mm 以内；在 2006 年 8—10 月水库快速蓄水后，位移小幅增长直至稳定。

2. 震后

地震后大坝表面产生明显位移。两岸坝体均向河床部位坝体位移，坝轴向最大位移出现在接近两岸的部位，桩号分别为大坝 0+20.00~0+50.00、大坝 0+580.00~0+600.00，典型测点 Y3 和 Y14，位移分别为 226.3mm、109.3mm。受地震传播方向影响，大坝受到两岸山体强烈的挤压作用；左岸地势陡峭且山体庞大，造成 0 等值线基本偏向右岸，如图 7-17 所示。

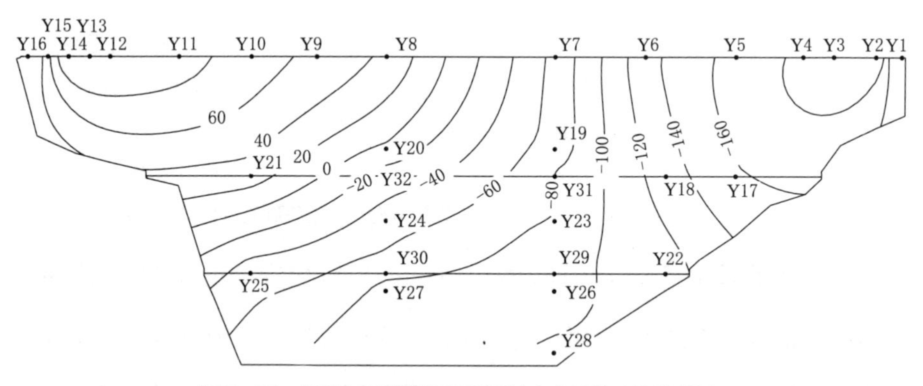

图 7-17　坝顶和下游坝坡地震坝轴向水平位移等值线图

（单位 mm，2008 年 5 月 17 日测值）

坝顶中部大坝 0+120.00~0+520.00 的测点顺河向位移主要向下游，地震中最大向下游位移 225mm，发生在测点 Y8。观测房顶测点及各马道测点水平变形主要以向下游和向右岸为主，地震中向下游最大位移为 284.5mm，发生在 Y20 测点，向右岸最大位移为 179.5mm，发生在 Y17 测点。顺河向位移等值线呈中心发散式分布，中心位于河床坝体高程 854.00m 位置附近区域，最大位移为高程 854.00m 上的 Y20 测点，最大位移为 270.3mm，如图 7-18 所示。坝顶防浪墙左岸位移大于右岸，说明岸坡陡峭的左岸地震动力反应要大于右岸。坝顶的顺河向地震加速度反应最大，其顺河向位移也应该最大，但从数值上看，坝顶防浪墙的位移要小于下游坝坡，分析其原因应是受面板约束，坝顶防浪墙位移并不能真实的反应坝顶顺河向水平位移，这也可从坝顶路面和下游坝坡的开裂情况得到证实。

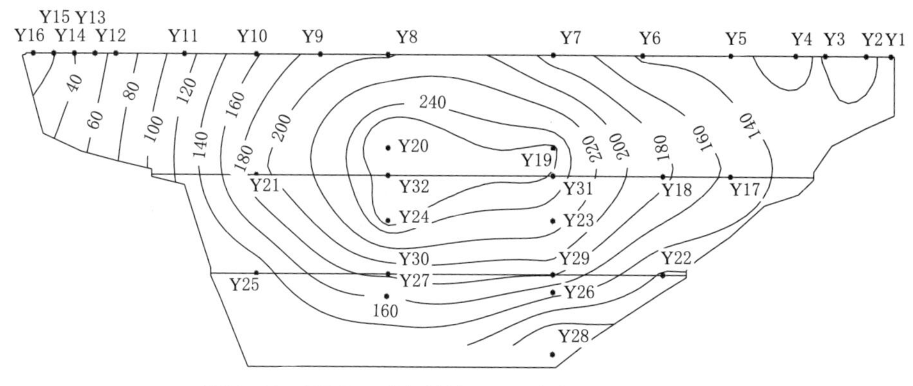

图 7-18　坝顶和下游坝坡地震顺河向水平位移等值线图
（单位 mm，2008 年 5 月 17 日测值）

地震发生后，各测点变化速率明显放缓，水平位移变化稳定，顺河向水平位移受水位变化影响明显，基本恢复震前的变化规律，如图 7-19、图 7-20 所示。截止到 2011 年 8 月底与震前比，各测点最大轴向位移 180.0mm，发生在 Y17 测点，最大水平向位移 260.0mm，发生在 Y31 测点。

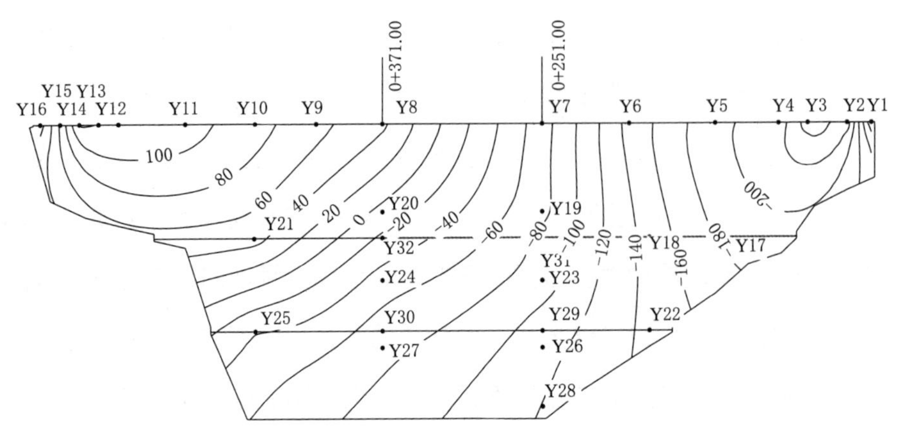

图 7-19 坝顶和下游坝坡地震坝轴向水平位移等值线图

（单位 mm，2011 年 6 月 17 日测值）

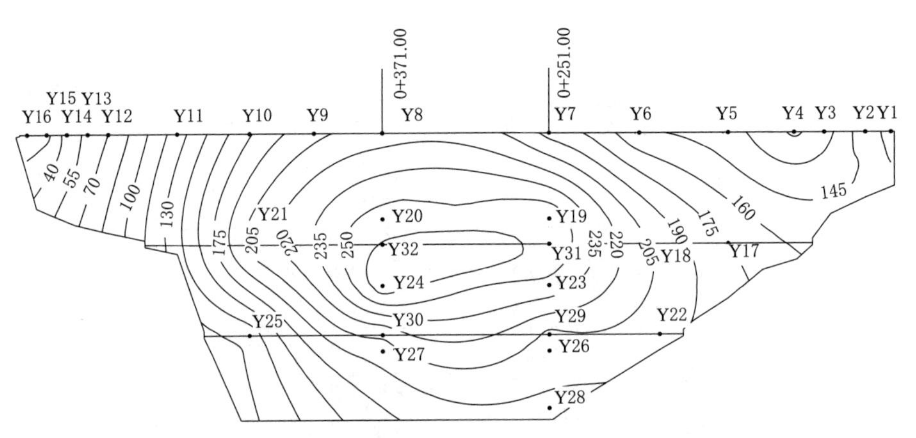

图 7-20 坝顶和下游坝坡地震顺河向水平位移等值线图

（单位 mm，2011 年 6 月 17 日测值）

7.2 大坝内部

7.2.1 沉降

大坝坝体内部沉降测值历时过程线如图 7-21~ 图 7-27 所示。震后除 V6、V9、V34 测点无法修复外，其余测点监测正常。

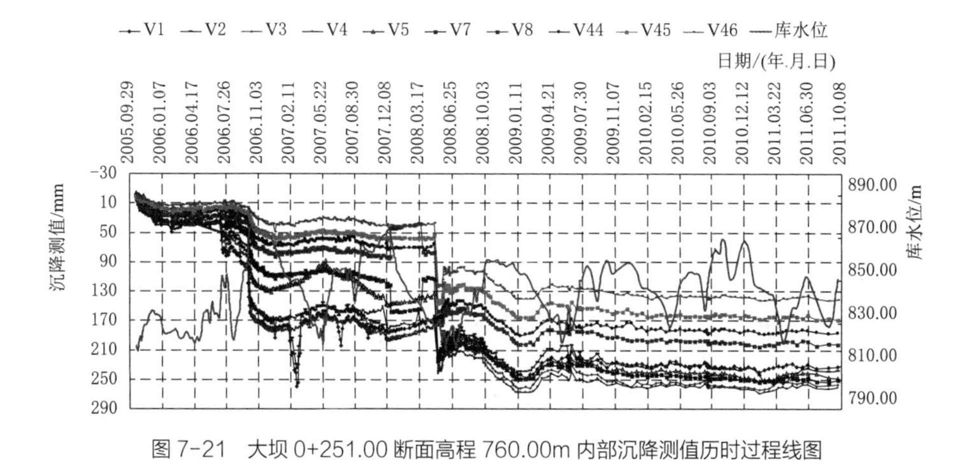

图 7-21　大坝 0+251.00 断面高程 760.00m 内部沉降测值历时过程线图

图 7-22　大坝 0+251.00 断面高程 790.00m 内部沉降测值历时过程线图

1. 震前

震前，各测点沉降量随时间不断增加，除 2006 年快速蓄水阶段沉降速率相对较快，其余时段沉降速率基本一致。震前大坝内部沉降基本稳定，各测点月沉降量基本在 5mm 左右，整体呈现最大沉降位于坝高的 1/3~1/2 的上游面处的特点，即高程 820.00m 测点沉降量大于高程 850.00m 和高程 790.00m 测点，且相同高程测点愈靠近上游面板，沉降量愈大，符合面板

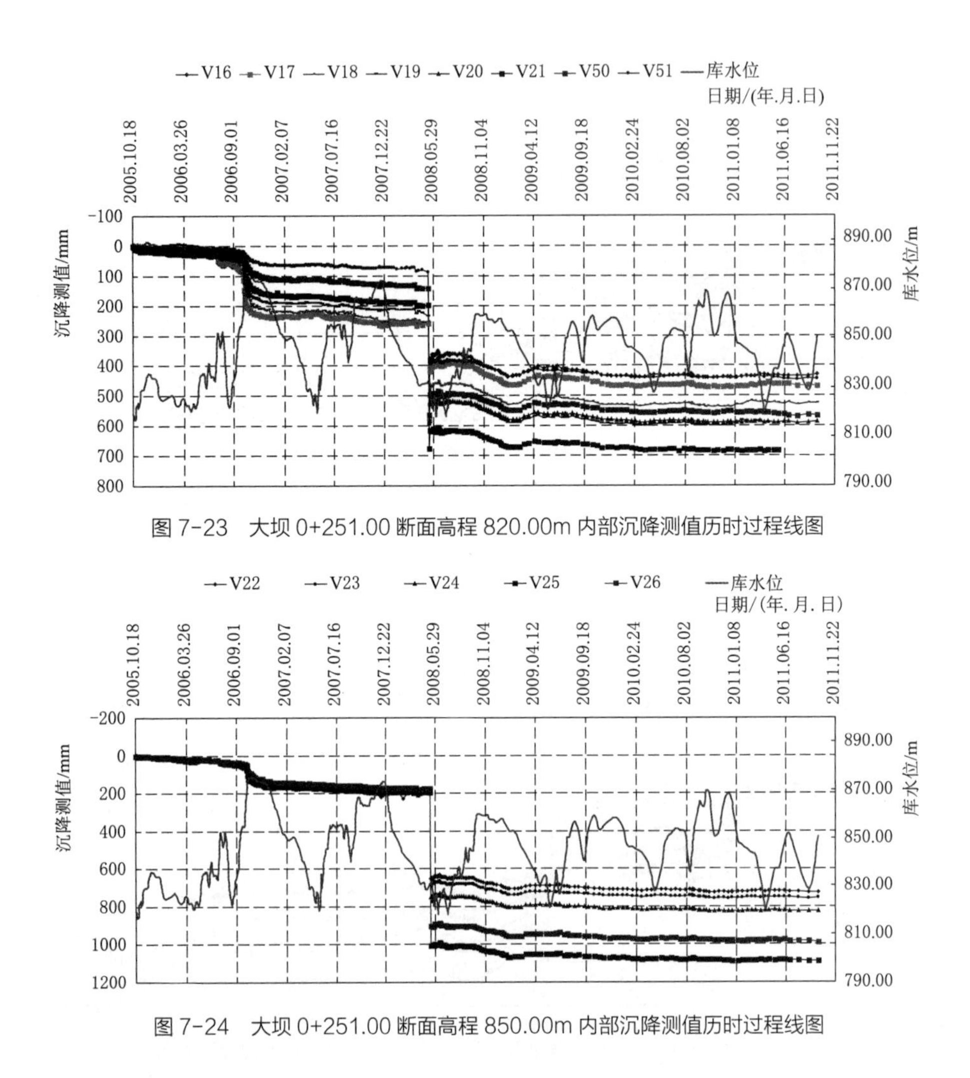

图 7-23 大坝 0+251.00 断面高程 820.00m 内部沉降测值历时过程线图

图 7-24 大坝 0+251.00 断面高程 850.00m 内部沉降测值历时过程线图

堆石坝变形特点。

2. 震后

震后，坝体发生 100~800mm 的明显沉降，最大河床断面大坝 0+251.00 断面坝体沉降量大于大坝 0+371.00 断面，整体呈现坝轴线下游侧坝体沉降量大于上游，坝体上部沉降量大于下部的特征。最大沉降达 814.9mm，发生在大坝 0+251.00 断面高程 850.00m 坝轴线位置的 V25 测点。

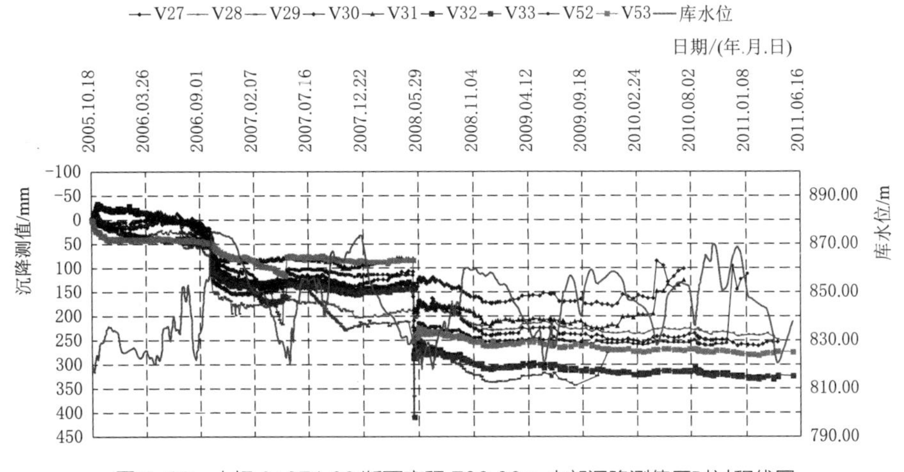

图 7-25　大坝 0+371.00 断面高程 790.00m 内部沉降测值历时过程线图

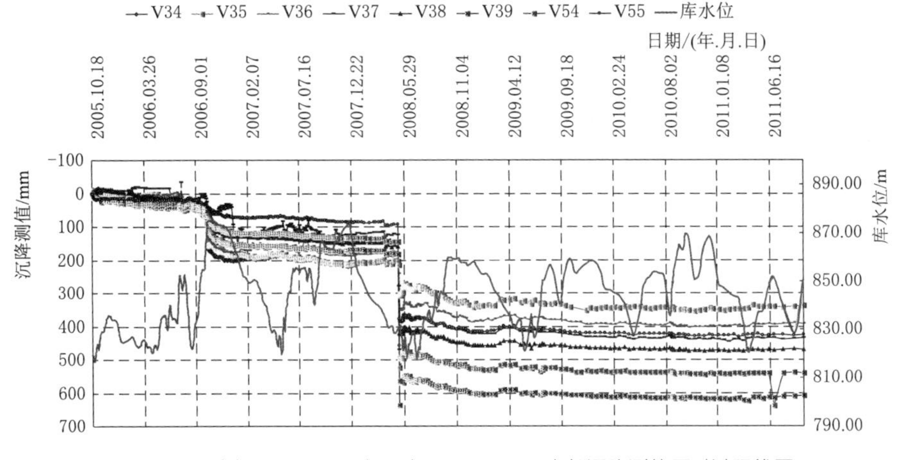

图 7-26　大坝 0+371.00 断面高程 820.00m 内部沉降测值历时过程线图

强震导致堆石体内部应力变形重分布，高程 820.00m 以上堆石体沉降最大在坝轴线附近，高程 760.00~820.00m 区域沉降最大在轴线下游面 30m 附近。因堆石坝各处堆石体高度、坝基卵砾石层厚度等均不同，可采用层间震陷率揭示它们内部之间的关系。河床最大断面大坝 0+251.00 断面各高程的震陷、震陷率见表 7-1。

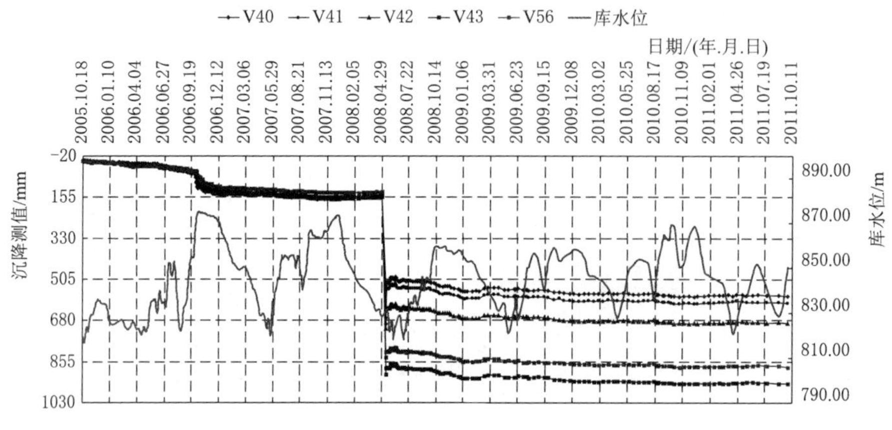

图 7-27　大坝 0+371.00 断面高程 850.00m 内部沉降测值历时过程线图

表 7-1　大坝 0+251.00 断面震陷、震陷率分层统计表

测点编号	位置	高程范围/m	震陷/mm	层间震陷/mm	堆石体高度/m	层高/m	震陷率/%	层间震陷率/%	层间比例/%
V18	距坝轴线 -60m	820.00	217.5	78.60	102.50	30.0	0.21	0.26	36.16
V12		790.00	138.9	57.40	72.50	30.0	0.19	0.19	26.39
V5		760.00	81.5	81.50	42.50	42.5	0.19	0.19	37.45
V24	距坝轴线 -30m	850.00	547.3	249.80	139.90	30.0	0.39	0.83	45.64
V19		820.00	297.5	110.60	109.90	30.0	0.27	0.37	20.21
V13		790.00	186.9	90.40	79.90	30.0	0.23	0.30	16.51
V6		760.00	96.5	96.50	49.90	49.9	0.19	0.19	17.63
V25	坝轴线	850.00	814.9	430.63	145.60	30.0	0.56	1.44	52.84
V20		820.00	321.5	133.60	115.60	30.0	0.28	0.45	16.43
V14		790.00	187.9	86.4	85.60	30.0	0.22	0.29	10.62
V7		760.00	101.5	101.5	55.6	55.60	0.18	0.18	12.47
V26	距坝轴线 30m	850.00	728.3	311.80	149.96	30.0	0.49	1.04	42.81
V21		820.00	416.5	238.60	119.96	30.0	0.35	0.80	32.77
V15		790.00	177.9	97.40	89.96	30.0	0.20	0.32	13.37
V8		760.00	80.5	80.50	59.96	59.96	0.13	0.13	11.05

续表

测点编号	位置	高程范围 /m	震陷 /mm	层间震陷 /mm	堆石体高度 /m	层高 /m	震陷率 /%	层间震陷率 /%	层间比例 /%
V50	距坝轴线 60m	820.00	355.5	201.60	124.10	30.0	0.29	0.67	56.72
V47		790.00	153.9	54.40	94.10	30.0	0.16	0.18	15.30
V44		760.00	99.5	99.50	64.10	64.1	0.16	0.16	27.98

注　1.760.00 表示高程 760.00m 至基岩。

2. 距坝轴线以上游方向为负。

（1）坝轴线以及距坝轴线 60m、30m、30m、60m 处的震陷、震陷率、层间震陷、层间震陷率都沿高程方向减小，反映了震陷沿高程分布的基本规律。其中，高程 760.00m 以下震陷率（含漂卵砾石层坝基的厚度）都小于 0.19%；790.00~760.00m 层间震陷率都在 0.3% 左右；说明了在地震中坝体中下部震陷率数值不仅上比较小，且在坝体主要变形区域（坝轴线顺河向 60m 范围内）震陷率基本一致。

（2）在震陷最大的坝轴线处，高程 760.00m 以下震陷 101.6mm，占总震陷的 12.47%；高程 760.00~790.00m 的层间震陷为 86.4mm，占总震陷的 10.62%；高程 790.00~820.00m 的层间震陷为 133.6mm，占总震陷的 16.43%；820.0~850.0m 的层间震陷为 491.83mm，占总震陷的 60.47%。说明高程 820.00m 以上堆石体不仅震陷最大，且坝体震陷主要由它产生。此外，高程 850.00m 的震陷率为 0.56%，数值上并不大；而高程 820.00~850.00m 的层间震陷率已达 1.64%，远超其他堆石体层间震陷率，因此这部分区域坝体沉降变形过大。

（3）距坝轴线相同距离处，下游面的震陷、层间震陷和层间震陷率均大于上游面；但震陷率相差不大，说明在强震作用下，坝体沉降变形仍具有协调性。受不同筑坝材料特性影响，下游次堆石区的层间震陷和层间震陷率明显大于主堆石区，因此，强震区面板堆石坝应重视坝体材料分区。

地震发生到2008年5月底，各测点沉降速率迅速衰减；从2008年5月底开始，各测点沉降变化稳定，沉降速率已经明显放缓并逐年递减，基本恢复震前的变化规律。震后至2011年8月底与震前比，各测点最大沉降值为896.62mm。

土石坝受温度影响较小，若考虑水位和时效两个因子，分别对震前和震后监测资料进行统计回归，其成果见表7-2。从表中可以看出大坝内部沉降测点震前、震后变化均主要受时效影响，震后水位的影响略有增大，且震后时效分量趋于收敛，说明震后大坝内部沉降趋于稳定。

表7-2　　　　内部沉降典型测点回归成果

测点		V1	V11	V18	V25	V30	V36	V41
震前	复相关系数	0.931	0.928	0.937	0.943	0.893	0.914	0.946
	时效分量百分比/%	68.68	70.03	75.77	81.55	68.24	70.42	78.97
	水压分量百分比/%	31.32	29.97	24.23	18.45	31.76	29.58	21.03
震后	复相关系数	0.92	0.938	0.975	0.985	0.975	0.973	0.98
	时效分量百分比/%	51.40	52.07	64.60	82.19	63.45	67.95	77.77
	水压分量百分比/%	48.60	47.93	35.40	17.80	36.55	32.05	22.23

7.2.2 大坝坝体内部水平位移测值过程线如图7-28~图7-33所示。

1. 震前

施工期，坝体内部水平变位以坝轴线为界，上游面向上游位移，下游面向下游位移，上下游位移最大值都出现在坝高2/3处，即高程790.00m。

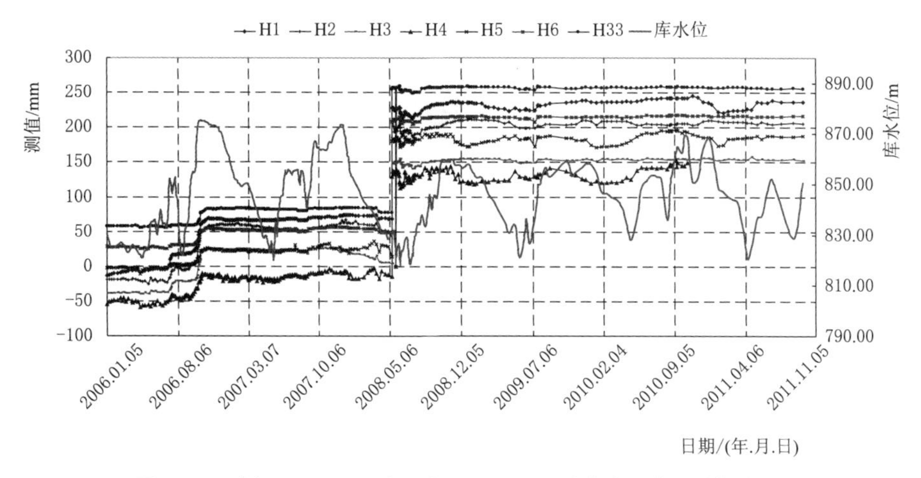

图7-28　大坝0+251.00断面高程760.00m内部水平位移测值过程线

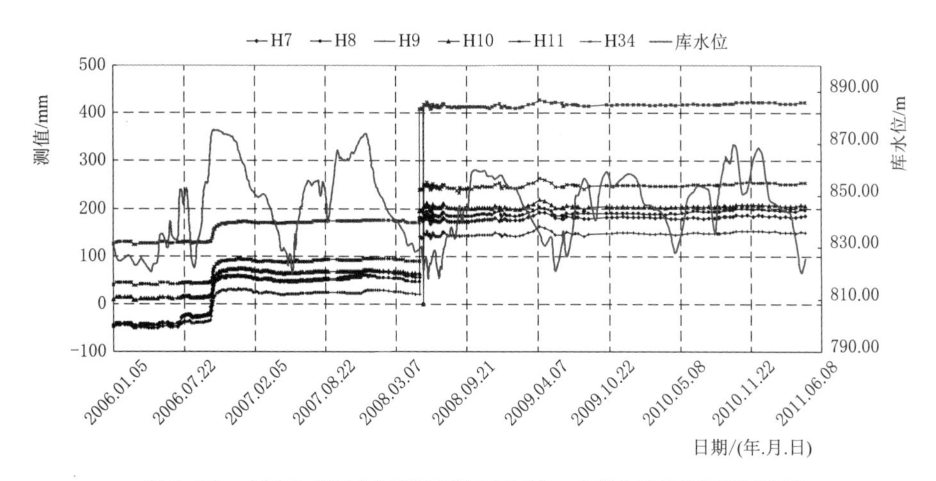

图7-29　大坝0+251.00断面高程790.00m内部水平位移测值过程线

大坝蓄水后，坝体向上游变位逐渐减小，而向下游变位增加。2006年水库快速蓄水结束后，基本转为向下游变位，符合面板堆石坝内部水平变形的一般规律。2006年年底至震前，各测点水平位移逐渐趋于稳定，高程820.00m以下各测点月沉降量基本在1mm左右，高程850.00m各测点月沉降量基本在 2mm 左右。如图 7-34、图 7-35 所示。

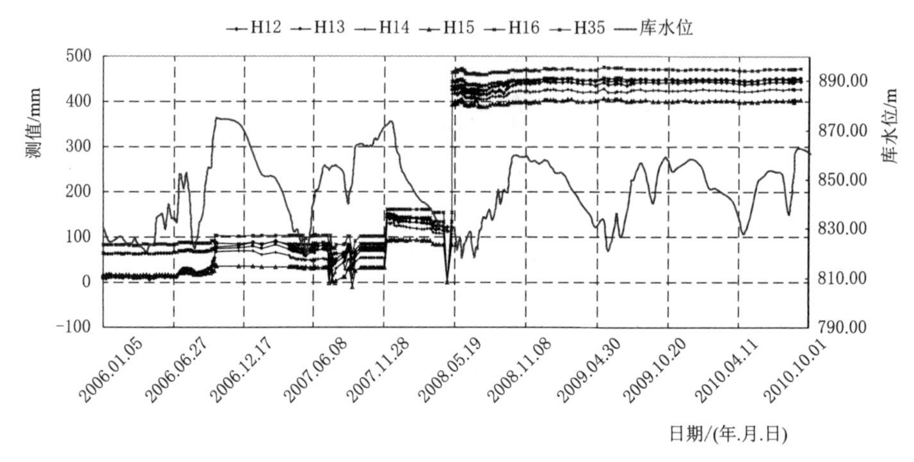

图 7-30　大坝 0+251.00 断面高程 820.00m 内部水平位移测值过程线

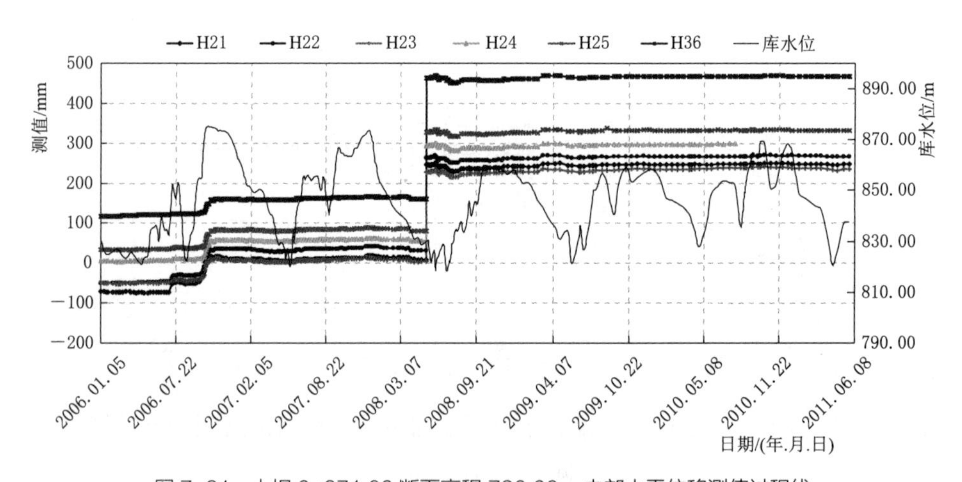

图 7-31　大坝 0+371.00 断面高程 790.00m 内部水平位移测值过程线

2. 震后

地震造成高程 790.00m 以上测点位移大于仪器量程，没有准确的测值数据。根据仪器预留的量程分析，位移值在 200~350mm。地震

后坝内水平位移都是指向下游，即地震中大坝整体向下游位移，与外观

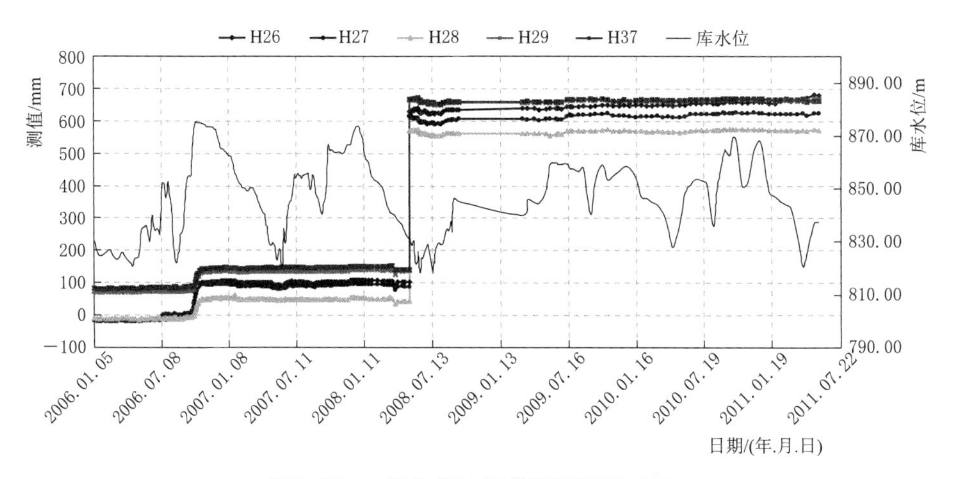

图 7-32　大坝 0+371.00 断面高程 820.00m 内部水平位移测值过程线

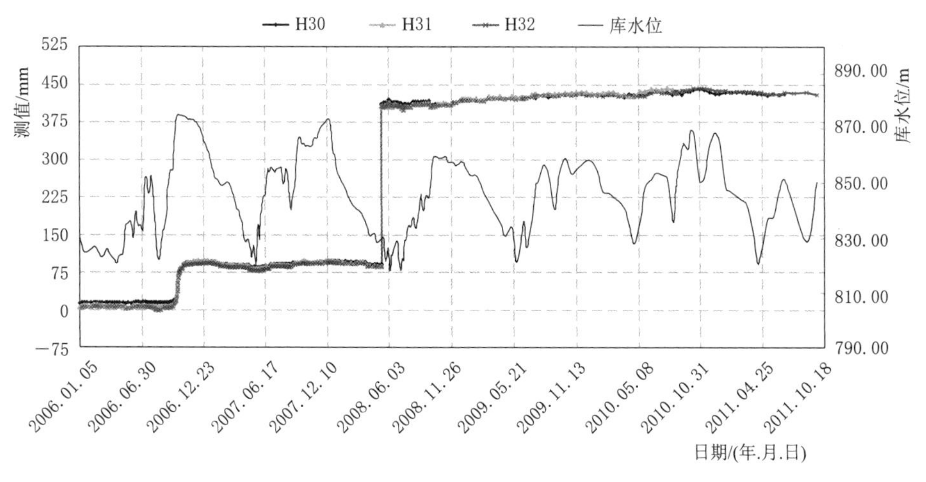

图 7-33　大坝 0+371.00 断面高程 850.00m 内部水平位移测值过程线

成果分析结论一致。从坝坡观测房的位移可以推断在同一高程，大坝 0+371.00 断面的位移大于大坝 0+251.00，见表 7-3。

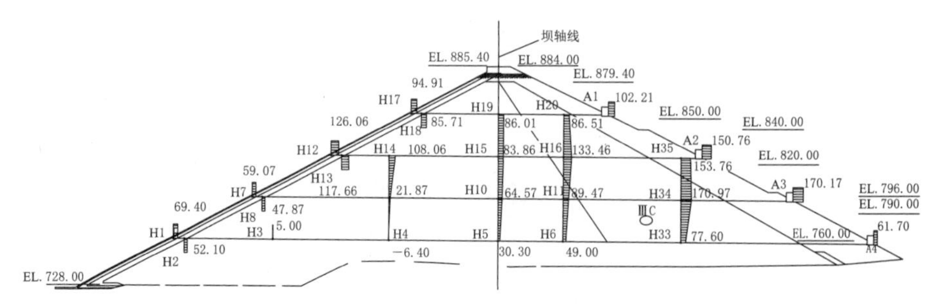

图 7-34 震前大坝 0+251.00 断面典型时刻水平位移分布图（单位：mm；高程单位：m）

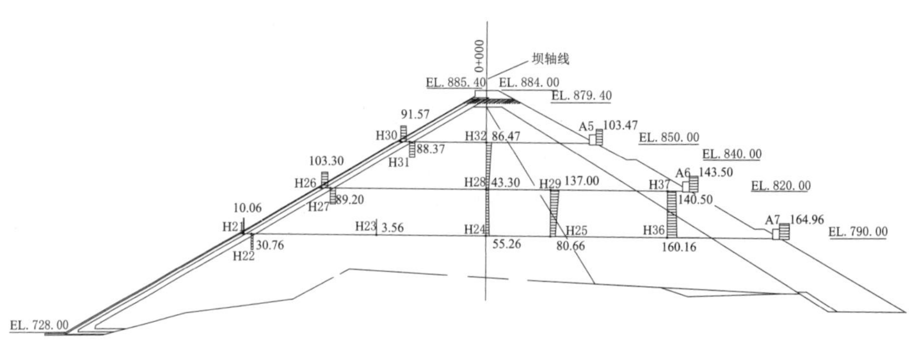

图 7-35 震前大坝 0+371.00 断面典型时刻水平位移分布图（单位：mm；高程单位：m）

表 7-3 坝体内部监测断面水平位移

断面桩号	高程 /m	位移 /mm（以指向下游为正）					
		垫层处	坝轴距 -60m	坝轴线	坝轴距 30m	坝轴距 90m	坝坡观测房
大坝 0+251.00	760.00	41.26	20.16	50.96	46.96	64.86	71.46
	790.00	20.35	18.95	32.95	50.12	138.35	154.85
	820.00						233.32
	850.00						251.32
大坝 0+371.00	790.00						167.82
	820.00						268.10
	850.00						266.01

大坝 0+215.00 断面和大坝 0+371.00 断面高程 790.00m 位于次堆石区的 H33、H36 测点震后读数一直大于同高程处其他测点，如图 7-36 所示。由于坝体内部高程 790.00m 以上监测数据不准确，根据震后坝体实测横断面图，高程 820.00m 以上表明坝体呈现明显收缩状态，高程 790.00m 以下坝体发生局部松弛变形。H33、H36 相对位移经过震后一段时间小幅波动后，2008 年年底后已经比较稳定，无明显的变化。

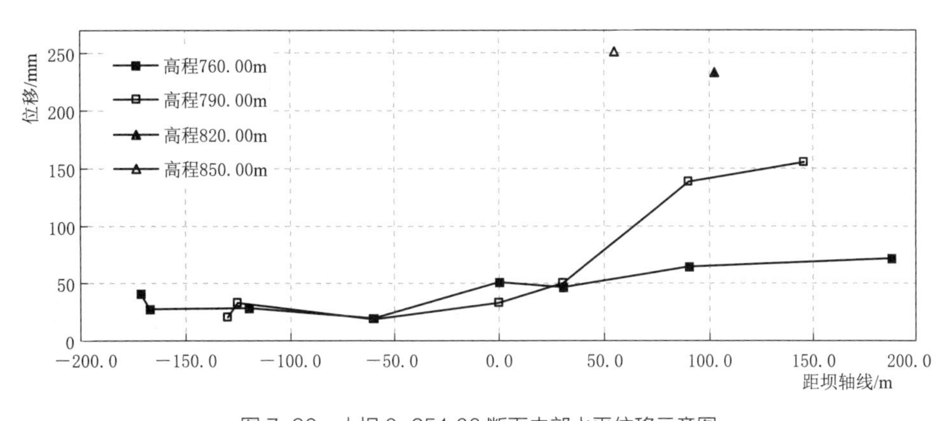

图 7-36　大坝 0+251.00 断面内部水平位移示意图

震后实测水平位移稳定，基本恢复震前的变化规律，如图 7-37、图 7-38 所示。震后至 2011 年 5 月累计最大水平位移 575.63mm，发生在 H26 测点。

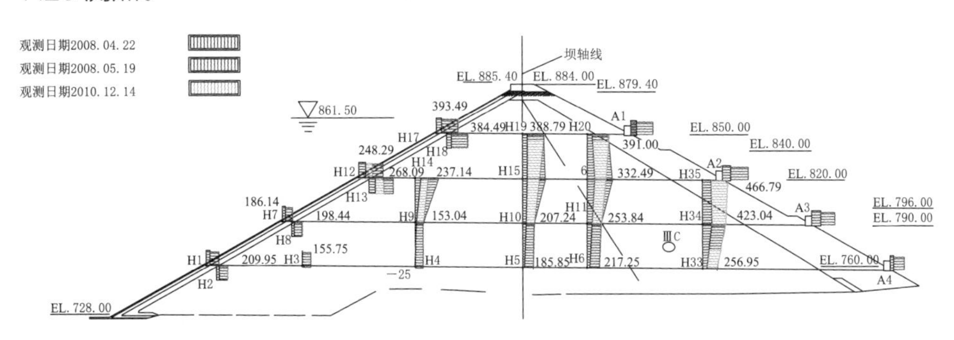

图 7-37　震后大坝 0+251.00 断面典型时刻水平位移分布图（单位：mm；高程单位：m）

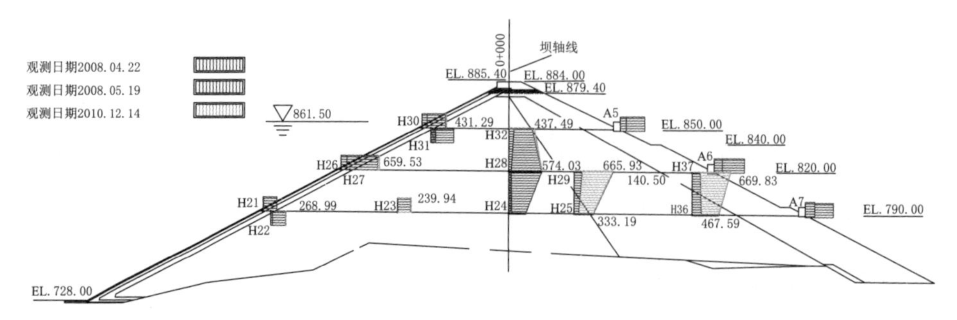

图 7-38　震后大坝 0+371.00 断面典型时刻水平位移分布图（单位：mm；高程单位：m）

土石坝受温度影响较小，若考虑水位和时效两个因子，分别对震前和震后监测资料进行统计回归，其成果见表 7-4。从表中可以看出大坝内部沉降测点震前、震后变化均主要受时效影响，震后水位的影响略有增大，且震后时效分量趋于收敛，说明震后大坝内部水平位移趋于稳定，如图 7-39、图 7-40 所示。

表 7-4　　内部水平位移典型测点回归成果

测点		H3	H9	H14	H19	H23	H28	H32
震前	复相关系数	0.897	0.875	0.811	0.884	0.902	0.873	0.877
	时效分量 /%	76.56	66.36	67.94	89.18	70.36	68.64	67.52
	水压分量 /%	23.44	33.64	32.06	10.82	29.64	31.36	32.48
震后	复相关系数	0.826	0.762	0.833	0.947	0.83	0.738	0.959
	时效分量 /%	4.97	100	47.89	64.34	69.73	45.23	100
	水压分量 /%	95.03	0	52.11	35.66	30.27	54.77	0

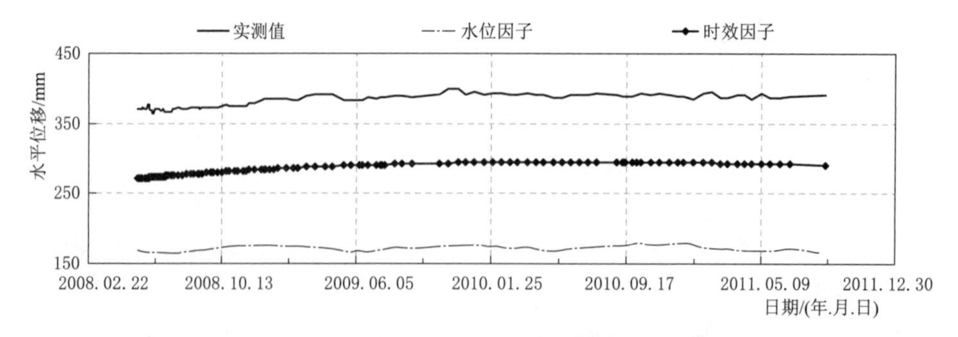

图 7-39　震后典型测点 H19 水平位移各因子分解图

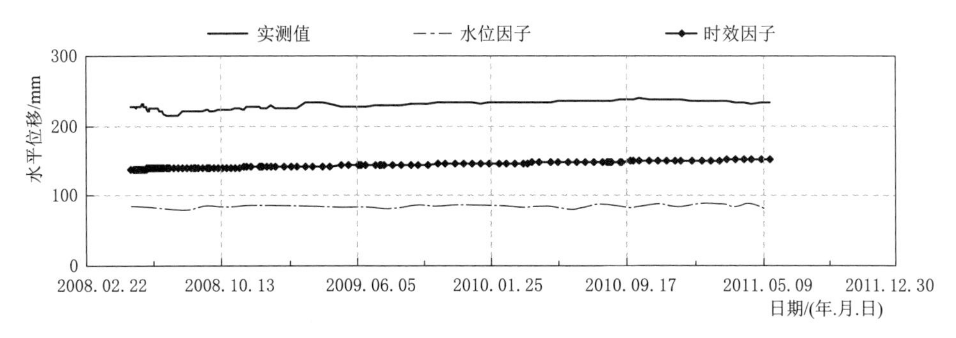

图 7-40　震后典型测点 H23 水平位移各因子分解图

7.3　大坝面板

7.3.1　面板缝

凝土面板周边缝及板间缝开合度测值过程线如图 7-41~ 图 7-45 所示。

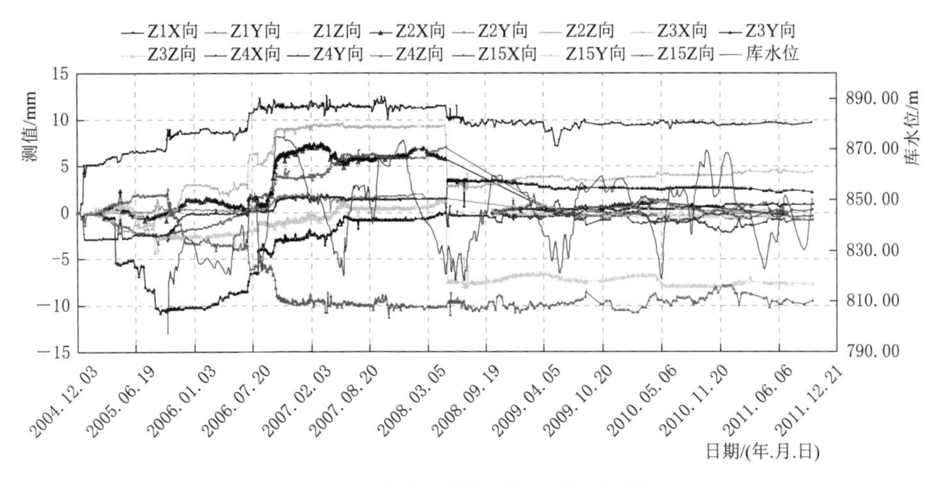

图 7-41　左岸周边缝开合度测值过程线图

1. 震前

地震前混凝土面板周边缝及板间缝变化基本稳定，但无明显规律。水库快速蓄水阶段，面板周边缝张开、剪切、沉降位移都出现一定程度的增长，说明在库水位以下周边缝位移主要取决于坝体变形，同时受到河

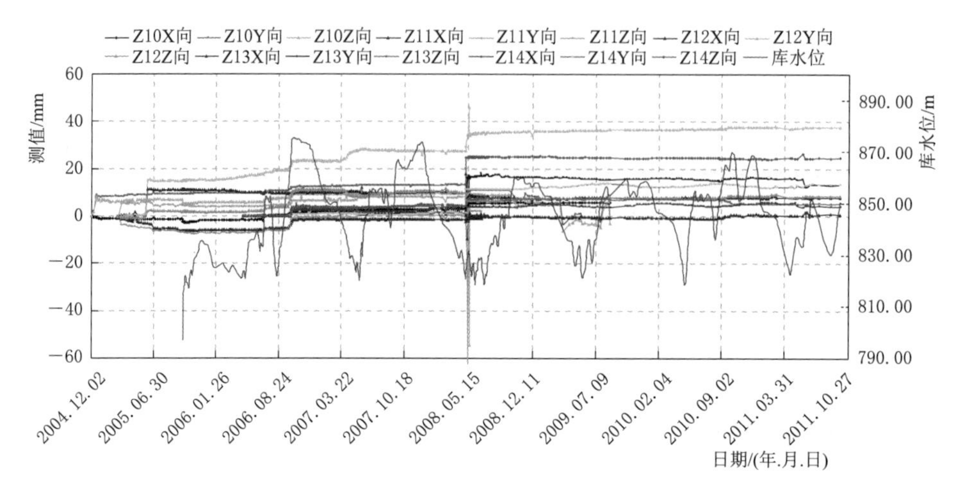

图 7-42 右岸周边缝开合度测值过程线图

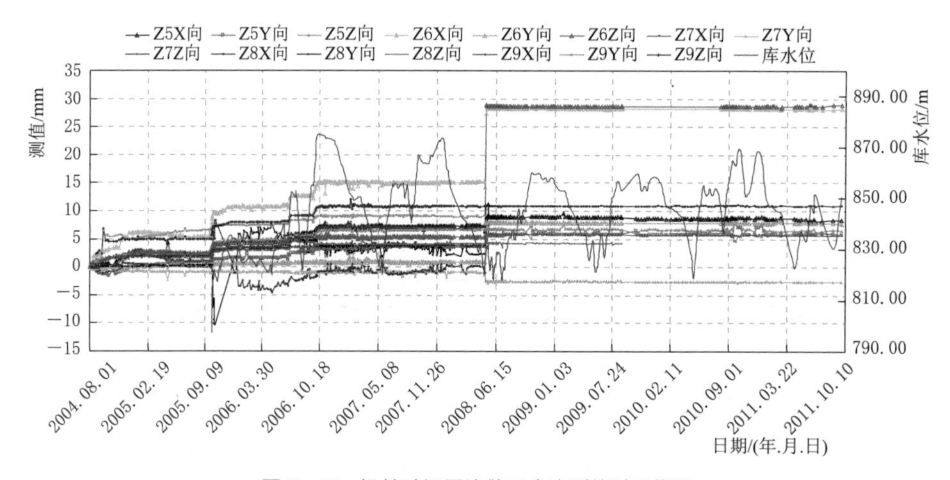

图 7-43 坝前趾板周边缝开合度测值过程线图

谷性状、岸坡坡度等因素的影响。震前，位于河床 Z6 测点张开度最大，为 28.3mm；最大正剪切位移（顺坡向下）为 Z12 测点，34.5mm；最大负剪切位移（河床指向岸坡）为河床测点 Z8，10.4mm；Z12 相对趾板向下沉降最大，为 34.5mm；Z4 相对趾板向上抬升最大，为 10.8mm。

面板板间缝张开度与库水位呈正相关关系并具有一定的时间滞后性。右岸靠近河床的测点 B5、B15 为受压，坝肩处测点都为张开，最大张开

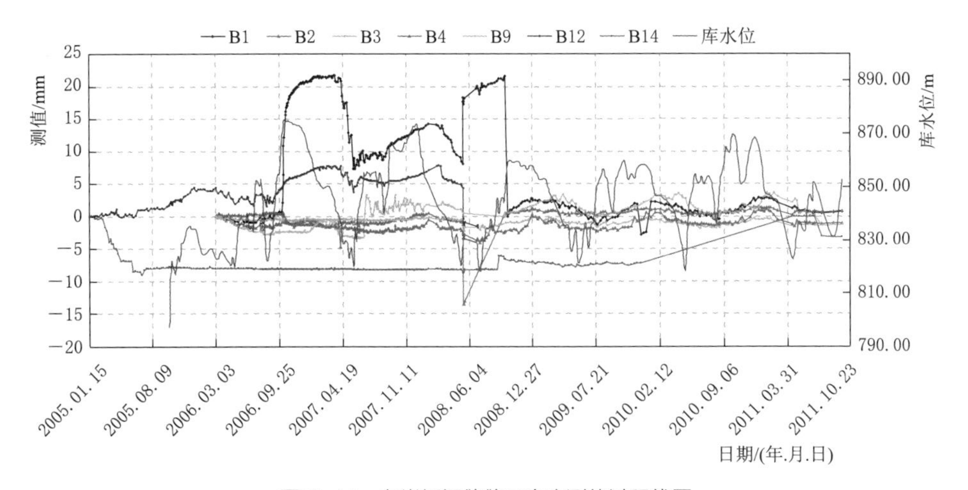

图 7-44　左岸板间缝缝开合度测值过程线图

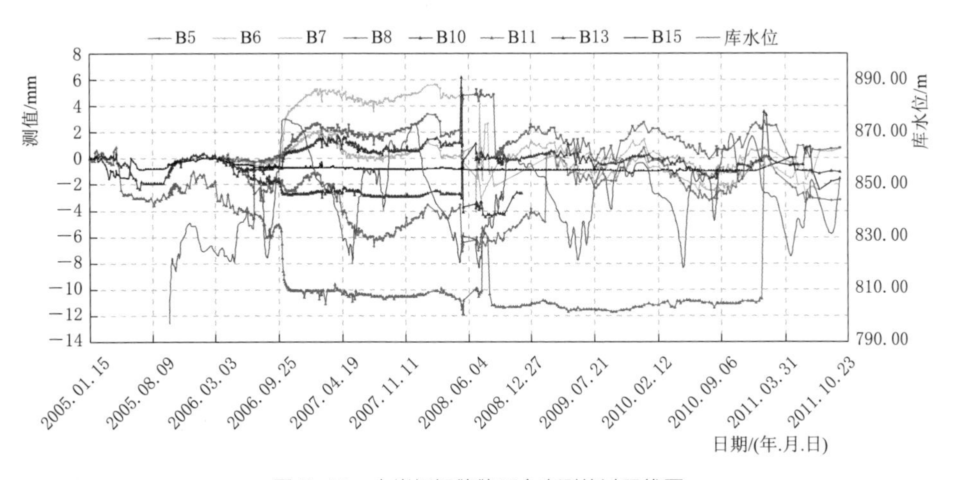

图 7-45　右岸板间缝缝开合度测值过程线图

度 7.8mm，发生在 B12 测点。左岸靠近河床的测点呈现微量受压，坝肩处 B1、B9 测点为张开，其中，B1 测点张开度变化很大，最大张开度为 21.8mm。

2. 震后

地震前后部分仪器（Z9 和 Z12）测值变化较大，其余震后测值与震前测值相比变化一般在 6mm 以内。根据地震前后监测成果，左岸坝肩高程 833.00m 处 Z2 和大坝右岸河床底部高程 745.00m 处 Z9 两个测点出现明显异常，总变形量均超过周边缝允许的变形量，如 Z2 测点的张开、剪切、沉降变形增量分别为 45.86mm，8.75mm 和 91.26mm，总变形量达 102.50mm；Z9 测点的张开、剪切、沉降变形增量分别为 20.94mm，94.68mm 和 42.83mm，总变形量达 106.00mm，见表 7-5。

表 7-5　　周边缝测点 Z2、Z9 地震前后监测成果

测点编号	Z2			Z9		
桩号	大坝 0+41.76			大坝 0+397.46		
坝轴距 /m	0+69.80			0+203.77		
埋设高程 /m	833.00			745.00		
三向测缝位移 /mm	*X* 向 张开度	*Y* 向 剪切位移	*Z* 向 沉降量	*X* 向 张开度	*Y* 向 剪切位移	*Z* 向 沉降量
震前测值	11.99	4.67	1.59	6.03	9.08	10.82
震后测值	57.85	13.42	92.85	26.97	103.77	53.65
变形量	45.86	8.75	91.26	20.94	94.68	42.83

注　*X* 向正数表示周边缝张开；*Y* 向正数表示面板测点沿周边缝相对趾板向下错动剪切位移；*Z* 向正数表示面板测点相对趾板向下沉降。

左岸及右岸靠近坝肩面板板间缝（垂直缝）出现小量拉伸，面板靠中间段板间缝呈微量压缩，基本符合面板变形规律。

震后周边缝已基本稳定，观测值趋势性变化较小，截至 2011 年 8 月测值与震前测值比较变化基本在 9mm 以内，个别点 Z6Z（河床部位）与震前测值比变化在 23mm 左右，与 2008 年年底测值相比变化均较小，基本都在 1mm 以内。

2009 年 1—8 月底新增 12 支测缝计实测开合度均有减小，呈微小闭合，测值均在 -2.5~53.5mm 变化，开合度变化主要受变温影响，目前基本稳定。

7.3.2　面板脱空

混凝土面板与垫层料间脱空测值过程线如图 7-46~ 图 7-48。地震后，有 18 支传感器被损坏，导致 10 套两向脱空计失效，其测缝计编号分别是 C1、C2、C3、C4、C7、C8、C9、C10、C14A、C15B。

1. 震前

大坝分期填筑施工过程中，受堆石体的变形，中下部垫层料整体受压并呈现外凸趋势，中上部垫层料有内凹趋势。因此，一期面板垫层料测点 C11~C16 顺坡向位移为负，且数值不大都在 10mm 以内；二期面板垫层料测点 C1~C3、C5~C7 顺坡向位移都为正，且随堆石体的上升而不断增加。一期、二期面板测点垂直向位移基本为正，个别测点变化较大。

蓄水后，在水压力的作用下，堆石体和面板在产生沉降的同时向下游水平变形，当库水位下降水压力减小时，混凝土面板的变形为弹性变形大部分

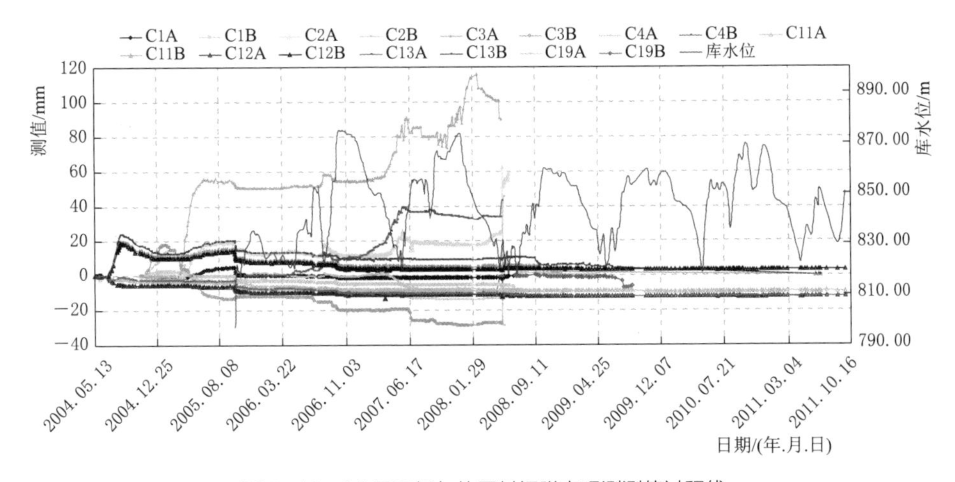

图 7-46　21 号面板与垫层料间脱空观测测值过程线

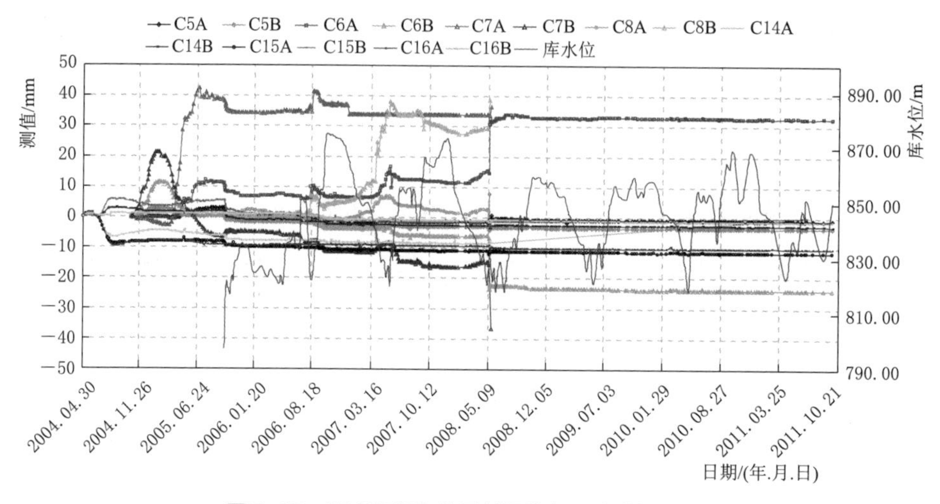

图 7-47　27 号面板与垫层料间脱空观测测值过程线

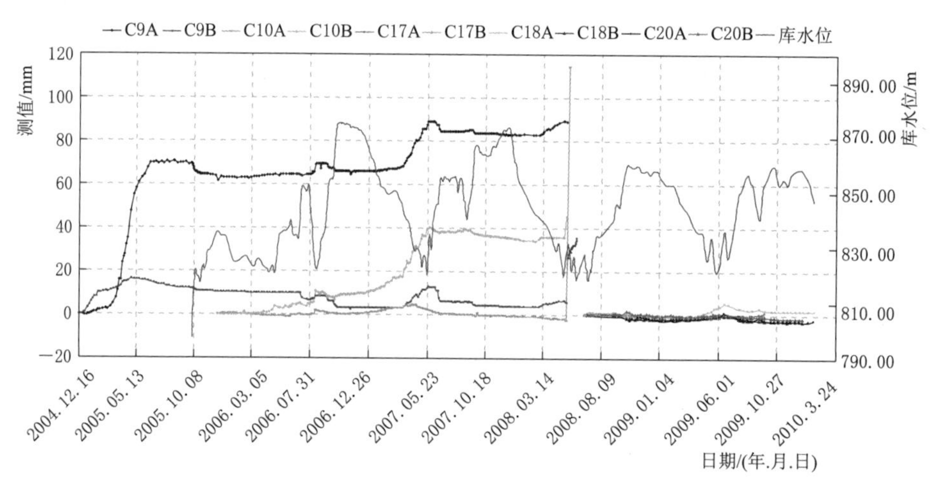

图 7-48　其他面板与垫层料间脱空观测测值过程线

能够恢复，而堆石体的变形大部分为塑性变形，只能恢复很小一部分。因此，库水位上升和下降过程中垫层相对面板的变形会增大。震前，各测点脱空计测值变化较小，从历时过程线图可以看出，当库水位上升时，二期、三期面板测点顺坡向位移呈现减小的趋势，垂直向位移呈现开度减小、合度增加的趋势；当库水位下降时，顺坡向位移有增大的趋势，垂直呈现开度增加、合度减小的趋势。一期面板测点一直位于库水位一下，测值相对比较稳定，无明显变化。

2. 震后

因脱空计在地震中损坏较多，震后对混凝土面板脱空进行了钻孔检查，见表 7-6。检查结果显示，面板顶部脱空最大，高程 845.00m 以上，1 号 ~23 号面板均有脱空，24 号 ~49 号面板在顶部有部分面板脱空，高程 845.00m 以下除 6 号面板有脱空，其余无脱空。三期面板最大脱空值为 23cm，出现在 6 号面板的高程 879.00m 处；二期面板最大脱空值为 7cm，出现在 6 号面板高程 842.00m 处。

表 7-6　混凝土面板脱空情况统计表　单位：cm

面板编号	钻孔布置						检查时间/(月.日)
	高程 833.00m	高程 843.00m	高程 847.00m	高程 860.00m	高程 878.00m	高程 879.00m	
B6	2	7	8	3	13	23	5.20
B21	无	无	12	10	12	20	5.20
B28	无	无	无	无	无	17	5.20
B38	无	无	无	无	无		5.19
B1			5			4	5.20
B3			3			4	5.20
B5			2			12	5.20
B7			10			5	5.20
B9			11			6	5.21
B11			9			5	5.21
B13			11			12	5.21
B15			8			21	5.21
B17			9			17	5.21

续表

面板编号	钻孔布置						检查时间/（月.日）
	高程833.00m	高程843.00m	高程847.00m	高程860.00m	高程878.00m	高程879.00m	
B19			9			18	5.21
B21			9			17	5.21
B23			10			17	5.21

2008 年年底新增的 4 套脱空计开始观测读数，如图 7-49 所示。与震前变化趋势一致，在水位持续上涨的情况下，震后所有脱空测缝计呈压缩趋势，测值变化较大，但整体趋于稳定。

7.3.3 面板接触压应力

地震前后面板接触压应力变化不大，高程 760.00m 的接触压应力增加 0.22MPa，高程 790.00m 的接触压应力增加 0.10MPa。高程 760.00m 的接触压应力为 0.23MPa，高程 790.00m 的接触压应力为 0.10MPa，高程 820.00m 的接触压应力读数为 0.01MPa，高程 850.00m 接触压应力为 -0.04MPa，如图 7-50、图 7-51 所示。

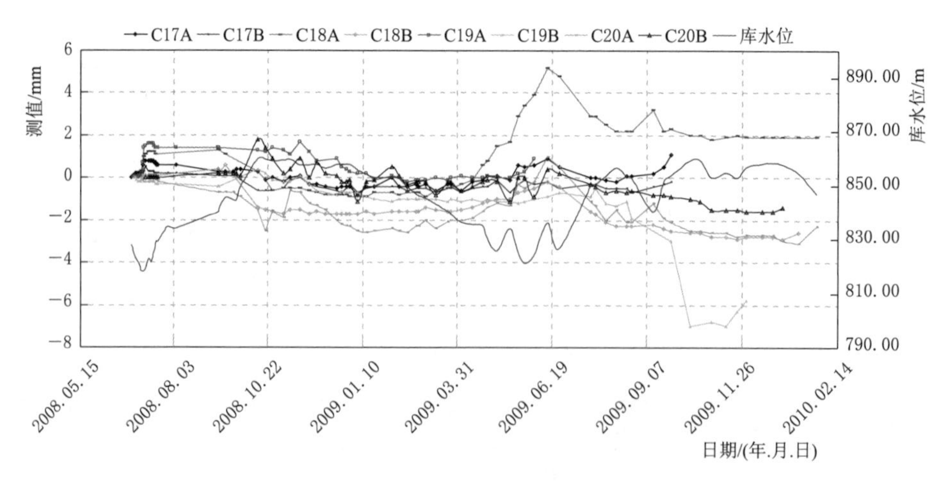

图 7-49 震后新增脱空计测值历时过程线图

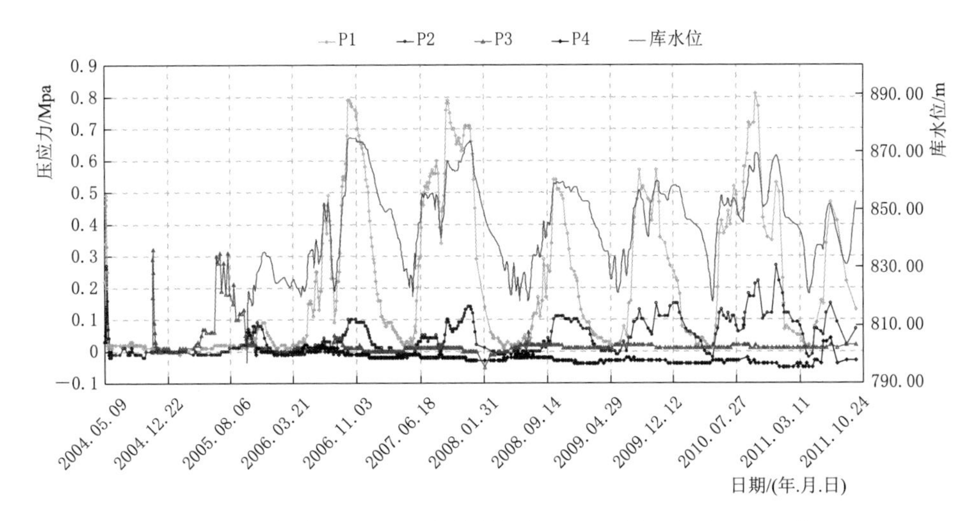

图 7-50　0+251.00 断面面板与垫层料间土压力测点测值历时过程线

震后，接触应压力随坝前水位上升或下降均有不同程度的升高或减小，符合正常规律。截至 2011 年 9 月，0+251.00 断面面板与垫层料之间的 4 支压应力计较地震前最大增加值为 0.1MPa，发生在 P1 测点。大坝 0 + 251.00 监测断面坝轴线部位布置水平向土压力计最大增加值 0.04MPa，垂直向土压力计最大增加值 0.1MPa。

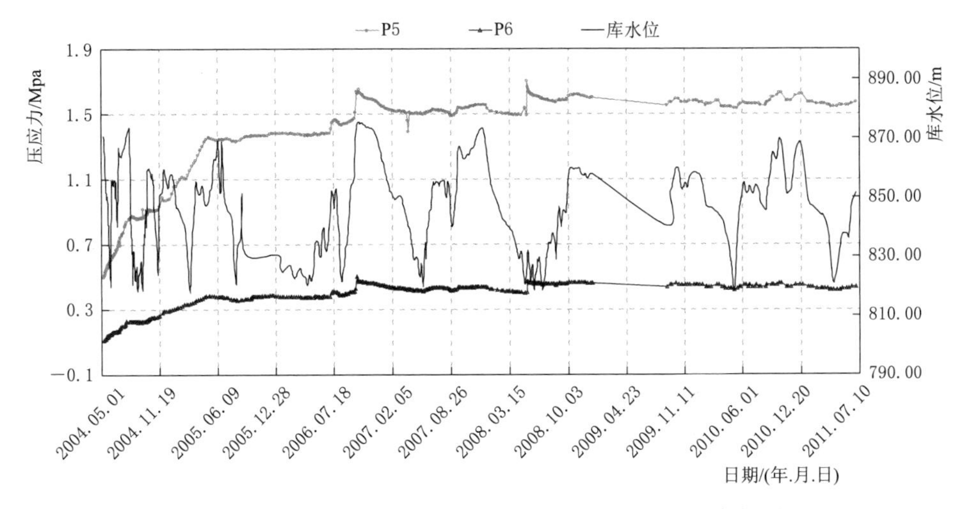

图 7-51　0+25.00 断面坝轴线位置土压应力测点测值历时过程线

7.4 大坝与地基渗流

7.4.1 坝体渗压

坝体及周边缝部位渗压受地震影响不明显，坝基部位渗压地震后实测值均有明显升高，但渗压水位升高幅度较小，在 1.5m 水头左右。震后，渗压水位变化仍与库水位呈明显正相关，随水位上升渗压升高，目前最高渗压水位约 753.38m。

（1）震前，位于坝前河床趾板下部高程 726.00m 防渗帷幕前渗压计 K2、K3 测值具有随库水位变化而变化的周期性规律，即随库水位的升高而增大，库水位的降低而减小，K2 最大渗压水位达 868.40m，K3 最大渗压水位达 868.00m，如图 7-52 所示。震后，渗压计 K2、K3 损坏。

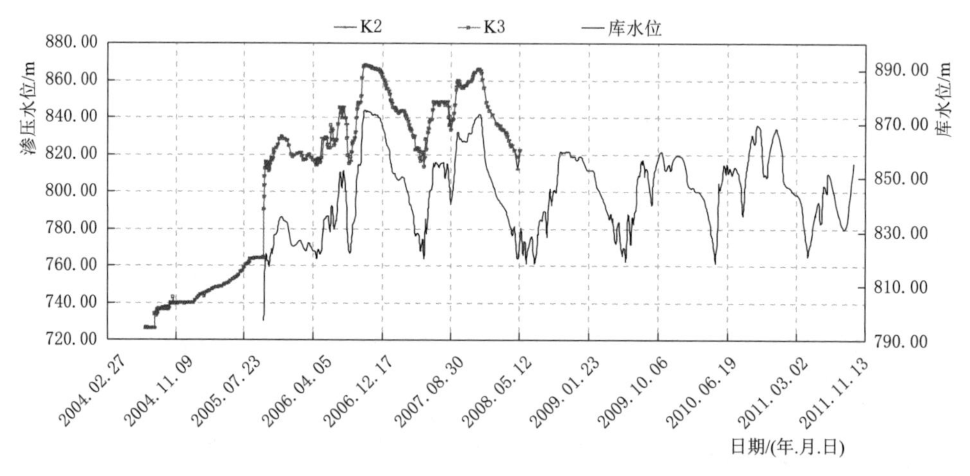

图 7-52 坝前河床趾板下部帷幕前 K2、K3 渗压水位历时过程线图

（2）震前，位于大坝左右岸岸坡垫层区高程 729.00m 的渗压计 K18、K19 的渗压水位在 746.70~747.70m 范围内波动。震后，K18、K19 渗压水位仍受库水位影响而波动，波动幅度略有增大，为 746.70~

749.30m，如图 7-53 所示。

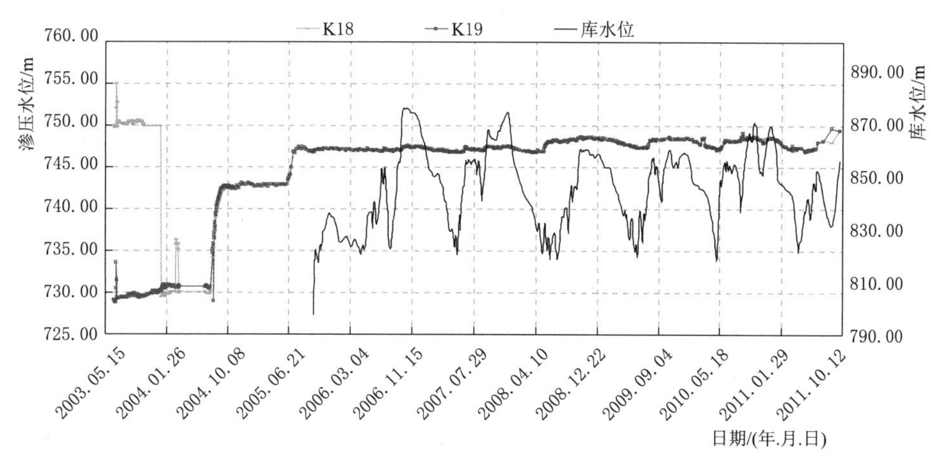

图 7-53　大坝左右岸岸坡垫层区 K18、K19 渗压水位历时过程线图

（3）震前，位于大坝 0+251.00 断面高程 732.00m 的渗压计 K7~K11 的渗压水位在 747.90~749.70m 范围内波动。震后，K7~K11 渗压水位仍受库水位影响而波动，波动幅度有所增大，为 748.10~751.20m，如图 7-54 所示。

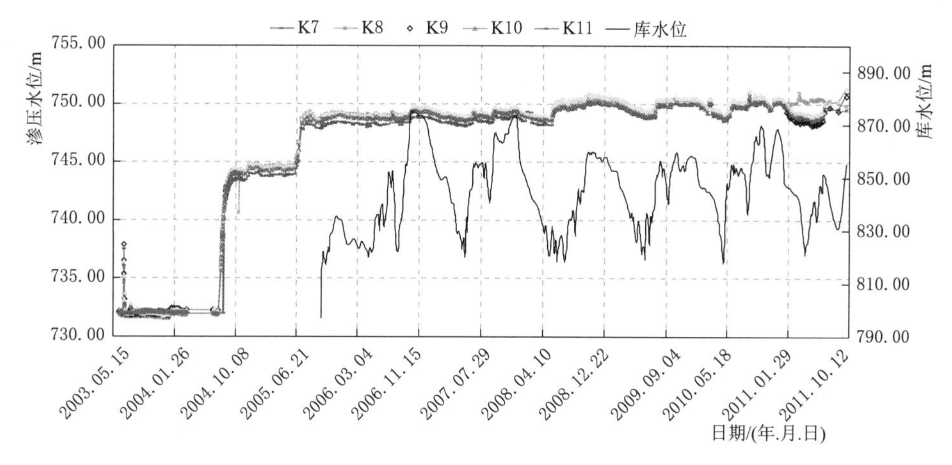

图 7-54　0+251.00 断面 732.00m 高程渗压计 K7~K11 渗压水位历时过程线图

（4）震前，埋设于大坝 0+251.00 断面趾板下部基岩中的渗压计 K4~K6 一直呈小幅波动，K4 在地震前被损坏。地震后，K5、K6 渗压水位仍受库水位影响而波动，波动幅度略有增大，如图 7-55 所示。

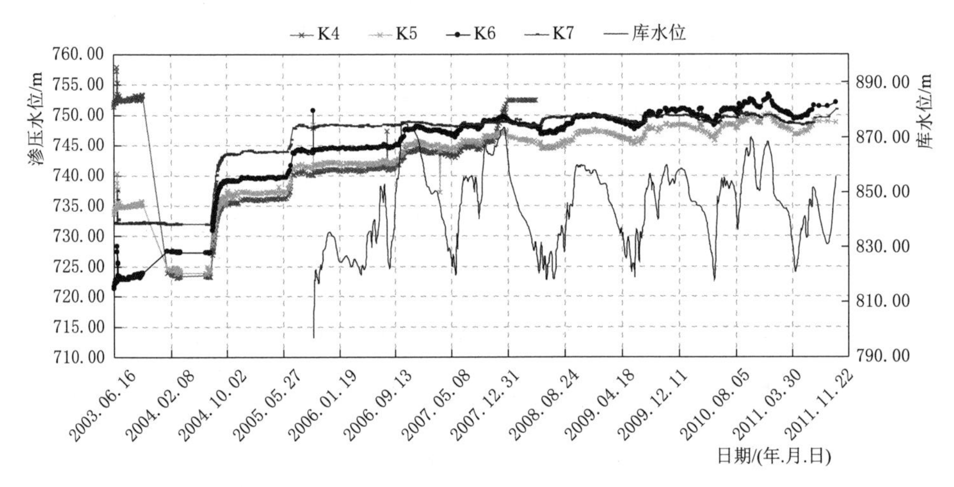

图 7-55 0+251.00 断面趾板下部基岩渗压计 K4~K6 渗压水位历时过程线图

（5）位于坝体河床中部高程 747.00m 的渗压计 K13~K17，具有随库水位变化而变化的周期性规律，渗压水位在 748.00~749.40m 范围内波动。震后，渗压计 K13~K17 随库水位变化的规律与震前一直，但渗压水位波动幅度有所增大，为 748.40~751.00m，如图 7-56 所示。

7.4.2 绕坝渗流

地震前后绕坝渗流各测点水位变化不大，部分水位变化与降水等情况有关，与坝前水位变化没有明显关联，如图 7-57、图 7-58 所示。大坝左岸绕坝渗流测点 U1~U6 中，除 U2 测点水位变化幅度较大，与降水量关联明显外，其余测点水位基本无明显变化。大坝右岸绕坝渗流测点 U7~U9 除受暴雨影响以外，基本无明显变化。

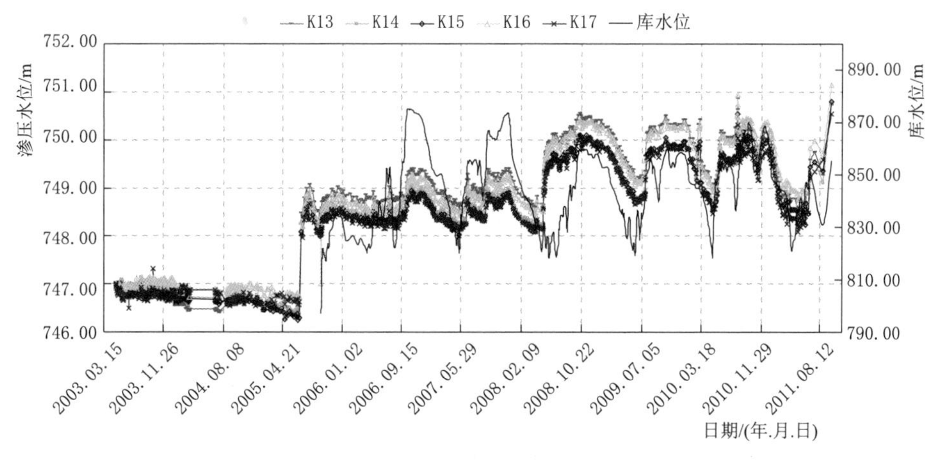

图 7-56　坝体河床中部高程 747.00m 渗压计 K13~K17 渗压水位历时过程线图

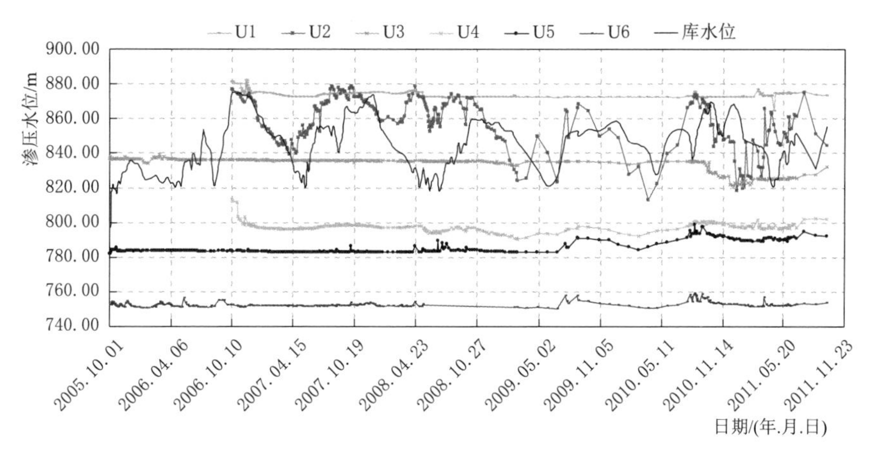

图 7-57　大坝左岸绕坝渗流地下水位历时过程线图

7.4.3　渗漏量

震前库水位在 850.00m 以上时，渗流量一般在 25L/s 以上。地震对大坝渗流量的影响不大，地震后一段时间内，库水位基本维持在高程 830.00m 左右，而大坝渗流量逐步增加，由震前 2008 年 5 月 10 日的 10.38L/s 上升至 2008 年 5 月 20 日的 16.91L/s，2008 年 6 月 1 日达到 18.82L/s，之后渗流量逐渐趋于稳定，维持在 19L/s 左右，如图 7-59 所示。

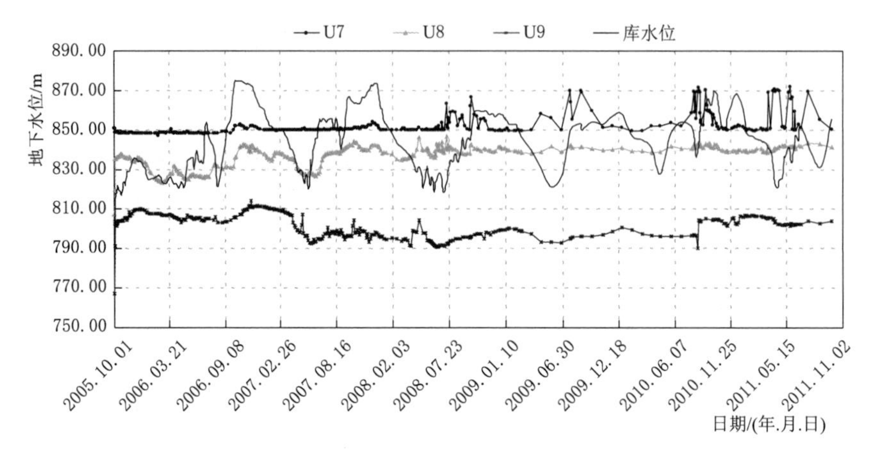

图 7-58 大坝右岸绕坝渗流地下水位历时过程线图

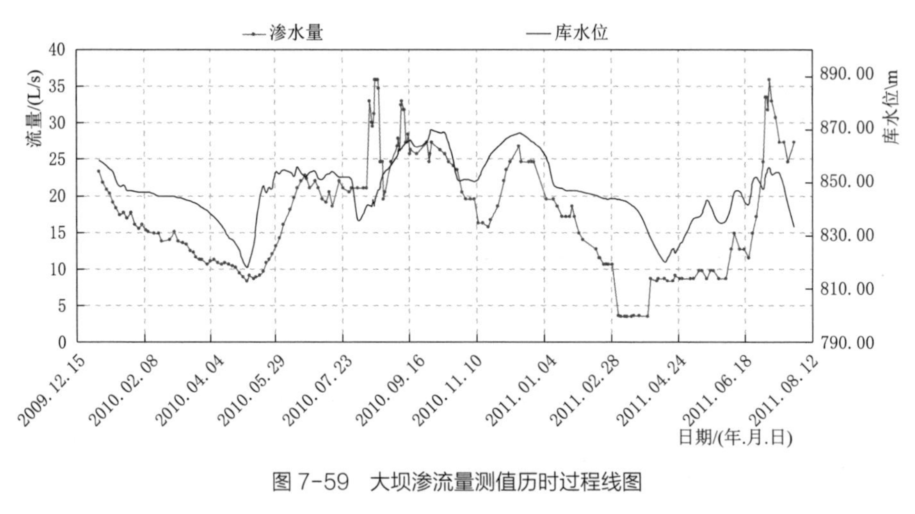

图 7-59 大坝渗流量测值历时过程线图

震后面板修复之前，水位接近 860.00m 时渗流量最大超过 30L/s。面板修复以后，坝后量水堰渗流量基本稳定，与库水位呈明显正相关，但明显滞后于库水位变化。截至 2011 年 7 月，渗流量最大值 35.9L/s，2011 年 7 月 8 日库水位达 855.60m。

纵观国内外已建 CFRD 渗漏的工程实例，我国株树桥面板堆石坝因面板断裂、脱空，渗漏量高达 2500L/s；巴西伊塔面板堆石坝（坝高 125m）

也出现类似的水平的裂缝，渗漏量一度激增至 1700L/s；南非莫海尔坝（坝高 145m）因河床中央面板垂直缝间挤压破坏，渗流量达 600L/s；巴西诺沃斯面板堆石坝首次蓄水时，也因面板垂直缝间挤压破坏导致渗流量增至 450L/s。因此，地震导致紫坪铺面板堆石坝渗流量的增加，可能是大坝防渗体系在地震中受损所致（面板多处裂缝，23 号、24 号面板在库水位以下的结构缝挤压破坏等）或趾板基础防渗帷幕在地震中受损所致。

7.5　小结

（1）震前，水平位移在大坝初次快速蓄水阶段变化较快，各测点位移已经趋于稳定，坝轴向最大位移为 37.6mm，由左岸指向河床；顺河向最大位移为 93.2mm，指向下游；最大内观水平位移为 175.0mm，指向下游。坝体最大沉降位于坝高 1/3~1/2 的上游面处，最大累计沉降为 268.1mm。坝基渗压水位测值比较稳定，绕坝渗流主要受降雨影响明显。面板周边缝、面板脱空和面板垂直缝变形符合 CFRD 运行期面板的变形规律。总的来说，震前大坝和面板变形较小，防渗体系及大坝运行状态良好。

（2）地震使大坝整体上呈现向内部收缩状态，变形和结构破坏主要发生在坝体中上部。在地震循环作用下，坝体堆石料颗粒破碎而发生体积收缩，沉降远大于水平位移，坝体相对更加密实，整体呈现大坝密实程度增加且随坝体高度增加坝坡变化越大的变化特性，符合面板坝动力模型的普遍结论，受上游坝面面板约束，坝体地震初始破坏一般发生在坝顶附近的下游坡面，坝坡表层颗粒松动并沿平面或近乎平面滑动。大坝在大地震中，下游坡仅在中上部部分表面干砌石护坡产生块石松动，没有发生滑坡和块石滚落的现象，坝体整体稳定，保证了坝后发电站房的安全。

（3）混凝土面板的垂直缝挤压破坏、施工缝错台、面板脱空等是混凝土面板的主要震损特征。水平地震加速度随着坝体高度放大效应明显，在静动力共同作用下，是导致面板施工缝错台的主要原因；面板脱空主要是由面板和堆石体变形不协调引起；沿坝轴向的输入地震波和坝体永久变形共同导致面板垂直缝挤压破坏。

（4）地震造成的沉降量与堆石体高度基本成正比关系，主要表现为高部位沉降量大于低部位，坝体中部位沉降量大于两侧部位，坝顶最大沉降量783.4mm，发生在桩号坝左0+250.00附近的Y7测点。由于后续不断的余震以及坝体内部应力变形的重新分布，震后一段时间内（5月12—22日），坝顶大部分和下游高程840.00m马道测点的沉降继续增加，但沉降速率迅速衰减，震后15d沉降量已经基本趋于稳定，整体呈现坝体中间部位变化大，两坝肩变化小，符合坝体变形一般规律。

（5）震陷是地震永久变形的主要特征，高程760.00m以下沉降量101.6mm，占总沉降量的12.47%；760.0~790.0m的层间沉降量为86.4mm，占总沉降的10.62%；790.0~820.0m的层间沉降量为133.6mm，占总沉降量的16.43%；820.0~850.0m的层间沉降量为491.8mm，占总沉降量的60.47%。距坝轴线相同距离处，下游面的震陷、层间震陷和层间震陷率均大于上游面；但震陷率相差不大，说明在强震作用下，坝体沉降变形仍具有协调性。受不同筑坝材料特性影响，下游次堆石区的层间震陷和层间震陷率明显大于主堆石区。

（6）地震导致大坝整体向下游位移，下游坝坡顺河向水平位移最大值为284.5mm。坝轴向水平位移呈现两岸向坝体中部的变形规律，左岸最大值为 226.3mm，右岸最大值为 109.3mm。

（7）由于地震永久变形，坝体水平位移和垂直沉降较震前大幅增加。目前水平位移已趋于稳定，坝轴向最大位移为 460.0mm，由左岸指向河床；顺河向最大位移为 354.9mm，指向下游。截止到 2011 年年底，沉降已逐渐趋于收敛，最大累计沉降为 1089.0mm，从地震前后沉降的影响因子来看，流变是震后沉降的最主要影响因素。

（8）各测点周边缝变位都在允许变位值范围内，大坝左岸 Z2、Z3 和 Z5 测点各个方向的变位都比较小；河床 Z7 测点相对趾板沉降值达到 17.62mm；右岸周边缝测点 Z12 和 Z13 位于右岸坝肩处，变形稍大。左岸及右岸靠近坝肩面板板间缝（垂直缝）出现小量拉伸，面板靠中间段板间缝呈微量压缩，基本符合面板变形规律。

（9）面板顶部脱空最大，高程 845.00m 以上，1 号 ~23 号面板均有脱空，24 号 ~49 号面板在顶部有部分面板脱空，高程 845.00m 以下除 6 号面板有脱空，其余无脱空；三期面板最大脱空值为 23cm，出现在 6 号面板的高程 879.00m 处；二期面板最大脱空值为 7cm，出现在 6 号面板高程 842.00m 处。

（10）地震前后面板接触压应力变化不大，高程 760.00m 的接触压应力增加 0.22MPa，高程 790.00m 的接触压应力增加 0.10MPa。震后，接触应压力随坝前水位上升或下降均有不同程度的升高或减小，符合正常规律。

（11）坝体及周边缝部位渗压受地震影响不明显，坝基部位渗压地震后实测值均有明显升高，但渗压水位升高幅度较小，在 1.50m 水头左右。震后，渗压水位变化仍与库水位呈明显正相关，随水位上升渗压升高，目前最高渗压水位约 753.38m。

（12）大坝渗流量的增加可能是趾板基础的灌浆帷幕在地震中受损所致，震前后坝基渗流特性分析表明震后坝体渗压水位上升1.00m左右也证实了这点。从震后坝基渗流和大坝渗流量监测结果来看，只是轻微损坏并对坝基渗流影响不大。防浪墙结构缝挤压破坏，坝顶外观开裂、错台和破损，下游坝坡局部松动等大坝表观震害现象，震后易修复，不会对大坝整体结构功能产生影响。

（13）震后混凝土面板的修复是成功的，修复工程满足设计及规范要求，面板周边缝、面板脱空和面板垂直缝的变形都相对较小，大坝震后总体运行状态正常。

第8章　总结与展望

紫坪铺水利枢纽工程于2001年3月29日开工，2005年9月30日下闸蓄水，2006年6月工程全部建成。

汶川“5·12”地震前工程建成安全正常运行两年多，发挥了巨大的社会效益和经济效益，特别是2006年夏季的“川渝大旱”，正是由于有了紫坪铺水库，才最大限度的避免了成都地区的旱情灾害，最大限度的减少了灾情损失，广大人民群众的生产生活基本没有受到影响。

在汶川“5·12”地震中，紫坪铺大坝距离震中约17km，整个工程经受了远远超设计标准大地震的严峻考验，大坝成为“遭高烈度地震第一坝”。紫坪铺工程在地震中安然无恙、屹立不倒，确保了下游成都市这个特大城市的人民生命财产安全，确保了下游上千万人民生命财产安全，确保了下游都江堰渠首工程这个具有两千多年悠久历史的世界文化遗产的安全；下游灌区的供水，也没有由于地震而发生任何时候的停止，特别是第二天，2号泄洪洞开始泄流，整个灌区即恢复正常供水；在第五天输电线路修复后，电站开始全面发电，确保了成都市的用电要求；由于库区公路震毁中断，从地震第二天开始，紫坪铺水库的库面，就成为了通向上游地震灾区的唯一通道，沿着这条唯一的水上生命通道，上游地震灾区成千上万的灾民的生命得到了及时的挽救。

而工程在汶川“5·12”地震中的表现，不但进一步说明了该工程的社会意义和经济意义，也进一步证明了该工程是一个精心设计、精心施工，精心管理的精品工程。

虽然工程遭遇了远远超过设计标准的地震烈度，但工程震损程度较轻，大坝坝体整体是稳定的，大坝的基本蓄水功能没有受到大的影响，各个泄水建筑物、引水发电建筑物在地震后的第二天便投入使用，高边坡基本没有发现震损。工程经应急处理及除险加固全面修复，正常运行。

通过紫坪铺工程面板堆石坝设计、施工及运行实践，特别是经历汶川“5·12”地震的严峻考验，对于大坝需要分期施工填筑和面板分期浇筑的超高坝，紫坪铺工程面板堆石坝的经验可以借鉴。在遭遇大地震后应急响应及时、应急决策正确果断、应对措施得当，是紫坪铺工程得以迅速恢复供水、发电，为地区抗震救灾和恢复生产发挥巨大作用的重要原因，在震后应急抢险中取得的宝贵经验，可为类似工程应急管理工作提供借鉴。

（1）工程设计严格按照规程规范和标准进行，在设计过程中不断加以优化，采用了新的设计理念，运用了大量的新技术，新方法，具有较大的技术突破和创新。枢纽各主要建筑物设计安全可靠，满足工程运行要求；大坝按照提高一级的地震烈度设计，设计安全可靠；处理后的各个部位的边坡、左岸堆积体、右岸条形山脊安全可靠；1号、2号泄洪洞在各种洪水工况下能够互为备用（或基本互为备用），进一步确保了工程安全；施工中已发现的工程缺陷均已经可靠处理；观测体系完善，能够通过观测及早发现问题，及时处理；紫坪铺工程枢纽工程是安全可靠的。

（2）龙门山中央断裂（映秀－北川断裂）为汶川“5·12”地震的发震断裂，紫坪铺大坝距离汶川地震震中仅17km。大坝及各水工建筑物受损轻微，紫坪铺大坝在汶川“5·12”地震经受住了考验。分析其地质原因主要是大坝选址合理，避开了深大断裂与活动断裂，大坝处于地震烈度等值线短轴方向，地震能量衰减较快，工程区处于发震断裂带的下盘，地震活动对工程的破坏性影响为波及型而不是直接破坏型；同时还与合理选取与坝基软硬岩相间、由软岩和剪切带起主导作用相适应的面板堆石坝坝型等有关。紫坪铺大坝为中国及世界大坝的抗震设计作出了特殊的贡献，说明在高地震地区是可以修建高坝的。

（3）对于大坝需要分期施工填筑和面板分期浇筑的超高坝，紫坪铺工程面板堆石坝经受了超设计标准高烈度地震的严峻考验，实践了地震造成的面板坝表层破坏可修复的理论，证明了面板堆石坝具有极好的抗震性。

（4）紫坪铺工程面板堆石坝坝体分区设计以控制坝体的变形、沉降为主导，尽量避免面板产生结构性裂缝及接缝止水破坏，同时坝体各分区有良好的级配过渡，满足透水要求的设计理念是正确的。根据国内外已建混凝土面板堆石坝工程运行资料分析，以混凝土面板为防渗结构的面板堆石坝与其他类型的土石坝工程特性是不一致的，在超高面板堆石坝设计中，严格控制堆石体沉降变形是保证混凝土面板安全的重要条件。控制面板坝施工期坝体沉降率小于 0.5%~0.6%，施工期堆石压缩模量大于 100MPa，可供混凝土面板堆石坝设计参考。

（5）紫坪铺面板堆石坝各分区坝料设计填筑干密度较高，设计孔隙率均控制在现行设计规范下限值，紫坪铺工程的实践已经证明，对坚硬岩堆石料，严格控制坝料级配，在当前施工机具水平下，达到这样的填筑标准是可以实现的。对于大坝需要分期施工填筑和面板分期浇筑的超高坝，更有参考意义。

（6）紫坪铺面板坝设计中，依据各分区用料及级配，室内采用等重量替代法（或先相似后替代）处理超径，用表面振动器法测求最大干密度，取用压实度不小于 0.97 确定填筑设计干密度标准的方法，在施工实践中已证明是有效可行的。在堆石坝设计中采用压实度控制的方法更有利于坝料填筑标准的统一和施工控制。

（7）岩质高边坡的处理，受到岩性、岩体结构面产状、地下水分布、施工方式、计算分析方法及采取的处理措施等多种因素的控制，一劳永逸是不现实的，因此必须具有完善可靠的监测系统，加强及时监测和分析，对可能出现的各种问题及时处理。在紫坪铺工程中，各个边坡均布置了系统监测网，并对边坡预留了二次处理的手段，动态处理设计理念在边坡处理设计中的运用是值得借鉴的。

同时，震损调查发现，不管是震中、还是紫坪铺库区和坝址区，凡是开挖支护边坡均未发现垮塌现象，垮塌基本上都在开挖边坡以外的自然边坡。已支护边坡经受了实际地震烈度要远大于边坡的设防烈度的考验，这说明现今边坡计算模拟存在一定的局限性，也为今后水利水电工程的边坡设计提出了新的研究课题。

（8）震损调查情况发现，映秀－北川发震断裂带通过的地方建筑物破坏严重，离开断裂带一定距离地震对工程建 筑物的直接破坏不是很严重；次生地震地质灾害是造成建筑物或设施大量破坏的主要原因，离断裂带越近、在断裂带的上盘、临地震方向的边坡、硬脆岩石（如灰岩等）地区、地形陡缓部位、山顶部位、风化卸荷强的部位，是次生地震地质灾害严重地区，分析垮塌与地震作用力方向、岸坡地形坡度、风化卸荷作用、岩性等有关。在坝址选择和建筑物布置时应充分考虑这些影响因素。

（9）前期经国家地震局有关部门安全性评价确定的紫坪铺坝址区地震基本烈度为Ⅶ度，汶川地震中坝址实际遭遇的地震烈度达Ⅸ度，对断裂带发震能力的估算有待于地震界进一步研究。